廣東省社會科學院
CMHS　海洋史研究中心 主办

中文社会科学引文索引
（CSSCI）来源集刊

中国歴史研究院
Chinese Academy of History
学 术 性 集 刊 资 助

【第二十辑】

海洋史研究

Studies of Maritime History Vol.20

青 年 学 者 专 辑

李庆新／主编

社会科学文献出版社
SOCIAL SCIENCES ACADEMIC PRESS (CHINA)

目　录

专题论文

专题论文

海洋史研究（第二十辑）

2022 年 12 月　第 3～16 页

越南俄厄（Óc Eo）遗址考古发现
与研究综述

孙婧文　曹叶安青[*]

俄厄遗址位于越南南部建江省（Kien Giang），地处越南南圻（Nam Kỳ, Cochinchine）中南半岛地岬地带的湄公河三角洲上，在泰国湾东岸约 25 公里处，为古代南海交通的要冲。遗址平面近长方形，东北—西南走向，长约 3000 米，宽约 1500 米。城外有护城河环绕，城内有一条运河穿过，运河两侧分布有大量文化遗址和遗迹，主要有居址、手工业作坊和宗教遗迹。从 20 世纪 40 年代起，考古学家们在遗址内发现大量遗迹和遗物，为研究东南亚早期文明和城市发展提供了弥足珍贵的资料。本文尝试概述俄厄遗址考古发掘的历史，梳理和回顾学界对该遗址及其考古发现展开的相关研究，以期推动国内学界对俄厄遗址研究的深入。Óc Eo 一词中文译法较多，曾被译为"奥埃奥""奥高""沃奥""沃澳""俄厄"。该词源自法语，根据法语发音，将其译为"俄厄"更合适，故本文采用"俄厄"这一译法。

一　田野考古工作与发现

俄厄遗址的考古工作具有鲜明的阶段性，大致可以分为三个阶段。

* 作者孙婧文，中山大学社会学与人类学学院考古学与博物馆学专业 2018 级博士研究生；曹叶安青，中山大学社会学与人类学学院考古学与博物馆学专业 2020 级博士研究生。

第一阶段大致为 20 世纪 20 年代至 40 年代中期。这一时期越南被法国侵占，诸多法国学者来到越南寻找"古代文明"遗迹，他们大多数关注北圻（Bắc Kỳ）地区的考古学文化，如"东山文化"（Dong Son Culture）。但还有一些学者研究中圻（Trung Kỳ）和南圻的"占婆文化"（Cham Culture）碑铭。最早对俄厄遗址开展考古调查的是 1920 ~ 1930 年代法国摄影家、考古学家皮埃尔·巴利（Pierre Paris）。他在对湄公河三角洲的航空考古中发现了俄厄平原众多的古运河，并拍摄了航空照片。① 时任西贡博物馆馆长的路易·马勒海（Louis Malleret）步武其后，实地开展考古调查。马勒海先是在西贡古董市场淘得大量文物，按图索骥得知它们来自俄厄平原。1942 年，马勒海进入俄厄平原，结合巴利的航空照片，找到并踏勘了遗址，确定了遗址的分布范围，发现遗址及其附近分布的古运河有 23 条之多。②

1944 年，马勒海领导法国湄公河三角洲考古队（mission Archéologie du delta du Mékong）对俄厄遗址进行正式发掘。③ 他将遗址命名为俄厄文化（Culture d'Oc-Èo），越南考古学家后来根据中文史料将之命名为扶南文明（la civilization du Fou-nan）。考古工作持续至 1945 年 3 月，因日军干涉而被迫中断。1946 年，马勒海重启考古工作，根据航空照片发掘了一座长 3000 米、宽 1500 米的城址。他回到法国后，任职于法国远东学院（École Française d'Extrême-Orient），根据发掘资料写成并发表《俄厄遗址初步发掘报告》［Les Fouilles d'Oc-Èo（1944）：Rapport Préliminaire］，对俄厄遗址的基本情况、地层关系、出土遗物以及遗址的性质进行了简要介绍。④ 1959 ~ 1963 年，马勒海编写的 4 部 7 卷本巨著《湄公河三角洲考古学》（L'Archéolgie

---

① P. Paris, "Anciens canaux reconnus sur photographies aériennes dans les provinces de Ta-Keo, Chao-Doc, Long-Xuyen et Rach-Gia," *Bulletin de l' École Française d'Extrême-Orient*, vol. 29, 1929, pp. 365-370; P. Paris, "Anciens canaux reconnus sur photographies aériennes dans les provinces de Tà-Kèv et de Châu-Đôc," *Bulletin de l' École Française d'Extrême-Orient*, vol. 31, No. 1/2, 1931, pp. 221-224.

② George Cœdès, "Fouilles en Cochinchine: Le Site de Go Oc Eo, Ancient Port du Royaume de Fou-nan," *Artibus Asiae*, vol. 10, No. 3, 1947, pp. 193-199.

③ Pierre-Yves Manguin and Michèle Vallerin, "La mission Archéologie du delta du Mékong," *Bulletin de l'École Française d'Extrême-Orient*, vol. 84, 1997, pp. 408-414.

④ Luis Malleret, "Les Fouilles d'Oc-Èo (1944): Rapport Préliminaire," *Bulletin de l'École Française d'Extrême-Orient*, vol. 45, 1951, pp. 75-88.

du Delta du Mékong）陆续出版。① 《俄厄遗址初步发掘报告》也都收录其中。在 1970 年去世前，马勒海还写了不少论述俄厄文化和扶南历史的文章。② 马勒海是这一时期考古研究的代表人物。他的发掘旨在收集出土文物，对地层学关注不够。因此，这一时期的研究方法主要是考古学的类型学研究。

第二阶段为 20 世纪 50 年代至 80 年代末。越南独立后，越南考古学界的主要任务是重建本国的考古学文化序列，凝聚民族意识。③ 这一时期，越南考古学家多是在东欧、中国和苏联学习考古学理论和方法，④ 因此，当时的研究方法主要是考古学的地层学和类型学研究。1975 年以后，考古研究工作逐渐正规化。考古发掘主要由胡志明市社会科学研究所考古学中心主持，相关报告则由国家社会科学中心出版。最引人注目的是 1983 年的考古发掘。当时越南南方社会科学院与安江文化信息部共同发掘俄厄平原上 29 个大小不一的土墩，这些土墩下掩埋着墓葬或神庙。⑤

第三阶段是 20 世纪 90 年代初至今。一方面越南系对东山文化和俄厄文化展开考古研究。1995 年，黎春艳（Le Xuan Diêm）等发掘俄厄遗址中部的砖构建筑，认为这些砖构建筑并非神庙，而是贵族墓葬⑥；另一方面，在 1997～2002 年，胡志明市社会科学研究所与法国远东学院等国外研究机构合作，开展"湄公河三角洲考古行动"。1997 年，联合考古队系统摸查湄公河考古遗址。⑦ 1999 年，考古队正式发掘俄厄遗址内Ⅲ区的柿树丘（Go

---

① Louis Malleret, *L'Archéologie du Delta du Mékong*, Publication de l'École Française d'Extrême-Orient, XLIII, Paris, École Française d'Extrême-Orient, 1959, tome I, 2 vol.; tome II, 2 vol.; tome III, 1962, 2 vol.; tome IV, 1963, 1 vol.

② Jean Filliozat, "Louis Malleret (1901-1970)," *Bulletin de l'École Française d'Extrême-Orient*, vol. 58, 1971, pp. 1-15.

③ Nam C. Kim, "The Archaeology of Vietnam," *Handbook of East and Southeast Asian Archaeology*, New York: Springer, 2017, pp. 79-82.

④ Ian G. Glover, "Some National, Regional, and Political Uses of Archaeology in East and Southeast Asia," *Archaeology of Asia*, 2006, vol. 1, p. 26.

⑤ Nguyen Van Long, *The Excavation of Go Da mounds in Oc Eo Relic (Thoai Son-An Giang)*, *Oc Eo Culture and ancient cultures in the Mekong Delta*, An Giang Department of Culture and Information, 1984, pp. 189-198.

⑥ Le Xuan Diêm, Dao, Linh Côn and Vo Si Khai, *La Oc Eo Culture-Recent Discoveries*, Ha Nôi: Viên Khoa Hoc Xa Hoi tai Thanh Phô Hô Chi Minh, 1995, pp. 227-229, 269-270.

⑦ 〔法〕莽甘（Pierre-Yves Manguin）：《关于扶南国的考古学新研究——位于湄公河三角洲的沃澳（Oc Eo，越南）遗址》，见《法国汉学》（第十一辑），中华书局，2006，第 253 页。

Cay Thi）土墩遗址。该土墩平面近方形，分东西两室，东为正殿，西为偏殿。其掩埋的建筑遗址被马勒海编号为建筑 A。此次考古工作还发掘了建筑 A 前方带阶梯的水池遗址。发掘者认为，该遗址系皇家供奉的印度教太阳神苏利耶（Sūrya）神庙。① 同年，越南南方社会科学院与法国远东学院、话山（Thoai Son）区文化中心、安江（An Giang）博物馆联合发掘俄厄-巴姜（Ba The）遗址群。② 2002 年，联合考古队又对俄厄遗址的城墙和周围的运河展开发掘，发现俄厄遗址周围的运河可直通吴哥波雷（Angkor Borei）和泰国湾。③ 2011 年，段文胜（Đặng Văn Thắng）等学者再次考察柿树丘（Cay Thi）遗址，指出建筑 A 分前后两室，两室内均有用红砖铺设而成的太阳图案，当是双室型太阳神苏利耶神庙。④ 这一时期，研究者采用的不仅是考古学的地层学、类型学方法，还运用碳十四测年、地球物理等研究技术。⑤

　　历次考古发掘证实：俄厄遗址坐落在湄公河口西岸、泰国湾东岸的冲积平原上，遗址及其附近分布着巴姜和灵山（Linh Son）等众多土丘，其中 12 座土丘分布在遗址的中心和北部。遗址以一座长约 3000、宽约 1500 米的矩形城池为中心，一条大运河横贯城内，城郊修有堤坝和运河支系，其中一条直通西北方的吴哥波雷遗址。城池内发现两个主要时期的建筑基址和冶铜作坊遗迹。在对灵山、柿树丘和多萨利（Tûol Sali）丘的发掘中，发现堆积深厚的大型砖石结构建筑基址，同时出土了太阳神苏利耶和毗湿奴（Viṣṇu）等塑像，当是印度教神庙遗址。而在其他土丘下，则发现方形或长方形砖构建筑基址，出土了各种宝石、半宝石及玻璃等制作的珠饰，汉

---

① Vo Si Khai, Dao Linh Con, Cay Thi Mound（Vong The Commune, Thoai Son district, An Giang Province）, *Some Archaeological Achievements in the South of Vietnam*, Social Sciences Publisher, Ha Noi, 2004, pp. 201–220; Dang Van Thang, "Shiva God in Oc Eo Culture," *Archaeology*, No. 2, 2014, pp. 84–99.

② 〔法〕莽甘：《关于扶南国的考古学新研究——位于湄公河三角洲的沃澳（Oc Eo，越南）遗址》，见《法国汉学》（第十一辑），第 254 页。

③ 〔法〕莽甘：《关于扶南国的考古学新研究——位于湄公河三角洲的沃澳（Oc Eo，越南）遗址》，见《法国汉学》（第十一辑），第 254 页。

④ Dang Van Thang, Ha Thi Suong, "The Religious Centre of Oc Eo – Ba The（An Giang），" *Archaeology*, No. 1, 2013, pp. 35–59.

⑤ Le Ngoc Thanh, Nguyen Quang Dung, Nguyen Quang Bac, Nguyen Quang Mien, Nguyen Dan Vu, Duong Ba Man and Nguyen Dinh Chau, "The contribution of geophysics to archaeology: a case study of an ancient canal of the Oc Eo culture in the Mekong Delta, Vietnam," *Geology, Geophysics and Environment*, vol. 45, 2019, pp. 45–56.

式铜镜，罗马铜币，镀银铜佛像，带铭文的印度式印章、指环，小金锭和金首饰等。①

二　研究工作综述

俄厄遗址的研究大致可以分为两个时期，分界线大致为 20 世纪 80 年代。20 世纪 80 年代以前，俄厄遗址的主要研究者是马勒海，他主要发掘了位于遗址西北部的 I ~ IV 区，清理出多处大型砖构建筑遗址，获得大量遗物。这些出土遗物按材质可分为金器、银器、锡器、玻璃器、陶器、木器、石刻雕像和宝石、半宝石等。他根据考古发掘所获得的信息，绘制了 10 余处建筑遗址的平剖面图。在研究方面，马勒海重点关注俄厄遗址的锡器、金银器制作技术、宝石加工技术和俄厄的历史地位等。20 世纪 80 年代以后，越南考古学界与国外大学、学术机构和团体的合作加强，学者们更多将关注点放在俄厄遗址出土的金银器、建筑、年代分期、城市性质、运河的兴建与废弃、俄厄遗址历史地位变迁及原因等问题上。

下面本文将俄厄遗址的相关研究归纳为五个方面。

第一方面是对遗址年代和分期的研究。马勒海通过对罗马钱币（安东尼·庇护、马克·奥勒留时期发行）、珠饰等的研究，认为俄厄遗址出土的部分器物也见于吴哥波雷早期地层，年代大致在公元前 5 世纪 ~ 公元 6 世纪。② 在遗址分期方面，学术界主要分为 "两期说" 和 "三期说" 两种。"两期说" 最早由米歇尔·米奇纳（Michael Mitchiner）提出。1998 年，米歇尔·米奇纳将在缅甸和越南发现的纪念性钱币进行对比后指出，俄厄遗址出土的钱币正面多为贝壳纹，背部为神庙纹样，属于扶南国时期。这种钱币在公元 6 世纪后较少使用，于是将俄厄遗址分为早晚两期，早期为公元 1~6 世纪，晚期为公元 7~10 世纪。③ 段文胜（Đặng Văn Thắng）根据俄厄遗址中苏利耶（Surya）神庙的建造材料将俄厄遗址分为两期，早期为公元前 2 世纪 ~ 公元 7 世纪，神庙使用砖、石作为主要建筑材

---

① Luis Malleret, "Les Fouilles d'Oc-Èo (1944): Rapport Préliminaire", pp. 85-87.
② Luis Malleret, "Les Fouilles d'Oc-Èo (1944): Rapport Préliminaire", p. 88.
③ Michael Mitchiner, "Four More Hoards of Early South-east Asian Symbolic Coins," *The Numismatic Chronicle* (1966-), vol. 148, 1988, pp. 181-191.

料，神庙外围偶见环形附属建筑；晚期为公元 7~12 世纪，神庙多为砖砌，神像多为砂岩质地。① 莽甘将俄厄遗址的年代分为三期。第一期是公元 1~4 世纪，为俄厄遗址的营建期。这一时期的建筑为干阑式建筑，多建于山坡上，瓮棺二次葬盛行，运河在该期晚段开通。俄厄在这一时期已经与印度地区有贸易往来，但印度教文化还尚未对俄厄产生影响。第二期是公元 5~7 世纪，是俄厄遗址的繁荣期，平地建有干阑式建筑，地势较高处开始营建印度教和佛教建筑。出土大量印度教神像，俄厄遗址已经"印度化"。第三期是公元 7~12 世纪，为后俄厄时期，也称"前吴哥时期"和"吴哥时期"，扶南国已经灭亡，俄厄被纳入高棉帝国。由于运河淤积，俄厄开始没落。② 林梅村在《罗马人与东西方海上交通的开辟》中表达了同样的观点。③ 平野洋子等学者则将关注的重点放在俄厄出土的陶瓦和陶器器型演变的规律方面。他们据此将俄厄遗址的年代分为三期，第一期为公元前 1 世纪~公元 3 世纪，第二期为公元 3~6 世纪，第三期为公元 7~12 世纪。④ 除上述学者外，还有一些学者也对俄厄遗址的年代与分期提出了自己的看法。

第二方面是出土遗物的研究。马勒海最早开始研究俄厄遗址的出土物，他根据出土遗物的材质，将出土遗物分为十余类，其中出土锡青铜器分为牌饰、戒指、坠饰和宗教信物四类，这些器物的风格与印度、吴哥波雷、班东塔碧（Ban Don Ta Phet）出土的同类器物的风格十分接近。锡青铜器的发现是扶南国存在的重要证据。⑤ 在《俄厄遗址出土的宝石印章浅析》一文中，马勒海将其发现的 58 枚宝石印章分为三类，其中的人像印章与地中海地区发现的人物印章相似，俄厄遗址出土的人物印章可能是海上贸

① Dang Van Thang, Nguen Huu Ly, "Temple and Surya in Oc Eo Culture in Southern Vietnam," *TẠP CHÍ KHOA HỌC ĐẠI HỌC ĐÀ LẠT [ĐẶC SAN KHẢO CỔ HỌC VÀ DÂN TỘC HỌC]*, Dalta: Dalat University, 2019, pp. 125-137.

② 〔法〕莽甘：《关于扶南国的考古学新研究——位于湄公河三角洲的沃澳（Oc Eo，越南）遗址》，见《法国汉学》（第十一辑），第 247~266 页。

③ 林梅村：《罗马人在东西方海上交通的开辟》，见《丝绸之路考古十五讲》，北京大学出版社，2006，第 146~155 页。

④ Yoko Hirano, "The Study of the Cultural Exchange of Oc Eo Cultural Sites in Mekong Delta: from pottery and Roof Tiles found from Go Tu Tram Site (2005-2006)," IPPA International Congress, 2009.

⑤ Louis Malleret, "L'art et la metallurgie l'etain dans la culture d'Oc-èo," *Artibus Asiae*, vol. 11, No. 4, 1948, pp. 274-284.

易的结果。① 其《俄厄遗址出土的十二面体金珠》一文将俄厄遗址出土的30 多件十二面金珠分为三类，即表面光滑实心型、颗粒型和镂空型，内部分别呈三边形、四边形和五边形。马勒海认为十二面体金珠与罗马时期的十二面体金珠相似，有一部分应当是直接来自地中海地区，部分可能是当地仿造；关于十二面体金珠的性质，他认为更多的是作为装饰品，与宗教无涉。② 海厄姆对俄厄遗址发现的金珠、手工业作坊、专门化的工具以及金饰残片进行研究，认为当时的俄厄人已经具备加工和制造金珠的技术能力，并拥有相关工具。他赞同马勒海提出的部分十二面体金珠为俄厄本地仿制的观点。③ 但也有学者通过将俄厄遗址出土的金珠、钱币、印章和玻璃器等与同时期罗马出土的同类器物进行对比，认为俄厄遗址出土的十二面体金珠与西方流行的同类器物一致，所以这些金珠均是从罗马传入，而非本地仿造。④ 米歇尔·H. S. 德曼特（Michèle H. S. Demandt）将越南南部、柬埔寨、泰国、马来西亚、中国南部出土的金珠进行对比，认为合浦汉墓、广州龙生岗等汉代墓葬出土的多面体金珠与俄厄等东南亚遗址出土的多面体金珠类似，进而认为在两汉时期，岭南地区已与东南亚地区存在海上贸易。⑤ 洪晓纯在《公元前 2 千纪至公元 2 百年间东南亚大陆与岛屿间的文化交流》一文中支持了米歇尔的观点。⑥

在俄厄遗址出土玻璃器的研究方面，学者们多通过玻璃器来研究早期海上丝绸之路。其中，彼得·弗朗西斯（Peter Francis）、索尔海（Solheim）、艾丽森·凯拉·卡特（Alison Kyra Carter）和苏尼尔·古普塔（Sunil Gupta）的研究比较具有代表性。彼得·弗朗西斯对阿里卡梅杜（Arikumedu）、曼太（Mantai）、空侗（Klong Thom）以及俄厄四个遗址出土的废弃玻璃制品

① Louis Malleret, "Aperçu de la Glyptique d'Oc-Èo," *Bulletin de l'École Française d'Extrême-Orient*, vol. 44, no. 1, Mélanges publiés en l'honneur du Cinquantenaire de l'École Française d'Extrême-Orient, 1947–1950, pp. 189–199.

② Louis Malleret, "Les dodécaèdres d'or du site d'Oc-èo," *Artibus Asiae*, vol. 24, 1961, pp. 343–350.

③ Charles Higham, *The Civilization of Angkor*, Berkey: University of California Press, 2004.

④ 林梅村：《罗马人在东西方海上交通的开辟》，见《丝绸之路考古十五讲》，第 146~155 页。

⑤ Michèle H. S. Demandt, "Early Gold Ornaments of Southeast Asia: Production, Trade and Consumption," *Asian Perspectives*, vol. 54, no. 2, 2015, pp. 305–330.

⑥ Hsiao-chun Hung, "Cultural Interactions in Mainland and Island Southeast Asia and Beyond, 2000BC–AD200," *Handbook of East and Southeast Asian Archaeology*, New York: Springer Science and Business Media, 2017, pp. 633–658.

及其副产品进行研究，指出俄厄遗址是东南亚—南亚地区玻璃器交易链中的重要一环，阿里卡梅杜是这四个遗址中最早生产玻璃器的遗址，并指出东南亚—南亚地区玻璃珠制造业中心的转移与权力中心的更替有关。[1] 在此基础上，他还提出"印太玻璃珠类型"这一说法。[2] 索尔海通过分析对比俄厄和阿里卡梅杜遗址出土玻璃珠的成分，指出这两个遗址出土的玻璃珠在成分上存在较大差异。[3] 此外，他还认为彼得·弗朗西斯构建的东南亚—南亚地区玻璃交易网过于简单，缺乏对东南亚—南亚地区各地葬俗、墓主人身份、海上贸易、玻璃珠的来源与制造等方面的综合考虑。艾丽森·凯拉·卡特通过分析东南亚到南亚各地玻璃珠的成分指出，公元前4世纪至公元5世纪，东南亚同时存在多个玻璃制造业中心，并且存在相互影响。[4] 苏尼尔·古普塔《公元前500年~公元500年海上丝绸之路上的早期玻璃贸易：考古评述》一文支持了艾丽森·凯拉·卡特的观点。[5]

第三方面是宗教研究。俄厄遗址内有印度教神庙和遗物。遗物主要为金叶和造像。印度教造像中可辨别出身份的有毗湿奴（Visnu）、象头神（Ganeça）和诃里诃罗（harihara）等。关于印度教传入俄厄的时间，最早从事这方面研究的学者仍是马勒海。他认为俄厄人从公元5世纪才开始信奉印度教。[6] 海曼殊·普拉巴·雷（Hiamnshu Prabha Ray）分析罗坤府和俄厄遗址毗湿奴造像，认为公元4世纪毗湿奴造像就已传入中南半岛。[7] 但段文

[1] Peter Francis, "Glass Beads in Asia, Part 2: Indo-Pacific Bead," *Asian Perspectives*, vol. 29, 1990, pp. 1-23.

[2] Peter Francis, "Beadmaking at Arikamedu and Beyond," *World Archaeology*, vol. 23, 1991, pp. 28-43.

[3] W. G. Solheim, "L'archéologie du Delta du Mékong," Artibus Asiae, vol. 1, pp. 74-78.

[4] Alison Kyra Carter, "The Production and Exchange of Glass and Stone Bead in Southeast Asia from 500 BCE to the early second millennium CE: An assessment of the work of Peter Francis in light of recent research," *Archaeological Research in Asia*, California: University of California Press, 2016, pp. 16-29.

[5] Sunil Gupta, "Early Glass Trade along the Maritime Silk Route (500BCE – 500CE): An Archaeological Review," *Ancient Glass of South Asia*, Singapore: Springer Nature Singapore Pte Ltd., 2021, pp. 451-488.

[6] Louis Malleret, *L'archéologie du Delta du Mekong*, Paris: L'École Française d'Extrême-Orient, 1960.

[7] Hiamnshu Prabha Ray, "Early Marine Contacts between South and Southeast Asia," *Journal of Southeast Asian Studies*, vol. 20, No. 1, 1989, pp. 42-54.

胜根据苹婆树丘（Cay Trom）的调查、发掘和研究情况，认为该处遗迹应为湿婆神庙，年代可追溯到公元1世纪。① 遗址中出土的大象和七头蛇等图像应是随印度教的出现而传入俄厄的。② 公元7世纪，随着克拉地峡—南中国海之间海上丝绸之路线路的变化，俄厄的地位下降。扶南国灭亡后，泰国湾沿海地区所见印度教遗存的数量锐减，并逐渐向内陆迁移。

除印度教遗存外，俄厄及其周边遗址还出土了佛教遗存。俄厄遗址出土了中国南朝时期的铜造像，龙川（Long Xuyen）市灵山（Linh Son）遗址还发现了佛塔和立佛像③，塔丘（Go Thap）出土了木雕佛像④，蚬内（Da Noi）出土了带有佛祖形象的金叶。⑤ 值得注意的是，俄厄和灵山出土的佛教造像均为中式造像，年代大致为南朝萧梁时期，表明这一时期中国佛教艺术已传入湄公河三角洲地区。⑥ 莲花是佛教重要的信物，俄厄遗址出土金箔上的莲花曾被视为"神之花"。金箔莲花的发现反映了在扶南国时期湄公河三角洲地区佛教的兴盛。⑦

第四方面是遗址性质的研究。俄厄遗址所处的地理位置并不临海，西距泰国湾（原称暹罗湾）约25公里。泰国湾有塔克（Ta Kev）遗址。俄厄通过运河与该遗址相连，以实现港口城市的功能。在最早的发掘报告中，马勒海认为俄厄是扶南国时期的重要港口。⑧ 乔治·科德（George Cœdès）⑨、海

① Đặng Văn Thắng, Võ Văn Sen, "Recognition of Oc Eo Culture Relic in Thoai Son District an Giang Province, Vietnam," *American Scientific Research Journal for Engineering, Technology, and Sciences*, vol. 36, 2017, pp. 271-293.

② Lê Thị Liên, "Gold Plaques and Their Cultural Context in the Oc Eo Culture," *Indo-Pacific prehistory Association Bulletin*, vol. 3, 2005, pp. 145-154.

③ 姚崇新：《试论扶南与南朝的佛教艺术交流——从东南亚出土南朝佛造像谈起》，《艺术史研究》第十八辑，中山大学出版社，2016，第269~297页。

④ 〔新西兰〕查尔斯·海厄姆：《东南亚大陆早期文化：从最初的人类到吴哥王朝》，云南省文物考古研究所译，文物出版社，2017，第280页。

⑤ 〔新西兰〕查尔斯·海厄姆：《东南亚大陆早期文化：从最初的人类到吴哥王朝》，云南省文物考古研究所译，第275页。

⑥ 姚崇新：《试论扶南与南朝的佛教艺术交流——从东南亚出土南朝佛造像谈起》，《艺术史研究》第十八辑，第269~297页。

⑦ Pham Thi Ngoc Thao, "Lotus symbol in jewelry art of Oc Eo culture," *Sience and techenology development*, vol. 19, 2016, pp. 155-165.

⑧ Luis Malleret, "Les Fouilles d'OC-ÈO (1944): Rapport Prèliminaire," *Bulletin de l'École Française d'Extrême-Orient*, vol. 45, 1951, pp. 75-88.

⑨ George Cœdès, "Fouilles en Cochinchine: Les site de Go Oc Eo, Ancien Port du Royaume de Founan," *Artibus Asiae*, vol. 10, 1947, pp. 193-199.

厄姆、莽甘①等也持这种观点。罗兰·布拉德尔（Roland Braddell）认为镌刻斯基泰人形象的玻璃盘、萨珊钱币、中国铜镜、佛教雕像、罗马雕像以及金币等器物的出土，表明俄厄遗址曾是港口贸易城市。② 贺圣达也持此观点。③ 彼得·弗朗西斯早年在《东南亚玻璃珠、玻璃珠贸易和早期国家的发展》一文中，根据俄厄遗址发现的大型玻璃手工作坊和印太地区早期玻璃贸易的情况，指出俄厄城不仅是扶南国重要的港口城市，还是扶南国的都城。④ 其《印太地区的玻璃器》一文指出俄厄遗址是扶南国港口城市。⑤ 但也有学者认为俄厄遗址不属于扶南国。陈序经提出俄厄遗址可能不属于扶南国，当属都元国。⑥ 韩振华根据《汉书·地理志》所载"自日南障塞、徐闻、合浦，船行可五月，有都元国"，认为都元国大概位于今越南南部，据此推测俄厄遗址可能属于都元国。⑦ 除上述两位学者外，蒋国学和熊昭明也持此观点。⑧ 普特夫（Lapteff S. V）将柬埔寨蓬斯奈（Plum Snay）墓地与俄厄遗址的出土遗物进行对比分析后指出，俄厄后期为高棉帝国时期，此时它已被纳入高棉帝国的版图。⑨ 埃里克（Éric Bourdonneau）认为俄厄棋盘状的城市布局是受印度地区城市规划的影响。就其性质而言，他认为俄厄不是扶南国早期都城，关于该遗址性质的确定，还需要更

---

① Pierre-Yves Manguin and Võ Sĩ, *Excavations at the Ba Thê-Oc Eo Complex: a preliminary report on the 1998 campaign*, Berlin: University of Hull, 2000, pp. 107-121.

② Roland Braddell, "Arikamedu and Oc-èo," *Journal of the Malayan Branch of the Royal Asiatic Society*, 1951, vol. 24, pp. 154-157.

③ 贺圣达：《东南亚历史重大问题研究——东南亚历史和文化：从原始社会到19世纪初》，云南人民出版社，2015，第297页。

④ Peter Francis, "Beads the bead trade, and state development in Southeast Asia," *Ancient Trade and Cultural Contacts in Southeast Asia*. Bangkok: The Office of the National Culture Commission, 1996, pp. 139-160.

⑤ Peter Francis, "Glass beads in Asia part 2: Indo-Pacific bead," *Asian Perspectives*, vol. 29, 1990, pp. 1-23.

⑥ 陈序经：《陈序经东南亚古史研究合集》，台湾商务印书馆，1992，第100页。

⑦ 韩振华：《公元前二世纪至公元一世纪中国与印度东南亚的海上交通——〈汉书·地理志〉粤地条末段考释》，《厦门大学学报》（社会科学版）1957年第2期。

⑧ 蒋国学：《〈汉书·地理志〉中的都元国应在越南俄厄》，《东南亚研究》2006年第6期；熊昭明：《汉代海上丝绸之路航线的考古学观察》，《社会科学家》2017年第11期。

⑨ Lapteff S. V., "The problem of the Western Border of the Oc Eo Culture: the Material from Phun Snay, an Archaeological Site in Cambodia (ПРОБЛЕМА ЗАПАДНОЙ ГРАНИЦЫ КУЛЬТУРЫ ОКЕО: МАТЕРИАЛЫ ПАМЯТНИКА ПУМ СНАЙ В КАМБОДЖЕ)," Boctok, . *Афро-Азиатские общества: история и современность*. vol. 4, 2013, pp. 62-69.

多的证据。① 就目前的研究来看，俄厄遗址的年代为公元前 2 世纪～公元 12 世纪。公元 1～7 世纪，俄厄当是扶南国重要的港口城市。公元 7 世纪，真腊吞并扶南国后，原扶南国属地全部被纳入高棉帝国，俄厄也被并入高棉帝国。所以，俄厄在不同时期分属扶南国和高棉帝国。

第五方面是俄厄与海上贸易的研究。更多学者以俄厄遗址为切入点，研究海上贸易及早期海上丝绸之路。这方面的研究，学者们多是以俄厄遗址出土的东西方贸易品为研究对象。马勒海认为俄厄遗址发现的十二面体金珠是俄厄与地中海存在远洋贸易的重要证据。② 阮氏玄芳（Nguyễn Thị Huyề Phuong）在《俄厄文化：越南南部俄厄艺术品的案例分析》一文中分析了俄厄遗址的出土遗物。她认为凹雕玉器、珠宝、毗湿奴和湿婆形象的锡质护身符、金戒指和印章来自印度；铜镜来自中国；金珠、玻璃器和金币来自地中海地区；部分金制品来自东南亚其他地区。③ 李氏生轩（Lê Thị Sinh Hiên）认为俄厄遗址在东南亚地区的海洋贸易以及印度与扶南国之间的交往中扮演着重要的角色，促进了两国的发展与繁荣。④ 除米歇尔提到的中国境内出土的十二面体金珠之外，广州汉墓 M4013⑤、荔湾区西湾路东汉墓⑥和合浦风门岭 M10 汉墓⑦中也有十二面体金珠出土。这些金珠很可能是沿海路传入岭南地区的。

俄厄遗址是早期海上丝绸之路上的重要港口。早期海上丝绸之路从红海，经波斯湾、印度洋，或过克拉地峡，抑或是经由三乔山（Khao Sam Kaeo）遗址和潘潘（P'an P'an）遗址沿泰国湾进入中国南海，最后到达岭

---

① Éric Bourdonneau, "Réhabiliter le Funan Óc Eo ou la première Angkor," *Bulletin de l'École Française d'Extrême-Orient*, vol. 94, 2007, pp. 111-158.

② Louis Malleret, "Les dodécaèdres d'or du site d'Oc-èo," *Artibus Asiae*, vol. 24, 1961, pp. 343-350.

③ Nguyễn Thị Huyề Phuong, "Oc Eo Culture: A Case Study of Oc Eo Artifacts in Southern Vietnam," *Can Tho University Journal of Science*, vol. 3, 2016, pp. 133-142.

④ Lê Thị Sinh Hiên, "Indian Values in Oc Eo Culture: Case Study-Go Thap, Dong Thap Province," *International Journal of Asian History, Culture and Tradition*, vol. 4, no. 2, 2017, pp. 12-22.

⑤ 广州市文物管理委员会、广州市博物馆：《广州汉墓》，文物出版社，1981，图版一一四。

⑥ 全洪：《广州出土海上丝绸之路遗物源流初探》，载广东省文物考古研究所、广州市文物考古研究所、深圳博物馆编《华南考古》第 1 辑，文物出版社，2004，第 138～145 页。

⑦ 合浦县博物馆：《广西合浦县风门岭 10 号汉墓发掘简报》，载广西壮族自治区文物工作队、合浦县博物馆《合浦风门岭汉墓——2003～2005 年发掘报告》，科学出版社，2006，第 156 页。

南地区的。早期远洋航行多沿海岸线航行，在《厄立特里亚周航记》（*The Periplus of the Erythrean Sea*）中也曾记载这条古老航线的西段。① 该书虽未提及俄厄，但通过俄厄遗址出土的铸有罗马皇帝安东尼·庇佑（Antoninus Pius）和马克·奥勒留（Marcus Aurelius）的金币、中国汉式铜镜、贵霜人头像银币以及疑似贵霜人头像的钱币可知，俄厄在两千年前的海上贸易中曾起到过重要作用。② 此外，前文提及的米歇尔、洪晓纯、苏尼尔等学者也谈到了这方面的问题。还有一部分学者关注到东南亚地区内部的海上贸易往来。如邱（Khoo）在《湄公河流域低地上"前高棉帝国"扶南的艺术与考古》（*Art and Archaeology of Fu Nan: Pre-Khmer Kingdom of the Lower Mekong Valley*）中指出俄厄遗址出土的金饰及其原料来源广泛，金饰来源于地中海地区、菲律宾以及中南半岛等；黄金原料则来自菲律宾、中南半岛和马来西亚。③ 范氏玉涛（Pham Thi Ngoc Thao）将俄厄遗址金叶与巴厘岛班基萨（Bongkisam）遗址中出土的金箔进行比较，认为两个遗址间存在技术交流。④ 马斯河（Sungai Mas）遗址出土的玻璃珠与俄厄遗址出土的玻璃珠关系紧密，公元 7 世纪，俄厄遗址的玻璃珠及其制造技术传入马斯河遗址。⑤ 此外，铜器的出土也表明，在公元一千纪，俄厄与巴厘岛之间有商贸往来。⑥

其他研究较为零散。保罗·毕夏普（Paul Bishop）研究了俄厄遗址周围运河的功能。⑦ 黎玉清（Le Ngoc Thanh）根据俄厄周围 16 条运河的淤积情

---

① Wilfred. H. Schoff, "The Periplus of the Erythraean Sea: Travel and Trade in the Indian Ocean by a Merchant of the First Century," 1912, pp. 22-59.

② 相关研究参见〔新西兰〕查尔斯·海厄姆《东南亚大陆早期文化：从最初的人类到吴哥王朝》，云南省文物考古研究所译，文物出版社，2017，第 278~279 页。

③ Khoo, *Art and Archaeology of Fu Nan: Pre-Khmer Kingdom of the Lower Mekong Valley*, Bangkok: Orchid Press, 2003, p. 196.

④ Pham Thi Ngoc Thao, "Lotus symbol in jewelry art of Oc Eo culture," *Sience and techenology development*, vol. 19, 2016, pp. 155-165.

⑤ Zuliskandar Ramli, Rahman and Adan Jusoh, "Sungai Mas and Oc-Eo Glass Beads: A Comparative Study," *Journal of Social Sciences*, vol. 8, 2012, pp. 22-28.

⑥ Ambra Calo, Peter Bellwood, James Lankton, Andreas Reinecke, Rochtri Agung Bawono and Bagyo Prasetyo, "Trans-Asiatic exchange of Glass, Gold and Bronze: Analysis of Finds from the late Prehistoric Pangkung Paruk Site, Bali," *Antiquity*, vol. 94, 2020, pp. 110-126.

⑦ Paul Bishop, David C. W. Sanderson, Miriam T. Stark, "OSL and Radiocarbon dating of a pre-Angkorian canal in the Mekong delta, South Cambodia," *Journal of Archaeological Science*, vol. 31, 2004, pp. 319-336.

况，探讨了运河的发掘、淤积和废弃的过程与俄厄遗址衰落之间的关系。[①]
肯尼斯·R. 霍尔（Kenneth R. Hall）[②] 和邱（Khoo）[③] 论及了俄厄遗址修建
者的问题。还有学者通过分析俄厄遗址出土陶器表面所附着的内容物以及陶
砖中的掺和料，研究俄厄人的饮食状况。[④]

结　语

俄厄遗址所处的地理位置，遗存内容的丰富多样，遗存的保存状况，以
往考古发现与研究工作的基础以及遗址的学术价值，决定了它在考古学研究
中占有重要的地位。俄厄遗址的考古发掘和研究工作主要由法国人和越南人
开展，主要包括以下两方面的成果。第一是调查或发掘报告，附带拍摄的照
片和绘制的线图，前者主要包括《俄厄遗址初步发掘报告》（*Les Fouilles
d'OC-ÈO（1944）: Rapport Prèliminaire*）、《俄厄遗址哥塔（Go Da）土墩的发
掘简报》（*The Excavation of Go Da mounds in Oc Eo Relic（Thoai Son-An Giang）*）
和《越南南部柿树丘（Cay Thi）的发掘新收获》（*Cay Thi Mound（Vong The
Commune，Thoai Son district，An Giang Province）*，*Some Archaeological
Achievements in the South of Vietnam*）等，后者指皮埃尔·巴利到此地调查时
拍摄的航空照片、马勒海以及后来的"湄公河三角洲考古行动"联合考古
队开展发掘工作时拍摄的照片及绘制的遗址、遗迹平剖面图；第二是议题较
为集中的研究性论文或著述，这些议题涉及遗址的断代与分期、遗址性质与
国属、早期海上丝绸之路与海上贸易、东西方文化交流等多个方面。

关于俄厄遗址的研究，有助于了解早期港口城市、海上贸易以及东亚—
东南亚—南亚—红海—地中海地区之间的文化互动等，对研究早期海洋经济
史来说也十分重要。然而，国内对汉代及汉代以前的包括俄厄遗址在内的东

① Le Ngoc Thanh, Nguyen Quang Dung, Nguyen Quang Bac, Nguyen Quang Mien, Nguyen Dan Vu, Duong Ba Man and Nguyen Dinh Chau, "The contribution of geophysics to archaeology: a case study of an ancient canal of the Oc Eo culture in the Mekong Delta, Vietnam," *Geology, Geophysics and Environment*, vol. 45, 2019, pp. 45−56.

② Kenneth R. Hall, "The Indianization of Funan: An Economic History of Southeast Asia's First State," *Journal of Southeast Asian Studies*, vol. 13, No. 1, 1982, pp. 81−106.

③ Khoo, *Art and Archaeology of Fu Nan: Pre-Khmer Kingdom of the Lower Mekong Valley*, p. 196.

④ Paul Pelliot, "Le Fou-nan," *Bulletin de l'École Française d'Extrême-Orient*, No. 3, 1903, pp. 248−303.

南亚、南亚地区港口的关注不够。本文希望通过对俄厄遗址相关研究的梳理与回顾，对未来相关领域的研究起到一定的促进作用。

Excavation and Study of Oc Eo Site

Sun Jingwen　Caoye Anqing

Abstract：Archaeological researches on the Oc Eo site were begun from Louis Malleret's survey and excavation in 1942. In the past 80 years, archaeologists have basically clarified the scope, internal structure and stratigraphic relationship of the Oc Eo Site, and obtained a large number of relics such as pottery, wooden articles, gold vessel, silverware, tinware, glassware, stone statues and jewels. Trade goods between the East and the West have also been discovered. At present, studies have been carried out on chronology, unearthed relics, religion, the nature of the site, and the relationship between Oc Eo and maritime trade, etc. The geographical location of the site and the richness and diversity of its relics determine its importance in archaeological research.

Keywords：Oc Eo Site; history of discovery and study; marine trade

（执行编辑：罗燚英）

海洋史研究（第二十辑）

2022 年 12 月　第 17~27 页

占婆 C. 30 B1 号碑铭中
lov（中国）一词考释

黄先民[*]

一　缘起

C. 30 号碑铭刻在越南芽庄 Po Nagar 占塔主体建筑南面的门柱之上。Po Nagar 占塔碑铭由于年代过于久远，文字部分内容变得模糊不清。在经过文物专家的修复之后，我们得以对碑铭的内容进行一定程度的释读。关于 C. 30 碑铭刻写的年代，在铭文内容中已有提及，为占婆萨迦历 1155 年，即公元 1233~1234 年之间。

Po Nagar 占塔建在丐河之滨，虬牢山之上。芽庄为占婆故地，芽庄本为占语 ia trang，意为"芦苇村"；丐河越语为 sông Cái，译自占语 kraong Praong，意为"大江"；虬牢山音译自占语（k）ulaw，意为"水中高地"。而 Po Nagar 意为"王国之神"。

1888 年，阿贝尔·伯加涅在《碑铭中记录的印度支那占婆古王国》中提及该碑铭的存在，并将该碑铭首次编号为 N. 409。[①]

---

[*]　作者黄先民，云南红河学院国际语言文化学院东南亚语系助教。

① Abel Bergaigne, "L'ancien royaume de Campā, dans l'Indo-Chine d'après les inscriptions," *Journal Asiatique*, series 8, 11（1888）, pp. 5-105.

1891 年埃蒂安·埃蒙涅尔在其《占婆碑铭初探》中继续使用了伯加涅的碑铭编号 N.409，并将部分碑铭内容译为法文。[①]

1923 年，赛代斯在《占婆与柬埔寨之碑铭目录》中将该碑铭编号为 C.30 B1，并断定 C.30 B1 碑铭的刻写年代为萨迦历 1155 年。[②]

马宗达于 1927 年在其论著《占婆：印度远东殖民王国的历史与文化（公元二世纪至十六世纪）》中将该碑铭重新编号为 N.88，并给出了碑铭内容大致的英文译本。[③]

2004 年，在对诸多学者成果的研究考察基础上，卡尔亨兹·戈佐在《基于 Abel Bergaigne、Étienne Aymonier、Louis Finot、Édouard Huber 及其他法国学者的编译与 R. C. Majumdar 工作之上的占婆碑铭》中公布了一个英文新译本。[④] 仅一年之后，法国学者安娜瓦勒热·施魏尔对 Po Nagar 的这块石碑又做了重新的详尽考察。在其研究成果《芽庄婆那加》第二部分："碑铭"一文中，施魏尔给出了该碑铭内容的法文新译本。[⑤]

---

① Étienne Aymonier, "Première étude sur les inscriptions tchames," *Journal Asiatique*, series 8, 17 (1891), pp. 49-50. 法译内容如下：En outre (*puna ḥ*) S. M. Çri Jaya Parameçvara varmma deva donne à la déesse Pu Nagara et à la statue sacrée (ṅan vraḥrūpa) en ce çakarāja 1155. (Il donne) des champs à Kamvyœl, un endroit, ce sont les champs de Saṃmriddhi jaya (sic) de 100 jāk. Les Khmêrs placés dans le hajai (forteresse? servlce du temple?) sont au nombre de dix, hommes et femmes. D'autres champs de 1900 et de 1500 jāk. 并指出碑铭末以一行"术语"结束：*kvir campa lov syaṁ vukāṁ lakĕ̆ krumvĕ̆* 45 *drĕ̆* [Les Khmêrs, Tchames, Chinois, Siamois, (?) hommes (et) femmes, 15 personnes]

② Geogre Cœdès, *Listes générales des inscriptions et des monuments du Champa et du Cambodge*, EFEO, 1923, 10-11.

③ Ramesh Chandra Majumdar, *Champā. History and Culture of an Indian Colonial Kingdom in the Far East*, 2nd-16th Century A. D., Book III. Delhi (1927; reprint: 1985): Gyan Publishing House. p. 207. Majumdar 认为 N. 88 碑铭在内容上是对 N. 85 的延续。Majumdar 将碑铭内容英译如下：Again (*puna ḥ*) in 1155 (＝1233 A. D.) king Śrī Jaya Parameśvaravarmadeva made donations to the goddess Pu-Nagara and the sacred imaga. The concluding portion gives details of the donations consisting of lands and slaves. The slaves belonged to both the sexes and to various nationnalities such as the Khmer, Cham, Chinese, and Siamese。

④ Karl-Heinz Golzio, *Inscriptions of Campā based on the editions and translations of Abel Bergaigne, Étienne Aymonier, Louis Finot, Édouard Huber and other French scholars and of the work of R. C. Majumdar. Newly presented, with minor corrections of texts and translations, together with calculations of given dates.* Aachen (2004): Shaker Verlag.

⑤ Anne-Valérie Schweyer, "Po Nagar de Nha Trang, seconde partie: Le dossier épigraphique," *Aséanie*, 15 (2005), p. 94. 施魏尔将该碑铭内容法译如下：Ensuite S. M. l'illustre Jaya Parameśvaravarmma-deva donne à la Déesse du pays une statue en l'année du roi des Śaka 1155 [1233 EC]. Et les champs de Kumvyāl et ceux de Saṃṛddhījaya15 de 400 jāk. Les （转下页注）

该碑铭实际上拥有三个不同的编号，分别为 N.88，N.409 和 C.30。本文采用法国远东学院 C.30 这一编号。

实际上，Po Nagar 门柱碑铭的内容相当丰富，整块碑铭保存也相对完整。整个门柱碑铭被标注为 C.30，但根据其分布在石面的各个单元区间，我们又将其细化为 C.30 A、C.30 B 等不同小段。本文要讨论的问题，主要集中在 C.30 B1 号碑铭之上。

二　C.30 碑铭转写与释读

C.30 B1 的内容仅有五行文字，转写如下：

（1）*puṇaḥ yāṁ poṁ ku śrī jayaparameśvaravarmmadeva pu poṁ ku*

（2）*vuḥdi yāṁ pu nagara　ṅan vra ḥrūpa di śakarāja nī 1155 nī humā di kumvyāṁl*

（3）*sā sthāṇa anan humā samṛddhījaya 400 jāk kvir si vuḥdi hajai　ṅan*（*la*）

（4）*kiṁ krumviṁ 10 driṁ humā vanūk nī dharmmathate ḥ 1800 jāk humā vanūk ni pu*

（5）*suk 1500 jāk kvir campa lov syaṁ vukāṁ lakiṁ krumviṁ 45 driṁ*

我们对这五行碑铭的内容进行释读。

puṇaḥ：从梵文的 punar 直接借入，其中鼻音字母 n 变为腭音字母 ṇ，这种现象在混合占梵文中较为常见，[②] 意为"再，又"。

yāṁ poṁ ku śrī jayaparameśvaravarmmadeva：为专有名，指占婆一君王。意译为"杨普俱吉祥胜最上自在胄天"。

pu poṁ ku：人名，音译"布普俱"。

vuḥ：该词意为"堆积，建造"，来自原始南亚语 *vur。比较中古高棉语 vur，另有 būr、pūr 等形式。

di：小品词，意为"在，位于"。

（接上页注⑤）Khmers donnent à la forteresse dix hommes et femmes, les champs［qui entourent?］les dharmathata［?］, 1900 jāk, les champs［qui entourent?］le puauk, 1500 jāk；quarante-cinq personnes, hommes et femmes, Khmers, Cam, Lao, Siamois, gens de Pagan。

② Huang Xianmin, *Bước đầunghiên cứu một vài hiện tượng ngữ pháp tiếng Chăm qua một số bia ký Chăm-pa*, Luận văn thạc sỹ Khoa Ngôn ngữ học Trường Đại học Khoa học xã hội & Nhân văn Đại học Quốc gia Hà Nội, Hà Nội, 2020.

yāṁ pu nagara：为一国名，音译为"杨普王国"。

ṅan：为近指代词"这"。

vraḥrūpa：意为"神圣仪式"。vraḥ 为"神圣"意，该词在占婆及高棉碑铭中有繁多的不同书写形式：vraḥ，vraḥha，vraḥh，vrah，vras，vrāḥ，braḥ，braḥh，brah。现代高棉语中为 brah，泰语为 pʰráʔ。语源上该词可能仿制自梵语的 śrī（圣）一词，并加上了原始南亚语前缀＊w-，即 vraḤ ＊ w-śrī。① rūpa 一词为梵语借词，本意为"相"，转之为"仪式"。

ṣakarāja nī 1155 nī：即"此王萨迦历 1155 年"（即公元 1233 年到 1234 年之间）。

humā：一词意为"旱田"，尤指"稻田"，来自原始南岛语＊quma。比较 Mal（h）uma，Indo huma，Sundanese huma，Puyuma Huma（旱田或水田），Bali uma，Jarai hema。

kumvyāml：地名，音译为"库伐扬"。

sā：数词"一"。

sthāṇa：源于梵文，由 sthā-派生而出，意为"所站立"。在这里可以代指"地方，方位"。

samṛddhījaya：由 samṛddhī（茂盛的）与 jaya（殊胜的）构成。意为"极其茂盛的"。

jāk：为一占婆计量单位，由 jāk 的本意"瓦罐"转化而来。jāk 口大底小，呈鼓腹状。作计量单位后指"一瓦罐稻谷量"。占人至今仍使用该盛具装盛粮食，并用作计量单位。

kvir：为"高棉人"，来源于古高棉语的 kmir。在占婆和高棉碑铭中，"高棉人"一词有多种形式不同的写法：kvvir、kmir、kmīr 及 kmer。

si：在这里指构成被动语态。

hajai：译为"区域"。

（la）kiṁ：意为"男子"，现代占语中为 lakei；同理 krumviṁ 在这里指"女子"。

driṁ：意为"人"，该词有可能来自原始南岛语中的＊diRi，意为"独自的"。占语中另有两个指"人"的词，分别为 ura 和 urang。

---

① 梵语 śrī（圣）一词的仿制可以参考 Philip N. Jenner, *A Dictionary of Angkorian Khmer*, The Australian National University, 2009, p. 597。

vanūk：地名，音译为"伐奴"。

pusuk：地名，音译为"普窣"。

dharmmathateḥ：城市名，正确的书写形式应为 dharmathateḥ，译为"法笪陀"。

campa："占婆"。

syaṁ："暹罗"。

vukāṁ："蒲甘"。

整个碑铭的内容释译如下：

又有杨普俱吉祥胜最上自在胄天，于杨普王国赠予布普俱一田地，神圣仪式（举办于）萨迦历 1155 年。田地位于库伐扬，茂盛（产）400 瓦罐。（并）赠其田地上高棉男女各 10 人。（于）法笪陀的伐奴田，（产）1800 瓦罐。普窣（的田地，产）1500 瓦罐，　（有总共）45 个高棉、占婆、lov（?）、暹罗、蒲甘男女。

三　碑铭中的 lov 一词释意

由上述内容我们可以看出问题所在：碑铭中提及的 lov，究竟是指什么地方？解决该问题可以帮助我们知道在占婆国统治范围内，有哪些人群在活动，并以怎样的形式在这片土地上活动。碑铭内容提到将土地之上的人作为赠品相赠，那么在普窣这块土地上的农业从事者亦应有相同的命运。

关于 lov 一词的解释，目前主要有两种说法，一是由伯加涅、埃蒙涅尔等人提出将该词译为"中国"；二是施魏尔主张应解释为"老挝"。这个问题在过去并没有被讨论过，此前学者的译文之中或译为"中国"，或译为"老挝"，但没有给出任何翻译的依据。

在国内，学者刘志强在《占婆文化史——占婆与马来世界的文化交流》中说："值得一提的是，占婆碑铭文中称呼中国为'lov'……考印度人、阿拉伯人和西方人均无称呼中国为'lov'，蒲达玛也不能解释……若'lov'有可能是占人对'唐'音的讹译，但二词辅音并不对应，不知何解，今存以备考。"[①] 关于 lov 一词对译为"中国"，因最初的碑铭释读者没有给出任

---

① 刘志强：《占婆文化史——占婆与马来世界的文化交流》，昆仑出版社，2019，第 61 页。

何解释，所以让后来的学者对其缘由也感到一头雾水。

在施魏尔所给出的解释中，她提出了 lov 一词来自越南西北高地某种侗台语的假设，并认为该词本是指一群操某种高地泰语的族群，因为某种未知的原因，lov 一词逐渐转指"老挝人"。但是这种说法有两个疑点。

一是古代占人对老挝的认知，并不一定是今天地理概念上的老挝。在占文碑铭及抄本中，笔者能找到的确定指今"老挝"的词为 saravan。从今天的角度来看，saravan 仅仅为老挝南部的一部分。现代占语中对"老挝"的称呼为 lao，这个词是越南语借词。古占语长元音的 ov，在现代占语中的对应是 aow。假使 lov 一词确指"老挝"，那它发展到今天的形式 laow 并不能和 lao 一词对应得上。因此从对音的角度来看，古占语中的 lov 也不可能指"老挝"。

二是施魏尔引用的例证，她举例 C.7 号碑铭第三行有这样一句："kvi [r] ja［v］ā lauṁ vukāṃ sya（ṃ）"。施魏尔将其译为："高棉，爪哇，寮国，蒲甘，暹罗。"并认为两块碑铭可能有语义上的关联，所以应该都同指"老挝"。对于 C.7 号碑铭中的这句内容，出现了一处较为明显的问题。占文碑铭的确多用 javā 一词，但通过历代学者研究，现今能断定出现在占文碑铭中的 javā 基本指的是"马来半岛"，而并非"爪哇"。其次，C.7 碑铭上的 lauṁ 一词和 C.30 B1 中的 lov 还有形式上的区别。

C. 7 号碑铭中 lauṁ 一词示意图

*图片取自法国远东学院，馆藏编号：Photograph of EFEO n. 142／C.7.

　　两块独立的碑铭，目前我们还没有找到它们之间存在的确凿联系。以此来作为彼此间的佐证，施魏尔给出的结论并不能使人十分信服。

　　笔者认为，伯加涅等学者将其释译为"中国"是合理的。我们可以从如下几个方面来看。

　　首先我们应该弄清楚古占语中 lov 一词的词源，能够解释该词的本来意义，才能说明其所指的地名。我们并不能从南亚语诸语或梵语中找到 lov 的同源词，该词的起源极有可能来源于南岛语。通过南岛语诸语的同源词比较，我们得到如下一组词：

Old Chamic ＊*lov*；Asilulu *lau*；Mal-Indo *laut*；Nissan *laur*；Javanese *laót*；Kola *lau*；Marshall *lawjét*；Vanuatu *lau*；East Masela '*lor*；Fiji-Savu *lou*；PAn ＊*laur*；PMP ＊*laud* ①

　　上面列举了与占语存有同源关系的众多南岛诸语，其意义所指都为"海洋"。即占语中的 lov 本意也是指"海洋"。在现代占语中，指"海"的词语主要有三个：第一个为 kulidong，特指"远洋"；第二个为 jaldi，同样为"海"；第三个是最为常用的 tasik ／ tathik，意为"大海"。

　　kulidong 的词源并不是很清楚，在《占马词典》中该词被收录。词典还给出了该词的阿拉伯字转写和婆罗谜字母转写形式：كوليدونغ ᩈᩮᩬᩥᩴ。在占婆史诗 Akayet dewa mano（《提婆曼努传》）中该词被拼写成了 kuradong（史诗第 259 段）。另外在占文词典中我们能检索到 tasik kulidong（深海远洋）的表达。

　　jaldi 一词出现的频率较低，但我们也能在 Akayet dewa mano 中找到：*parap rabang mâng mâh jaldi*（用海中黄金搭起桥梁）。②

　　tasik ／ tathik 在占婆史诗 Akayet dewa mano 中有：

016

> *palah tathik ngap kajang dī ngaok patan*
> *teng amâh brei dan dī grep pabah lemngā*
> （海中沙地起祭坛
> 称足黄金献诸神）③

---

① 本文中的南岛诸语同源词信息皆引自 Blust Robert, *Austronesian Comparative Dictionary*（*ACD*），Honolulu：University of Hawai'i at Mānoa, 1995b。

② Inrasara, Phan Đăng Nhật, *Sử thi Chăm*（*Quyển I*），Nxb Khoa học xã hội, 2014. p. 53.

③ Inrasara, Phan Đăng Nhật, *Sử thi Chăm*（*Quyển I*），p. 80.

并且 tasik 在南岛语诸语中能找到众多同源词，如印尼苏拉威西群岛上的摩利巴哇语（Mori Bawah）：tahi，汤加语：tahi 以及瓦努阿图群岛中的松瓦迪亚语（Sungwadia）：tasi，等等；如今在马来—印尼文中同样也能找到这个词 tasik。这些词都来自原始南岛语的 * tasi。

由此可见，占语中本存有多套指"海洋"的词，这和占人或南岛人原始的生存环境密切相关。对海洋的熟悉，使操南岛语的占人的语言保留了丰富的有关"海洋"的词。但一些词由于使用频率较低，逐渐处于弱势地位；或是语义可能在弱化的过程中发生了变化。

lov 的本意为"海"，为何用"海"来代指"中国"或者是说"中国人"呢？

古代中国与占婆的交往，主要为水路。《安南志略》载："占城，立国于海滨，中国商舟泛海往来谓藩者，皆聚于此，以积新水，为南方第一马头。"[1]《明史·占城传》载："占城居南海中，自琼州航海顺风一昼夜可至，自福州西南行十昼夜可至。"[2]《星槎胜览》载："十二月于福建五虎门开洋，张十二帆，顺风十昼夜，到占城国，其国临海，有港曰新州。"[3] 同样《瀛崖胜览》载："（占城国）自福建福川府长乐县五虎门开船往西南行，好风十日可到。其国南连真腊，西接交趾界，东北俱临大海。国之东北百里有一海口，名新州港，岸有一石塔为记，诸处船只到此舣泊登岸。"[4] 永乐年间，郑和七下西洋，大抵都在占城新州港和灵山停泊。又《三才图会》载："占城国，汉林邑也……在海西南，北抵安南，南抵真腊，自广川发舶顺风八日可达。"[5]

此外，美国耶鲁大学斯特林纪念图书馆馆藏《中国古航海图》抄本开篇就绘制了占婆周边海域的"山形水势图"，图中所注"尖城"，即为"占城"；"赤坎头"即今越南归仁港附近的赤坎山。[6]

各种史料及海图记载表明，中国与占婆之间的交流以取海道相往来的方式非常盛行。居住在中南半岛东岸的占人同样是对海洋具有敏锐认知的民

---

① 黎崱：《安南志略》卷第一，浙江大学图书馆馆藏本，馆藏数字文本编号：269175，第一卷第 44 页。

② 《明史》卷三百二十四·列传第二百一十二《外国五》，哈佛燕京图书馆藏本，馆藏数字文本编号：T2720~1311，第 187 页。

③ 费信：《六经堪丛书·星槎胜览》，天一阁藏明钞本，第 9 页。

④ 马欢：《瀛崖胜览》，中国哲学书电子化计划，馆藏数字文本编号：792434，第 6 页。

⑤ 王圻：《三才图会》卷三十二，北京大学图书馆藏本，馆藏数字文本编号：770971，第 14 页。

⑥ 原图可见美国耶鲁大学斯特林纪念图书馆，馆藏号：8333623。

族，他们"善于利用海洋，在东南亚各地的沿海口岸及内陆河畔建立了小型据点，收购、运输各地的特产。他们在连接印度、东南亚、中国的海上中转航线上负责印度经泰国湾至中国的贸易与货运。"① 即使占婆遭受国难，同样选择以海路的方式向外求救。《大越史记全书》载："占城求救于明，明人驾海船九艘来救。"② 以此窥探，可见古代中国同占婆的主要交往渠道，极有可能以水路为主，即借助南海航道。因此古占人对中国人的认知，也极有可能从海洋的意向发展而来。换句话说，在古占人的观念里，"中国人"就等同于"来自海上的人"。这种认知方式还影响到了占人统治下的西原高地民族，如在埃地语（Rade language）中，埃地人也将中国人称为 lō。其实这种设想还同越语中的表达形成了暗合，越南人有称中国人为 người Tàu（艚人），同样是说中国人从海上而来。③

1978 年，越南成立"占文书籍编撰委员会"（Ban Biên Soạn Sách Chữ Chăm），对传统占文进行标准化整理的同时，也对拉丁字新占文拼写方式进行了规范化。④ lov 一词进入现代占语后变成了 laow，并固定 laow 为传统占文ꨣꨤ的标准转写形式⑤，而"中国人"即被称为 urang laow。古占语中的半辅音 -v 在今天的占语中已经变为表示长元音的韵尾。⑥

日本学者新江利彦等认为现代占语中的 laow 虽指"中国人，华人"，但

---

① 石泽良昭：《东南亚：多文明世界的发现》，北京日报出版社，2019，第 29 页。

② 〔越〕吴士连等：《大越史记全书》（标点校勘本），西南师范大学出版社、人民出版社，2015，第 426 页。

③ 需要注意的是，在南岛民族中，其他语言也有类似"海上人"这样的称呼，但并不指"中国人"。如马来语中将"生活在新加坡、马来半岛和廖内群岛的马来人族群以及生活在泰国和缅甸安达曼海的南岛民族，如莫肯人等"称为 orang Laut。这种称呼方式源于以上族群以海为生，常年居住于船上的生活方式。可以参考 Adriaan J. Barnouw, "Cross Currents of Culture in Indonesia," *The Far Eastern Quarterly*. Vol. 5, No. 2. 1946. pp. 143–151。这和占人通过海洋对外部世界的认知有所不同，所以不能将其他南岛语中的"海上人"一词等同于占语中的 urang laow。

④ Jalau An ư̆k chủ biên: *Tuyển tập sáng tác - sưu tầm - nghiên cứu văn hóa Chăm (số)*. Hà Nội, Nxb, Hội Nhà văn. 1998. tr. 185.

⑤ 在不同的占语辞典中，存在转写方式与越南占文书籍编撰委员会公布方案不一致的情况。1995 年由裴庆世主编出版的《占越辞典》（Bùi Khánh Thế chủ biên: *Từ điển Chăm Việt*. T. P. Hô Chí Minh, Nxb. Khoa học xã hội. 1995. tr. 675.）中，将"中国"一词转写为 lauw。更早前，由埃蒂安·埃蒙涅尔与安东尼·卡巴顿共同编撰的《占法辞典》（Étienne Aymonier, Antoine Cabaton: *Dictionnaire Căm Français*, Paris, EFEO, 1906, p. 450）中，将"中国"一词转写为 lauv，并将埃地语中的"中国"一词转写为 loau。

⑥ 关于占语元音的历史音变，可以参考 Graham Thurgood, *From Ancient Cham to Modern Dialects. Two Thousand Years of Language Contact and Change*, Honolulu: University of Hawai'i Press, 1999.

在较早的占婆王家文书档案中 laow 一词有具体的分化。他认为文书档案中所记载的 laow 皆是指"明朝逃亡南国的华商等"，并非"清朝人"。① 但在当前占人社会或是越南官方媒体之中，laow 一词已经不再具有细致的内涵区分，都统一指"中国人"或"华人"。②

因此，从今天的占语出发，通过历史语言学的方法，我们也能够得知占婆碑铭中的 lov 一词是现代占语 laow 的早期形式。

余　论

综上所述，笔者认为相比施魏尔所认为的 lov 一词指代"老挝"而言，似乎有更充足的理由证明，lov 在越南芽庄 Po Nagar 占塔的 C. 30 B1 号碑铭中，更有可能是指曾经在占婆统治范围内的"中国人"。对中国人的这种称呼，一方面体现了过去中国和占婆人接触了解的方式主要是海路，反映了古占人对中国人的认知来源于驾船驶来的大海；另一方面占人对中国人的认知不是单一民族的认知，北方的越族以及占人统治下的西原高地民族也对中国人持有相似或相同的认知。

Research on the Word *Lov* (China) In the C. 30 B1 Inscription of Champa

Huang Xianmin

Abstract：Cham language is used by Cham people who have established the

---

① 新江利彦：《占语词汇集》，东京外国语大学亚非语言研究所，2014，第 127 页。（Sakaya 新江利彦「チャム語語彙集」東京外国語大学アジア・アフリカ言語研究所、2014 年、127 頁）词条原文如下：laow 中国人、华人。チャム王家文書 harak patao（占婆王府档案）では、中国人は清人ではなく、明の亡命商人＝大明客商という表記をされている。商人のほか兵士としても活動した。

② 如在越南之声民族语频道中，有报道如下：《建设新农村》（Padang ngak palei pala bahrau（Xây dựng nông thôn mới）），2020 年 11 月 18 日：*Harei Chôl-chnăm-Thmây ye mik va Khmer ba har mai alin brei mik va urang Kinh*，*urang Laow* 在东新年之际，高棉人同样会赠礼物予越人和华人。https://vov4.vov.gov.vn/Cham/1811bai1811202010mp3/bhap-bini-dom-bangsa-di-tra-vinh-jum-pataom-dong-ba-gauk-patagok-cmobile69-346384. aspx，2022 年 3 月 16 日。

Champa kingdom with a splendid culture in today's south-central Vietnam. A considerable part of the ancient Champa kingdom history that we know today comes from the inscription records of the Cham people. The specific meaning of the word *lov* found in the inscription C. 30 on the Po Nagar Cham Pagoda in Nha Trang, Vietnam, has been verified by Western scholars, but it is still incomplete. Through the method of linguistics, it is found that the word *lov* in the ancient Cham language actually means "China" which actually related to the way the Vietnamese call Chinese people.

Keywords：Cham language; inscription; *lov*

（执行编辑：吴婉惠）

海洋史研究（第二十辑）

2022 年 12 月　第 28~48 页

汉唐时期交趾地区红河水道
与长州政治势力兴起

谢信业[*]

对于 7 世纪前后的红河三角洲平原来说，最重要的历史事件莫过于交趾地区的政治、经济重心由红河东岸的北宁平原，转移到了红河西岸河内地区，这种转变是漫长历史发展的结果。从两汉到隋唐的 10 个世纪中，以红河平原为中心的交趾地区基本在汉唐王朝的直接统治之下，中央王朝对交趾地区的同质化管理，加快了该地区与内地之间的整体发展步伐，而南海贸易交通网络的开辟，又推动红河平原与外部世界商业贸易和文化交流，深刻地影响着交趾地区社会发展。①

---

* 作者谢信业，中山大学博士研究生。

① 相关研究者已经从政治、经济、文化、交通等多个方面，对该时期交趾地区的历史图景进行了详细的描绘，例如陆韧《唐代安南与内地的交通》，《思想战线》1992 年第 5 期；陈国保：《汉代交趾地区社会经济发展之探析》，《中国社会经济史研究》2005 年第 4 期；郭声波：《置在中南半岛的唐朝行政区——安南都护府及其正州县建置沿革考述》，李庆新主编《海洋史研究》第四辑，社会科学文献出版社，2012；陈国保：《安南都护府与唐代南疆羁縻州管理研究》，《广西师范大学学报》（哲学社会科学版）2013 年第 4 期；周伟洲：《7~9 世纪的南海诸国及其与隋唐王朝的关系》，《中国历史地理论丛》2016 年第 3 期；陈国保：《王朝经略与隋唐南疆商业贸易的发展》，《中国边疆史地研究》2016 年第 4 期；耿慧玲：《越南与中国的海上交通》，载于《越南史论——金石资料之历史文化比较》，新文丰出版公司，2004，第 337~370 页。上述论文侧重于阐释交趾地区与中央王朝之间的紧密联系，分析交趾在整个中华帝国波澜壮阔的前贸易时代所扮演的角色，以及边疆有效治理和繁荣贸易带来的影响。国外学者的经典论著，如 Keith Weller Taylor, *The Birth of Vietnam*, Berkeley: University of California Press, 1983. Li Tana（李塔娜），"Jiaozhi（Giao（转下页注）

正是在汉唐时代的南疆经略和东方海上贸易大背景之下，交趾境内的红河航道逐渐兴盛起来，传统的政治、经济中心逐渐转移至红河西岸的河内地区，较之于两汉时期，唐代安南都护府的政治地理格局也发生了重大改变，红河下游滨海地区出现新的港口城市——长州，是红河平原最重要的海疆门户之一。10世纪，唐朝在安南统治崩溃，长州的豪强成功统一了四分五裂的红河平原，建立了大瞿越政权。长州豪强集团的力量源泉自然与隋唐时代蓬勃发展的海上商业贸易活动，以及红河平原政治、经济重心转移有着密切关联。

虽然长州几乎是一个名不见经传的沿海小城镇，不过我们仍能从长州的有限信息之中，窥得唐代交趾地区繁荣的红河航运贸易，以及长州地区在此后越南历史发展中不断迸发的潜力。因此，本文基于前人相关研究，围绕汉唐时期红河航道的兴起、交趾政治、经济重心的转移过程，以及上述转变进程与长州兴起、大瞿越统一红河平原过程的关联性展开讨论。

一　汉唐时期红河水路交通与交趾政治中心变迁

从云贵高原倾泻而下、奔腾不息的红河，经过不断的泥沙淤积，汇成了富饶的红河平原，成为古代越南历史发展的重要平台。无论是汉代的交趾郡，唐代的安南都护府，还是后来越南历代王朝的发展，始终与红河有着密不可分的联系。

（一）汉唐时期的朱鸢县、朱鸢江

唐代地理文献将流经交州境界的红河下游河段称为"朱鸢江"①，朱鸢

（接上页注①）Chi) in the Han Period Tongking Gulf", Edited by Nola Cooke, Li Tana, & James A. Anderson, *The Tongking Gulf Through History*, University of Pennsylvania Press, 2011, pp. 39 – 52. 尤其是李塔娜教授在文章中指出要将交趾置于自身背景中，与北方在同一水平线上展开考察，从横向视角来审视早期交趾的历史。

① 朱鸢江的上游河段似乎叫作"乌延水"。乐史著、王文楚等点校《太平寰宇记》卷一百七十，中华书局，2007，第3254、3255页载交州有"乌延水"；《旧唐书》卷四十三《地理志七》，第1750页载交趾县："武德四年置慈州，并置慈廉、乌延、武立三县，以慈廉水因名之。"据此可知乌延当在慈廉县境内。按隋仁寿时期，李佛子别率李普鼎据于乌延城。〔越〕吴士连等：《大越史记全书》，西南师范大学出版社，2016，第92页载乌鸢城，"在慈廉县下姥社，其社今有八郎神祠，盖雅郎之神也。"雅郎是传说中李佛子之子，李普鼎可能是其历史原型。乌延（ô dan）、乌鸢（ô diên）相通，乌鸢似乎是与朱鸢相关词汇，指的是交趾地区生活在沿河湿地中的不同颜色猛禽。乌延水应即慈廉水。

江得名于汉唐时期的朱鸢县（朱戴县）。关于朱鸢县具体位置，《元和郡县图志》载：

> 朱鸢县，上。东南至府五十里。本汉旧县，属交趾郡，至隋不改。武德四年于此置鸢州。贞观元年废，县属交州。朱鸢江，北去县一里。后汉马援南征，铸铜船于此，扬排然火，炙船头令赤，以燋涌浪及杀巨鳞横海之类。[①]

据越南地理文献《大南一统志》记载，阮朝时期兴安省东安县本是"汉朱鸢县地，唐属鸢州，陈曰东结县，明仍其旧，黎洪德改今名。"[②] 该县之中旧有沼泽名为"一夜泽"：

> 一夜泽，在东安县，与河内上福县自然洲相近，其泽周回米所、袴襦、平民、安永、安境、安历、文关、东结等总各社地分。今成深田，地簿均著"夜泽处"。按《岭南摭怪》传雄王率兵讨仙客，驻于自然洲，犹隔大江，日暮未及进兵，夜半忽风雨大至，褚童子客仙所居室，居人鸡犬一辰升飞。其地陷成一大泽，后人因立祠致祭，名其泽曰："一夜泽"。其洲曰："慢㠌洲"。《史外纪》：泽在朱鸢，周回不知几里，草木萎莽，中有基址可居。四面泥淖沮洳，人马难行，惟用独木小舟蒿行于水草之上，误落水中则为虫蛇所伤。昔赵越王光复与陈伯先相拒，屯兵泽中，累败梁兵，国人呼为"夜泽王"。[③]

一夜泽在今兴安省快州县夜泽社（xã Dạ Trạch）一带。《大越史记全书》亦称一夜泽所在之地属朱鸢县。[④] 另据《同庆地舆志》载，夜泽所在的东安县东结总有鸢伶社（xã Diên Linh）[⑤]，应即朱鸢县地名遗存。因此可以推定，汉唐时期的朱鸢县在今天红河东岸兴安省快州县西南的大集社（xã Đại Tập）。朱鸢县位于慢㠌洲中，而所谓的"朱鸢江，北去县一里"，并非

---

① 李吉甫：《元和郡县图志》卷三十八，中华书局，1983，第958页。
② 阮朝国史馆编《大南一统志》第2册，西南师范大学出版社，2015，第200页。
③ 阮朝国史馆编《大南一统志》第2册，第216~217页。
④ 〔越〕吴士连等：《大越史记全书》，第90页。
⑤ 阮朝国史馆编《同庆地舆志》，法国远东学院，2003，第278页。

现代的红河河道，而是径流幔㟧洲东的河道。现代这条河道已经淤塞，仅留下残存的河床遗迹。

依照《大南一统志》的描述，幔㟧洲的下游不远处有一条淤塞河道，名为"久安旧河"：

> 久安旧河，在东安县，水自河口，从赤藤江东流，迳金洞、永同、凭昂诸江，凡四十四里，天施县溪滩江，又直凿六里，合芙蕖县珑烈江，注于清沔县文张江。①

久安旧河横穿兴安省，进入海阳省清沔县，又于宁江县之西注入渌江（Sông Luộc），与太平江（Sông Thái Bình）合流，至涂山（Đồ Sơn）之南注入大海。其流向与《水经注》所载之汉晋时期交趾境界的"南水"十分吻合：

> （中水）又东南合南水。南水又东南，{迳九德郡北}……江北对交趾朱𢂿县，{又东迳浦阳县北，又东迳无功县北}②……其水又东迳句漏县，县带江水，江水对安定县……又东与北水合，又东注郁，乱流而逝矣。③

换言之，汉晋时期南水（红河）主要河道应当是久安旧河，其出海口并非今天的红河口，而在涂山一带的太平海口。④

---

① 阮朝国史馆编《大南一统志》第 2 册，第 214 页。

② 九德郡、浦阳县位于今天的义安省，无功县属九真郡，在今天的清化省。按《水经注》载，出交趾郡都官塞浦，经中水、南水，沿海岸航行可抵达九真浦阳、九德，盖传抄过程中或有所删减，文句散逸，故而造成了此种谬误。南朝时期的地理文献似乎将南水（红河）以南误为九真、九德二郡接壤。《宋书》卷三十八《州郡志四》，中华书局，1974，第 1208 页载"宋平郡，孝武世，分日南立宋平县，后为郡。"唐代《元和郡县图志》亦因袭此种错误。

③ 郦道元著、陈桥驿校证《水经注校证》卷三十七，中华书局，2007，第 862 页。

④ 需要说明的是，关于《水经注》交趾诸水及诸县分布问题，法国学者马洛尔（Cl. Madrolle）在其《古代安南》一文中已经进行了详细的讨论，越南学者陶维英在《越南古代史》中进行了相应的反驳，但是基本上除了中水和南水及分布于此的郡县，其余争议并不大。参见 Cl. Madrolle, "Le Tonkin Ancien", *Bulletin de l'École française d'Extrême-Orient*, Vol. 37, No. 2 (1937), pp. 263~332;（越）陶维英著，刘统文、子钺译《越南古代史》下册，商务印书馆，1976，第 447~453 页。

事实上，《水经注》所载汉晋时期交趾三水多于此注入大海。西随水（红河）进入交趾郡境内的麋泠县（麅泠县）后分为五水，五水又在交趾郡东界合为三水。北二水即左水和南水，二水在龙渊县东合为北水：

> 北二水：左水东北迳望海县南，建武十九年，马援征徵侧置，又东迳龙渊县北，又东合南水。［南］水自麅泠县东，迳封溪县北……又东迳浪泊，马援以其地高，自西里进屯此。又东迳龙渊县故城南，又东左合北水……其水又东迳曲易县，东流注于浪郁。①

麋泠县在今越南河内市麊泠县（huyện Mê Linh）一带②，《水经注》所言之左水应即麊泠县北的哥路江（sông Cà Lồ），哥路江东北流至北宁省安丰县之西，与梂江（sông Cầu）合流，旧名月德江，即"北水"③；南水，发源于麊泠县之东，即五县溪（sông Ngũ Huyện Khê）④，东北流至北宁省安丰县之东、北宁市之西，与梂江合流，这与"又东左合北水"的记载吻合。梂江下游至六头江（sông Lục Đầu），通白藤江（sông Bạch Đằng），注入大海，即所谓"其水又东迳曲易县，东流注于浪郁"。

北二水之南是其次一水、泾水、中水：

> 其次一水东迳封溪县南，又西南迳西于县南，又东迳羸陵县北，又东迳北带县南，又不迳稽徐县，泾水注之。出龙编县高山，东南流入稽徐县，注于中水……中水又东迳羸陵县南。《交州外域记》曰："县本交趾郡治也"。《林邑记》曰："自交阯南行，都官塞浦出焉。"其水自县东迳安定县，北带长江，江中有越王所铸铜船，潮水退时，人有见之者。其水又东流，隔水有泥黎城，言阿育王所筑也。⑤

---

① 郦道元著、陈桥驿校证《水经注校证》卷三十七，第 860~862 页。
② 麊泠县以二征夫人事件而闻名于史书，河内市麋泠县境内有许多东山文化时代的古城遗址，是否二征、马援城址尚存争议，参见 Đỗ Văn Ninh，"Xung quanh tư liệu vềba tòa thành：Mê Linh，Đền，Vượn thờ i hai bà Trưng"，*Nghiên cứu lịch sử*，1983（2），pp. 23–27。
③ 阮朝国史馆编《大南一统志》第 1 册，第 575 页："月德江，在安山县南八里，白鹤之支流也，而江口浅，冬春可涉，夏秋汛至，从此东北流入安乐、安朗诸县，湾流六十五里至盛纪社注于北宁金英县可由社。"
④ 阮朝国史馆编《大南一统志》第 4 册，第 317 页："五县溪，在金英、东岸二县，水自山西安朗县田间流出，经二县，环绕安丰，与仙游水会注，经邓舍、果敢等社，放于月德江。"
⑤ 郦道元著、陈桥驿校证《水经注校证》卷三十七，第 862 页。

"其次一水"所描述的显然是河内市的红河河段与天德江;"泾水"所指当为是谅江,谅江支流发源于太原省,经过北江省,至六头江,下通太平江,最终在涂山之南注入大海;"中水"在北宁省之南,即义宵江(sông Nghĩa Trụ)。义宵江原本是红河的支流,经过兴安、海阳二省,在海阳市南注入太平江,与"泾水"合流。

根据《水经注》的描述,两汉时期交趾郡属县大都位于上述五水之间,也就是红河东岸之地,特别是北宁、海阳、海防三省市地区。这样的分布情况与当时交趾郡的交通情况有着密切关系,由于汉晋时期陆路交通不便,内地官员和商旅通常会选择广州、合浦乘海船,沿着海岸线来到交趾,赴交船舶从白藤江口进入,逆流而上,通过天德江,最后达到交趾郡治所在的嬴陵或龙编。因此,东流的河道成为内地官员进出交趾的主要通道,大量的民众定居于此,北宁、海阳、海防一带发现大批汉代墓葬。[①] 另外,交通方式很可能影响了地理文献的写作,最终形成我们所看到的交趾三水东注于海的描述。

(二) 红河水道兴起与隋唐交州政治中心转移

两汉至南朝时期,北宁地区作为交趾的政治中心长达七个多世纪,7世纪初叶开始,交趾地区政治重心发生重大迁移。隋代交州治所由龙编县迁往宋平,北宁地区作为传统政治中心地位被位于红河西岸的河内所取代。

红河西岸及上游地区开始受到重视大概是得益于交趾通滇、蜀道的开发。交趾通滇道在西汉末期已经存在,西汉于麊泠县设置都尉[②],把守红河上游要冲之地。东汉初的麊泠水道是"兵车资运所由"的军事要道。[③] 魏晋时期交趾郡守吕兴叛吴投魏,南中都督霍戈奉命救援,占据交趾三郡长达八年之久[④],其间曹魏、西晋对于交趾的军事援助由滇中从麊泠水道转运而至。南北朝时期,随着蜀地、南中相继为北朝所据,交趾通道滇道作为上游军事要冲之地受到南朝的重视。红河西岸及上游地区开始出现大量的行政建置,孙吴时期,陶璜平扶严夷,置新昌、武平二郡于红河上游沿岸地区,成

---

① 韦伟燕:《越南境内汉墓的考古学研究》,博士学位论文,吉林大学考古学院,2017,第208页。
② 《汉书》卷二十八下《地理志下》,1964,第1629页。
③ 郦道元著、陈桥驿校证《水经注校证》卷三十七,第859页。
④ 《晋书》卷五十七《陶璜传》,中华书局,1974,第1558~1559页。

为扼守红河航道的军事重镇。南朝宋时期，又于红河西岸置宋平郡（河内）。因此，隋统一之前，红河上游和西岸地区存在三个郡，红河平原的人口超过四成集中于此。[①]

至于红河下游河道，其开发之时间相对上游河道稍晚。汉晋时期船舶可从交趾郡南都官塞浦出发，经中水顺流而下，过安定县，进入南水，东南出海口，沿岸航行到达凿口（神符海门）。南中地区数个世纪的开发可能引发了红河下游地貌的改变，从云贵高原奔腾而下的红河，带来了大量的泥沙，在海口淤积为沙洲。红河下游三角洲不断扩张，肥沃的土地吸引了大批的移民来此定居。孙吴、西晋时期所置之武安县、南定县可能就位于该区域[②]，人口有 500~800 户。南朝后期，红河下游开始成为主航道，唐代地理文献多将马援、杜慧度故事附会于朱鸢江。如《元和郡县图志》载朱鸢江："后汉马援南征，铸铜船于此，扬排然火，炙船头令赤，以燋涌浪及杀巨鳞横海之类。"又"卢循之寇交州也，刺史杜慧度率军水步晨出南津，以火箭攻之，烧其船舰，一时溃散，循亦中矢，赴水而死"[③]。

红河作为军事要道的同时，也是一条重要的商业贸易通道。蜀、滇的布匹绸缎、香料、药品等经过羌泠水道至交趾郡，再通过红河口出海，转销海外。[④] 红河西岸不断增长的人口、日益繁荣的航运贸易，都推动了交趾地区的政治中心逐渐迁移到红河西岸。

隋初经略林邑的活动促成 7 世纪初叶交趾政治中心转移。仁寿二年（602），李佛子据越王故城反隋，遣其兄子李大权据龙编城，别帅李普鼎据乌延城。随后，隋文帝遣刘方统二十七营进讨李佛子，当年十二月平交州，将交、爱、骦诸州纳入隋朝的直接统治。刘方留镇交州两年，直到 604 年，被任命为骦州道行军总管，率军经略林邑。[⑤] 为便于征讨林邑，交州治所迁移到靠近红河的宋平郡，顺流而下便可抵达骦州。隋大业元年（605）四月，隋军攻破林邑之后，以林邑之地设置了冲、农、荡三州，并在此维持了

---

① 《晋书》卷十五《地理志下》，第 465 页，载"交趾郡，汉置。统县十四，户一万二千"。"新昌郡，吴置。统县六，户三千。""武平郡，吴置。统县七，户五千。"可知晋代的红河平原大约有 20000 户，27 县，平均每县 740 户。
② 李吉甫《元和郡县图志》第 958 页载："其旧南定县在今县东南二百余里，羁縻长州侧近。"
③ 李吉甫：《元和郡县图志》，第 958 页。
④ 陆韧：《唐代安南与内地的交通》，《思想战线》1992 年第 5 期。
⑤ 《隋书》卷五十三《刘方传》，中华书局，1973，第 1357~1358 页。

数年的统治，直到隋末天下大乱，林邑才收复旧地。[1] 在此期间，隋朝对于林邑故地的统治自然是需要来自交州的支援。因此宋平成为交州的政治中心，并且一直延续到唐代。

隋唐时期交州下辖属县大都分布在红河沿岸地区，该地区人口不断增长。9 世纪初，红河沿岸及以西地区的人口数近两万户，占交州总人口的七成，约 38000 人（按 5 口相当于 1 户计算）（参见表 1）。

表 1　唐元和年间交州八县户口数[2]

县	乡数	户数（户）	人口占比（%）	是否在红河沿岸或以西地区
宋平	11	≈5335	≈20	是
武平	02	≈970	≈3.5	是
平道	04	≈1940	≈7	否
太平	09	≈4365	≈16	是
南定	02	≈970	≈3.5	否
朱鸢	08	≈3880	≈14	是
交趾	10	≈4850	≈18	是
龙编	10	≈4850	≈18	否
合计	56	27135	100	—

红河航道兴起与交趾政治重心转移带动了红河下上游的快速发展。在红河上游，峰州作为交趾屏藩的军事据点，唐朝设置了峰州都督府，统辖上游羁縻州与生獠诸蕃部落。天宝年间，筑安宁城，开步头路，成为滇越交流的重要通道。在红河下游，唐代设置了长州，成为交州地区对外贸易的新兴港口镇城和海疆门户。

二　安南都护府对外贸易与长州

汉代开始，交趾地区就是中原王朝经略南海的中心。中国或南海诸国商船从南海沿岸各地获取的香料、珍宝运往中国贸易。往来于南海的诸国船舶"必由交趾之道"，因此交趾地区是南海西岸地区一个较有活力的贸易中心。

---

① 《隋书》卷五十三《刘方传》，第 1358 页。

② 李吉甫：《元和郡县图志》卷三十八，第 955～959 页；乐史著、王文楚等点校《太平寰宇记》卷一百七十，第 3249～3257 页。

汉代合浦、交趾、九真、南海、日南等粤分近海之地，"多犀、象、玳冒、珠玑、银、铜、果、布之辏，中国往商贾者多取富焉"①。南朝交州"外接南夷，宝货所出，山海珍怪，莫与为比"②。隋代南海、交趾二郡是岭南地区齐名的大都会，"所处近海，多犀、象、玳瑁、珠玑，奇异珍玮，故商贾至者，多取富焉"③。随着航海技术的发展，从广州出洋顺风可直达林邑（占婆），但是这并未削弱安南与广州、南海诸国的海上贸易往来。《新唐书》记载中天竺"有金刚、旃檀、郁金，与大秦、扶南、交趾相贸易"④。显庆三年（658）八月，南天竺千私弗、舍利君等国遣使前往唐朝，"泛海累月方达交州，并献其方物"⑤。

8世纪末，由于广州官吏"侵刻过深"，导致"海舶珍异，多就安南市易"⑥。从事海上贸易的商旅大多离开广州，前往交州贸易。9世纪末，诗人杜荀鹤《赠友人罢举赴交趾辟命》云"舶载海奴镮硾耳，象驼蛮女彩缠身。"⑦从侧面反映了海舶商船到访安南的情况。唐末《岭表录异》记载广州与安南之间危险而诱人的航运之旅：

> 海鳅鱼，即海上最伟者也。其小者亦千余尺。吞舟之说，固非谬矣。每岁广州常发铜船过安南货易，北人偶求此行，往复一年，便成斑白云。路经调黎深阔处，或见十余山，或出或没，篙工曰："非山岛，鳅鱼背也。"果见双目闪烁，鬐鬣若簇朱旗，日中忽雨霡霂。舟子曰："此鳅鱼喷气，水散于空，风势吹来若雨耳。"及近鱼，即鼓船而噪，倏尔而没去。交趾回人，多舍舟，取雷州，缘岸而归。不惮苦辛，盖避海鳅之难也。⑧

导致广州客商冒险前往安南贸易的原因，一是晚唐广州吏治腐败，更主

---

① 《汉书》卷二八下《地理志下》，第1670页。
② 《南齐书》卷十四《州郡志上》，中华书局，1974，第266页。
③ 《隋书》卷三十一《地理志下》，第887~888页。
④ 《新唐书》卷二百二十一上《中天竺传》，中华书局，1975，第6237页。
⑤ 王钦若等：《册府元龟》卷九百七十《外臣部·朝贡第三》，中华书局，1960，第11402页。
⑥ 《元本资治通鉴》卷二百三十四，德宗贞元八年六月，国家图书馆出版社，2020，第13~14页。
⑦ 杜荀鹤：《杜荀鹤文集》卷二《赠友人罢举赴交趾辟命》，上海古籍出版社，2013，第47页。
⑧ 刘恂著、鲁迅校勘《岭表录异》，广东人民出版社，1983，第28~29页。

要的是安南都护府境内物产资源丰富。9世纪大食人描绘中国的第一个港口鲁金（Luqin）——即交州地区"有中国石头、中国丝绸、中国的优质陶瓷，那里出稻米"①。当时交州地区"奇琛良货，溢于玉府；殊俗异类，盈于藁街"②。交州的商品琳琅满目，大量的外国商人聚集于此。

虽然广州是唐代南海贸易第一大都会，但是大量的香料、药材、木材、羽毛、染料、金银都来自安南，尤其是爱、演、骥地区。如薛爱华认为"尽管事实上广州每年送往长安的土贡除了银、藤蕈、荔枝、蚺蛇胆之外，还有沉香，但是我们基本上可以肯定广州的沉香是从安南边境地区得到的"③。爱州安镇山是石磬的重要生产地，所出之石磬"胜于湘州零陵者"④，大食人所见之"中国石头"很可能指的就是石磬。《贾耽记》中记载的"骥州通文单国道"⑤是唐朝官府为了从老挝山区，乃至更远的东南亚内陆地区，开采金银岩盐等矿场资源，采集沉香、白蜡，进行象牙、犀角贸易而特地开通的道路。

表 2　唐中期交趾地区的土贡情况

州	户数	土贡
交州	27135	蕉、槟榔、鲛革、蚺蛇胆、翠羽
爱州	5379	纱、絁、孔雀尾、（石磬）
骥州	3842	金、金薄、黄屑、象齿、犀角、沉香、斑竹
峰州	1482	银、藤器、白镴、蚺蛇胆、豆蔻
陆州	231	银、玳瑁、蟒皮、翠羽、甲香
演州	1450	金
长州	648	金
郡州	335	白蜡、红雀尾、蚺蛇胆
谅州	550	白蜡

---

① 〔阿拉伯〕伊本·胡尔达兹比赫：《道里邦国志》，宋岘译注，华文出版社，2017，第62页。

② 柳宗元：《柳河东集》卷十《安南都护张公墓志（并序）》，上海人民出版社，1974，第151页。

③ 〔美〕薛爱华：《撒马尔罕的金桃：唐代舶来品研究》，吴玉贵译，社会科学文献出版社，2019，第408~409页。

④ 李吉甫：《元和郡县图志》卷三十八，第960页。

⑤ 《新唐书》卷四十三下《地理志七下》，第1152~1153页。

续表 2

州	户数	土贡
武安州	456	金、朝霞布
唐林州	317	白镴、紫谷
武定州	1200	翠毛
贡州	318	翠毛

资料来源：本表根据《元和郡县图志》所载数据制作。

安南"土贡"是唐代宫廷不可缺少的日常生活品。按唐代制度，土贡往往由担任朝集使的"诸州长官或上佐"亲自押送至京师。那么包括爱州、骠州、演州等处于越南中部的州郡，以及南海诸国海舶商船从何处进入安南都护府所在的交州呢？地理文献中提及了爱州与交州存在一条水路通道。该水路大致路径为：从爱州出发的船舶沿着海岸线向东北航行进入红河口，再沿着朱鸢江向西北航行到达交州。① 长州正是这条路线所要经过的地方。

唐代地理文献对长州（文阳郡）方位情况并无详细记述，但是我们能从相关史料推定其大致范围在今越南南定、太平二省一带。②《元和郡县图志》记载：

> （安南府）西北至峰州一百三十里。西南至爱州五百里，水行七百里。东至大海水路约四百里。东北至陆州水行一百九里。西北至姚州水陆相兼未有里……长州，文阳，下。西北至府约一百里。③

唐人杜佑撰《通典》，以及后晋修撰《旧唐书·地理志》提供了更丰富

---

① 李吉甫：《元和郡县图志》卷三十八，第 959 页，粗略记载安南都护府"西南至爱州五百里，水行七百里。"爱州"东北至长州水行四百五十里"又"西北至安南都护府五百里，水路七百里。"《通典》卷一百八十四《州郡典十四》中的记载更为精确，谓安南都护府"西至九真郡界水路四百一十六里。"
② 法国汉学家马伯乐主张"州治文阳县，似在符离河一带及竹河入口之处。"《中国历史地图集》将长州标于南定附近；中国学者郭声波则推定长州在太平省武舒县鸿里。参见〔法〕马伯乐《马伯乐汉学论著选译》，伭晓笛、盛丰等译，中华书局，2014，第 361 页；谭其骧主编《中国历史地图集》第 5 册，中国地图出版社，1996，第 72～73 页；郭声波：《置在中南半岛的唐朝行政区——安南都护府及其正州县建置沿革考述》，李庆新主编《海洋史研究》第四辑，社会科学文献出版社，2012，第 58 页。
③ 李吉甫：《元和郡县图志》，第 956、964 页。

的描述：

> （安南府）东至朱鸢县界水路五百里。南至朱鸢县界阿劳江口水路百四十九里。西至九真郡界水路四百一十六里。北至武平县界江源二百五十里。东南到朱鸢县界五百里。西南到文阳郡水路一百五十里。西北到承化郡嘉宁县江镇一百五十里。东北到交趾县十里。①
>
> （安南府）西至爱州界小黄江口，水路四百一十六里，西南至长州界文阳县靖江镇一百五十里，西北至峰州嘉宁县论江口水路一百五十里，东至朱鸢县界小黄江口水路五百里，北至朱鸢州阿劳江口水路五百四十九里，北至武平县界武定江二百五十二里，东北至交趾县界福生去十里也。②

《元和郡县图志》提及朱鸢县在安南府东南五十里处，《通典》《旧唐书》误作五百里。朱鸢县的南界为小黄江口，而长州西北的靖江镇与朱鸢县小黄江口可能仅有一里相隔。小黄江口即今越南河南省与南定省之间的宁江注入红河之处，俗名"镤三岐"。靖江（Tịnh Gianh）或即附近的清香江，《同庆地舆志》载清香江北岸有净川社（Tịnh Xuyên），应即靖江镇古地名遗存。

长州下辖文阳、铜蔡、长山、其常四县。其中，文阳县为州理所在，位于安南都护府东南水路 150 里处，处红河之阳。淳化元年（990），北宋使者宋镐前往交趾册封黎桓，便是在长州附近的海岸登陆：

> 去岁秋末抵交州境，桓遣牙内都指挥使丁承正等以船九艘、卒三百人至太平军来迎，由海口入大海，冒涉风涛，颇历危险。经半月至白藤，径入海汊，乘潮而行。凡宿泊之所皆有茅舍三间，营葺尚新，目为馆驿。至长州渐近本国，桓张皇虚诞，务为夸诧，尽出舟师战棹，谓之耀军。自是宵征抵海岸，至交州仅十五里，有茅亭五间，题曰茅径驿。至城一百里，驱部民畜产，妄称官牛，数不满千，扬言十万。又广率其民混于军旅，衣以杂色之衣，乘船鼓噪。近城之山虚张

---

① 杜佑撰，王文锦等点校《通典》卷一百八十四，中华书局，1992，第 4944 页。
② 《旧唐书》卷四十一《地理志四》，中华书局，1975，第 1749～1750 页。

白旗，以为陈兵之象。俄而拥从桓至，展郊迎之礼，桓敛马侧身，问皇帝起居毕，按辔偕行。时以槟榔相遗，马上食之，此风俗待宾之厚意也。城中无居民，止有茅竹屋数十百区，以为军营。而府署湫隘，题其门曰明德门。①

引文所谓"至交州仅十五里"应为"长州"之误。宋镐在此登陆，陆行百里，乃至华闾城。长州距离当时的海岸有 15 里，大致相当于今太平省武舒县百顺社一带（xã Bách Thuận）。②

从宋镐的描述中可以得知，长州是进入红河口的重要港口。马伯乐认为："唐代从安南都护府至爱州之水道，必须经过长州。"③ 基斯·泰勒（K. W. Taylor）亦主张"长州的重大战略意义在于该州控制着从红河平原向南的沿海航线。"④ 据《唐天宝初年地志残卷》记载，天宝初年长州下辖 4 县 5 乡。⑤ 其时有 630 户，3040 人。⑥ 至唐中期的长州辖 4 县 4 乡，增至 648 户（约 3200 人）。⑦ 武安州是交州地区另一处重要的门户，位于交趾通合浦、广州的传统航道之上。但是对比武安州与长州的户口就可以发现，其数目较之于武安州（456 户，约 2280 人）更多，这意味着唐代的红河航道较之白藤江—天德江航道更为繁荣。

唐代地理文献记载长州土贡为"金"⑧，然而与同样产金的骠、演、武安州等靠近山区的地方不同，红河下游南定、太平二省并非传统的出产矿物资源的区域。黄金在唐代是贵重的金属制品，通常不作为通货使用，但是在岭南地区却常用作货币自由流通。⑨ 因此，长州贡金很可能是在红河航运贸易中获得的。黄金作为一种普遍流通的货币在长州汇集，成为长州的"特产"。

唐代日渐繁荣的红河航道商业贸易和不断增加的人口推动了航道上城市的兴起，长州的实力与地位也随之提升。长州至交州繁忙水路上的靖江镇和

---

① 《宋史》卷四百八十八《交阯传》，中华书局，1977，第 14061 页。

② 此处于阮朝时期属南定省上元县顺为社（xã Thuận Vi），陈朝后期曾设顺为县，明初属奉化府，为一处重要聚落，很可能是唐代长州文阳县治所所在。

③ 〔法〕马伯乐：《马伯乐汉学论著选译》，伫晓笛、盛丰等译，中华书局，2014，第 362 页。

④ Keith Weller Taylor, *The Birth of Vietnam*, p. 137.

⑤ 王仲荦著、郑宜秀整理《敦煌石室地志残卷考释》，上海古籍出版社，1993，第 65 页。

⑥ 杜佑撰，王文锦等点校《通典》卷一百八十四，第 4948 页。

⑦ 李吉甫：《元和郡县图志》卷三十八，第 964 页。

⑧ 李吉甫：《元和郡县图志》卷三十八，第 965 页。

⑨ 〔美〕薛爱华：《撒马尔罕的金桃：唐代舶来品研究》，吴玉贵译，第 623 页。

其他唐代边关军镇一样，是一座守捉军事要塞。贞元十四年（798）青梅社钟上镌刻的"使持节长州诸军事，守长州刺史"也暗示了唐代长州的某种军事地位。[①] 长州军事地位的提升或许与8世纪中叶以后海氛恶化有关。大历二年（767），"昆仑阇婆"取道红河，攻陷安南都护府城，随后唐军在朱鸢县将其击溃。[②] 稍晚的大历九年（774）、贞元三年（787），"海贼"又洗劫了占婆。接着到了8世纪末期，安南都护府与占婆的关系突然生隙，以致贞元十九年（803）占人攻陷骧、爱二州。元和元年（806），唐军大破占婆，恢复了骧、爱二州。[③] 在此大背景下，长州作为防御南方海上势力侵袭的交州海疆门户，其军事重要性自然得到提升。进入9世纪中叶，唐朝与南诏争夺安南都护府的持久战争不仅破坏了当地社会秩序，也加剧了安南内部的军事豪强势力的兴起，长州豪强集团开始登上历史的舞台。

三　唐末长州崛起与大瞿越统一

唐末政局混乱，藩镇割据，与中原悬隔的安南开始走上独立的道路。虽然安南土豪们在权力的真空期摆脱了内地的控制，但是并无绝对实力者来有效地整合内部的各种势力。因此10世纪前叶的安南陷入了长期的动荡之中，"交、爱土豪曲、杨、矫、吴相继篡夺，殆五六十载"[④]。最终，丁、黎二家完成交趾地区的统一。

（一）长州豪强集团的兴起与大瞿越统一

大约在天祐二年（905），由于安南长期缺乏内地官员的管理，出现了权力的真空期，土人豪强势力不断抬头，出生于鸿州（郡州）豪族的曲承裕被推立为静海军节度使。曲承裕及其家族掌控安南二十余年，直到后唐长兴元年（930）九月，南汉攻破交州，擒获了静海军节度使曲承美。次年十二月，曲氏旧将爱州人杨廷艺起兵攻打交州，遂将南汉军队驱逐。杨廷艺虽然取得交州，但是仍需面对交趾地区各豪强的挑战。因此，杨廷艺向南汉称

① 梁允华：《越南出土之唐代贞元时期钟铭——青梅社钟》，《中原文物》2014年第6期。
② 〔越〕吴士连等：《大越史记全书》第100页："丁未〔唐代宗豫大历二年〕。昆仑阇婆来寇，攻陷州城。经略使张伯仪求援于武定都尉高正平。援兵至，破昆仑阇婆军于朱鸢。"
③ 〔法〕马伯乐：《占婆史》，冯承钧译，上海古籍出版社，2014，第136~138页。
④ 〔越〕黎崱著、武尚清点校《安南志略》，中华书局，2000，第276页。

臣示弱，同时将女儿嫁给了"世为贵族"的唐林州人吴权为妻，与之联姻。受到杨廷艺笼络的吴权得以"圈管爱州"。杨廷艺又任命丁公著为驩州刺史，以巩固爱、驩根基之地。后晋天福二年（937）三月，峰州人矫公羡诛杀了杨廷艺，向南汉称臣。天福三年（938），吴权又举爱州之兵推翻矫公羡，并于白藤江之战中击败南汉军队。天福四年（939），吴权自立为王。

后晋开运元年（944），吴权去世，杨廷艺之子杨三哥（或即杨绍洪）篡夺大权。吴权长子吴昌岌出逃南册江，依附范令公，安南陷入内乱之中。天运二年（945），吴昌文联合牙将杨古利、杜景硕，迫杨三哥退位。其后，吴昌文自立为南晋王，又将吴昌岌迎回，称为天策王。后周显德元年（954），天策王吴昌岌去世。北宋乾德三年（965），南晋王吴昌文又在征战中阵亡，继任者吴昌炽无法控制局势，各地豪族并起，进入更混乱的"十二使君时期"。

"十二使君"中的吴氏旧部如吴昌炽（吴使君）、吴日庆（吴览公）、杜景硕（杜景公），以及阮超（阮右公）盘踞在红河西岸的交州地区；阮宽（阮太平）、矫顺（矫令公）、矫公罕（矫三制）则占据交州上游的三带、峰州一带；吕唐（吕佐公）、李圭（李朗公）、范白虎（范防遏）、阮守捷（阮令公）控制着交州东岸地区。此外，以范令公、范盖、范巨俩为代表的范氏家族盘踞在南册江地区（今海阳、海防一带），也是不容忽视的强大豪强。

在红河的下游，陈览（陈明公）割据长州的布海口。《大南一统志》载陈明公祠："神姓陈讳览，字明公，吴末起兵据布海口，十二使君之一也。按奇布社地分，丁以前为海口，《史记》布海口即此。"[1] 陈览是10世纪交趾地区历史转变中一位重要而模糊的人物，我们无法知道陈览是如何崛起的，他可能是惠特摩尔（John K. Whitmore）所说的"吴人群体"（Ngô communities）——来自中国的移民[2]，基斯·泰勒断定陈览是一位"广东籍的商人军阀"[3]。陈览作为长州豪强集团的首领，因其"有德"，而吸引了一些势力的加入，其中就有后来统一交趾、建立大瞿越的丁部领。

值得一提的是，一些观点认为参与唐末五代交州权力争夺的安南土豪主要分为交州系、爱州系、驩州系三个派系。交州系的代表是曲氏家族，爱州

---

① 阮朝国史馆编《大南一统志》第 2 册，第 171 页。

② John K. Whitmore, "Ngo (Chinese) Communities and Montane-Littoral Conflict in Dai Viet, ca. 1400–1600", Asia Major, 2014 (2).

③ K. W. Taylor, "The "Twelve Lords" in Tenth-Century Vietnam", *Journal of Southeast Asian Studies*, 1983 (1), pp. 46–62.

系则是以杨廷艺、吴权为代表的杨、吴两家。骦州系则是以丁公著、丁部领、丁琏为代表的丁氏家族。① 事实上，将丁部领所代表的骦州系划归于长州系豪强更为妥当。骦州刺史丁公著原本是杨廷艺部将，之后归顺于吴权。丁公著去世较早，丁氏一族占据大黄江（宁平）地区。丁公著之子丁部领在吴昌岌时期（945~954）便已经割据大黄华闾洞之地。乾德三年（965），吴昌文战死后，作为人质丁琏返回华闾，随后势力弱小的丁部领选择依附陈览，成为陈览的义子：

> （丁部领）闻陈明公有德而无嗣，乃与其子琏往依之。明公一见为器重之，养为己子，尽付以所部兵，使攻十二使君，皆平之。②

丁部领受到陈览的器重，被任命为长州军事统帅，率先征服了长州上游的藤州范白虎。不久后，陈览去世，长州为丁部领所控制。长州的陈氏一族则通过与丁氏联姻的方式，保留了政治地位，如陈览之弟陈升迎娶了丁部领的女儿明珠公主，成为丁朝的驸马都尉。③ 泰勒注意到长州的特殊性，他认为红河平原被分为交、峰、长三州，其中，位于平原南端的长州由高地和沼泽低地相连，丁部领的都城华闾就位于这个地带。④ 作为红河平原的边缘区域，华闾所在宁平山区的人口远远少于南定地区⑤，显然不足以支持丁部领的统一事业。当丁部领掌控长州后，得到红河下游滨海区域的大量人口，拥兵两三万人，势力非常强大。⑥ 丁氏仅用两年，就顺利征服红河沿岸的各股势力。乾德五年（968）丁部领统一交趾，建立丁朝，国号大瞿越（大越）。

与唐五代中原王朝相似，丁朝也是交趾地方豪强联合建立的武人王朝。

---

① 叶少飞：《十世纪越南历史中的"十二使君"问题考论》，《唐史论丛》第 26 辑，2018，第 337 页。

② 〔越〕吴士连等：《大越史记全书》，第 117 页。

③ 〔越〕吴士连等：《大越史记全书》，第 121 页。

④ K. W. Taylor, "The 'Twelve Lords' in Tenth-Century Vietnam", *Journal of Southeast Asian Studies*, 1983（1）.

⑤ 《安南志原》记载了 15 世纪初叶越南北部各府州的人口，其中建昌、镇蛮、奉化、建平、宁化五府州有 18215 户，66339 口。华闾属长安州，隶于建平府。建平府（9 县）有 4612 户、19267 口，平均每县 2140 人，其中长安州（4 县）人口大约有 8563 人。加上宁化州的 933 户、2238 口，可以发现整个宁平地区的人口约占上述五府州总人口的一成多。换言之，红河下游的人口主要集中在繁荣的平原地区，参见《安南志原》，法国远东学院，1931，第 104~105 页。

⑥ 杨仲良：《续资治通鉴长编纪事本末》卷十二《交趾内附》，文海出版社，1967，第 308 页。

长州豪强集团内部，丁朝中枢主要由大黄和长州两地人士掌握，如定国公阮
匐、都护府士师刘基、外甲丁佃等人，皆来自大黄，是丁部领的同乡旧
部。① 长州人主要代表是黎桓，他以十道将军、殿前都指挥使身份掌控了丁
朝军事指挥权。《大越史略》载"大行皇帝讳桓，姓黎氏，长州人也。"又
谓黎大行"葬长州德陵"。② 马伯乐也认为："建设黎朝之黎桓，世人虽皆视
其为爱州之人，似出生于长州之内。"③ 黎桓少年之时便受到本州黎观察的器
重，大概在丁部领归附陈览之时，黎桓又结交了丁琏，成为丁氏的重要将领。
"及长，事南越王琏，先皇嘉其勇智，累迁至十道将军、殿前指挥使。"④

　　丁朝太平十年（979），丁部领、丁琏为祗候内人杜释所杀。⑤ 丁朝中枢
的大黄、长州两股势力分化，手握兵权的黎桓迅速击溃阮匐、丁佃等人，得
到"军士"支持，于太平十一年（980）龙衮加身，建立前黎朝。

　　总之，丁部领凭借平定十二使君乱世，统一交趾的军事力量主要来源于
长州。而在随后建立的丁朝之中，长州豪强集团的代表人物黎桓又占据着至
关重要的军事大权，黎桓夺得了政权，建立前黎朝，标志着长州豪强集团历
史达到了顶峰。

（二）李朝时期交州、长州集团势力的兴替

　　惠特摩尔揭示了山区势力和滨海势力之间的冲突与融合，在越南历史中
扮演着重要的角色。⑥ 基于他的灼见，可以将丁部领所代表的大黄人视为山
区的势力；将陈览、黎桓所代表的长州人视为滨海势力。10 世纪中叶，山
区势力与滨海势力联合征服了以交州为中心的内陆平原诸势力，并且实现了

---

① 阮朝国史馆编《钦定越史通鉴纲目·正编》卷一，越南国家图书馆藏刻本，编号：R593，第
　4、6、11 页："阮匐、刘基，皆大黄花闾人。""郑琇，大黄州人"，"丁佃，大黄花闾人"。
② 《大越史略》，道光壬辰抄本，第 38、42 页。按《大南一统志》第 2 册，第 171 页亦载
　"黎大行庙，懿安县富溪社奉祀。"因此黎桓当为长州，其出生地或在懿安县境内。《大越
　史记全书》载黎桓为爱州人，或受《安南志略》之影响。《钦定越史通鉴纲目·正编》卷
　一，第 4 页则载："黎桓，青廉保泰人。"《大南一统志》第 1 册，第 104 页："黎大行祖
　墓，在青廉县宁泰社庙旁，按《吴史记》大行青廉保大人，保大即宁泰社。"宁泰社位于
　宁泰山下，距离天健山下富溪社较近。唐代的长州下辖有长山县，其"长山"当即宁泰
　山、天健山一系山脉。
③ 〔法〕马伯乐：《马伯乐汉学论著选译》，佟晓笛、盛丰等译，第 361 页。
④ 〔越〕吴士连等：《大越史记全书》，第 129 页。
⑤ 阮朝国史馆编《钦定越史通鉴纲目·正编》卷一，第 8 页："杜释，天本大堤人"。
⑥ 约翰·K. 惠特摩尔：《天长府的命运：从十五到十六世纪山地与海洋在大越地区的分裂》，
　《中山大学研究生学刊》（社会科学版）2013 年第 2 期。

交趾的统一。然而丁部领并未选择交州作为都城，而是"择得潭村华地，建都居之。以其世狭隘，又无设险之利，复都华闾。"①丁朝虽然统一了交趾地区，然而拥有庞大人口且长期作为安南政治中心的交州却难以驾驭。因此，丁朝通过政治联姻等方式来整合各方豪强势力，维持对长州以外广大地区的统治。随后丁朝内部滨海势力在与山区势力的较量中获胜，建立前黎朝。作为滨海势力建立的政权，前黎朝与山区势力冲突不断，爱州上游山地莒隆蛮人叛服不定，前黎朝对其进行长期的军事镇压；另外，前黎朝与南方的占婆也有海上竞争。宋镐所见聚集于长州的越人水军舟师，就是前黎朝征伐和威慑占婆所依仗的海上力量。

丁黎两朝权力的兴替，都有内陆平原势力的介入。②顺天元年（1010），北江人李公蕴在群臣的拥戴下建立李朝，取代前黎朝。以李公蕴为代表的交州豪族势力重回政治权力中心，意味着长州豪强集团及其建立的武人王朝走向衰落。李公蕴即位次年，将都城由华闾迁往昇龙，此后越南历史进入一个相对稳定的发展时期。

农业是封建时代陆地国家的根本与命脉，红河下游的长州地区在11世纪已经是越南最重要的农业核心区。越南文献记载，长州布海口长期成为李朝君王进行"省耕""省敛"等农业活动的指定区域。

> ［通瑞］五年（1038）春二月，帝（李太宗）幸布海口耕籍田，命有司除地筑坛。帝亲祠神农毕，执耒欲行躬耕礼。左右或止之曰："此农夫事耳，陛下焉用此为。"帝曰："朕不躬耕，则无以供粢盛，又无以率天下。"于是耕三推而止。③

---

① 〔越〕吴士连等：《大越史记全书》，第120页。
② 如丁朝建立过程中，归降丁朝的范白虎、吴日庆、范盖、矫公罕、范巨两等人就可以视为内陆平原势力的代表。尤其是对于矫氏家族，丁部领似乎采取了联姻的政策。丁部领的五位皇后中有"矫国皇后"应该是来自矫氏家族。另据《同庆地舆志》载："矫三制祠在协律社，沛阳、叶律、桑苎、古陇肆社仝奉祀。神姓矫讳公罕，峰州人。吴末据豪州、泰州、峰州称三制，十二使君之一。丁先皇平定，矫避长州，即今协律是，势迫自裁。土人追祀之。黎大行辰显灵助顺，令立祠，号龙翘神。今各社民以腊月荐圆饼、大鱼赛祭。"矫三制故事中反映了丁部领曾经将峰州的矫氏家族迁居到长州一带，"黎大行辰显灵助顺"之语则暗示了黎桓得到了矫氏家族的支持。参见阮朝国史馆《大南一统志》第2册，第172页；黄有秤：《同庆地舆志》，第362、367页；叶少飞：《十世纪越南历史中的"十二使君"问题考论》，第340~341页。
③ 〔越〕吴士连等：《大越史记全书》，第168页。

明道三年（1044）三月，李太宗幸哥览海口，耕籍田。彰圣嘉庆六年（1064）五月，李圣宗造布海口行宫。彰圣嘉庆七年（1065）二月，李圣宗幸布海行宫，耕籍田。① 由于自然环境改变，长州附近海道发生迁移，其年八月"布海"最后一次出现在史籍中。② 随着红河口的泥沙不断淤积，红河航道的改变，原先的布海口逐渐成为农田。位于今南定省义兴县的大安海口逐渐取代了布海口，成为交趾海疆门户。从会祥大庆八年（1117）开始，李朝君王亲自参与"省耕""省敛"等农业活动的区域就转移到了大安海口附近的应丰行宫。③

红河下游滨海平原转变为重要农业区域，其商业贸易的作用也在减弱。首先，前黎至李朝对爱、驩地区港口河道的进行浚通，使李朝对外贸易重心转移到爱、驩等地区。李朝前期，演州已经成为海外商舶汇聚的中心，"先是李朝时，商舶来则入自演州他员等海门"。④ 到了李朝中后期，越南北部的沿海地区海道海门浅涸，各国商舶多聚集于云屯岛。演州、云屯岛先后成为红河平原对外的贸易中心，一定程度上冲击了红河下游滨海地区的海外贸易。其次，李朝专注农业生产，并不热衷于对外通商活动。《诸蕃志》记载称"其国不通商"⑤。尤其是昇龙及分布着大量行宫的红河下游地区，属于李朝的核心统治区域，为防止外部势力窥视虚实，一定程度上限制了对外商业活动。如大定九年（1148）"诏禁大通、归仁二镇蛮里山獠首领官郎，无故不得赴京。"⑥ 大定十年（1149）二月，爪哇、路貉、暹罗三国商舶前往李朝，李朝在云屯岛设置诸国交易之所，"买卖宝货，上进方物"。⑦ 由于越人严格管制⑧，

① 〔越〕吴士连等：《大越史记全书》，第 172 页；《大越史略》，道光壬辰抄本，第 64 页。
② 《大越史略》，道光壬辰抄本，第 65 页。
③ 会祥大庆八年（1117）三月、六月，天符睿武四年（1123）十月，五年（1124）闰正月，六年（1125）四月、十月，七年（1126）十一月，天符庆寿元年（1127）四月，李朝君主多次前往应丰行宫省耕、省敛，接见占婆使臣。参见《大越史记全书》，第 196~203 页。
④ 〔越〕吴士连等：《大越史记全书》，第 226 页。
⑤ 赵汝适著、杨勃文校释《诸蕃志校释》卷上《交趾国》，中华书局，1996，第 1 页。
⑥ 〔越〕吴士连等：《大越史记全书》，第 226 页。
⑦ 〔越〕吴士连等：《大越史记全书》，地 363 页。
⑧ 《岭外代答》称："钦州探海往其郡永安州投公文，不容民间交语，馆之驿亭，速遣出境，防之甚密。"14 世纪的陈朝亦遵循了这种政策，《岛夷志略》载"舶人不贩其地。惟偷贩之舟，止于断山上下，不得至其官场，恐中国人窥见其国之虚实也。"15 世纪黎朝初期，还曾规定："外国诸人不得擅入内镇，悉处之云屯、万宁、芹海、会统、会潮、葱岭、富良、三奇、竹华焉。"参见周去非著、杨武泉校注《岭外代答校注》，中华书局，1999，第 58 页；汪大渊著、苏继庼校释《岛夷志略校释》，中华书局，1981，第 51 页；阮廌：《抑斋遗集》卷六《地舆志》，越南国家图书馆藏刻本，编号：R.964，第 31 页。

外国船只难以进入红河航道，红河下游滨海地区对外贸易受到削弱。

大约在宋代，闽人陈京来到交趾，定居于今南定省南定市附近的即墨乡。陈京家族世代"以渔为业"①，以致发家富贵，成为长州地区的豪族代表，以另一种姿态继续活跃在越南历史舞台之上。建中元年（1225），即墨陈族成功取代了李朝，建立了陈朝。长州地区为陈氏发家之地，置天长府，建立行宫，"岁一至，示不忘本"②。陈朝天长府相当于陪都，其政治地位在诸路之上。③

结　语

汉唐时期交趾地区既频繁发生战争，也有很繁荣的商业贸易，红河航道在南海贸易时代逐渐成为交趾地区社会经济发展的大动脉。从 7 世纪初叶开始，以河内为中心的红河沿岸地区取代了作为传统政治中心的北宁地区，成为交趾地区新的统治中心。红河航道的兴起同样带动了红河上下游城镇的发展，新的行政建置大量出现在红河沿岸地区，交趾地区的政治地理格局亦随之发生改变。在红河下游沿海平原地区，作为交州海疆门户的长州地区开始兴起。李塔娜教授注意到一个问题："为何 8 世纪之前文献中关于交趾主要港口的记载是如此模糊不清？"交趾似乎并不像广州一样存在主要港口，从越南中部到广西沿海地区，分布着彼此间相互竞争的小港口群，④ 陆、武安、郡、长、爱、驩、演等沿海州郡组成了安南的港口群，长州是这些相互竞争的小港口中最具活力的一个。10 世纪唐朝在安南统治崩溃之后，以丁部领、黎桓为代表的长州豪强集团拥有割据区域的强大实力，在征服了四分五裂的红河平原之后统一交趾地区，建立大瞿越。李朝、陈朝时期，长州地区仍然在红河平原发展史上发挥重要的作用。

---

① 〔越〕吴士连等：《大越史记全书》，第 253 页。

② 〔越〕黎崱：《安南志略》，第 18 页。

③ John K. Whitmore, "Secondary Capitals of Đại Việt: Shifting Elite Power Bases", Edited by Kenneth R. Hall, *Secondary Cities and Urban Networking: in the Indian Ocean Realm, c. 1400-1800*, Lexington Book, 2008, pp. 155-176.

④ Li Tana, "Jiaozhi (Giao Chi) in the Han Period Tongking Gulf", Edited by Nola Cooke, Li Tana, & James A. Anderson, *The Tongking Gulf Through History*, University of Pennsylvania Press, 2011, p. 49.

The Rise of Trường Châu: On the Prosperity of the Red River Waterway in Jiaozhi Area from Han Dynasty to Tang Dynasty and Its Historical Influence

Xie Xinye

Abstract: With the management of Jiaozhi (Giao Chỉ) area and the development of maritime trade from the Han Dynasty to Tang Dynasty, the waterway of the Red River gradually became the main artery of social development in Jiaozhi area, and a large number of people began to gather in the area along the Red River. At the beginning of the 7th century, the political center of Jiaozhi area shifted from Bắc Ninh plain where lay in the east bank of the Red River to the Red River coastal area with Hà Nội as the center. At the same time, Trường Châu (長州), which emerged in the lower reaches of the Red River, was also a product of the rise of Jiaozhi overseas trade and the Red River Channel. As a small port with more potential near the mouth of the Red River, Trường Châu played an important role after the collapse of the Tang Dynasty's rule in Annan in the 10th century. Eventually, the Trường Châu Group represented by Đinh Bộ Lĩnh and Lê Hoàn successfully unified the Red River Plain and established the Đại Cồ Việt (大瞿越).

Keywords: Shui Jing Zhu (Commentary on the Water Classic); Red River; Trường Châu Group; Đại Cồ Việt

（执行编辑：彭崇超）

海洋史研究（第二十辑）

2022 年 12 月　第 49~67 页

"去武图存唐社稷，安刘复睹汉衣冠"

——从清代《万国来朝图》中安南国使臣着明制常服谈起

赵　宇　刘　瑜 *

　　清乾隆四十三年（1778）绘本《万国来朝图》（图 1），现藏于故宫博物院，画体为绢本设色，无款印，存有多个版本，本文选取编号故六二七三，纵 299 厘米，横 207 厘米。[①] 此图以写实的绘画手法展现了盛清时期庆祝元旦的盛大场面，画中描绘了包括乾隆皇帝在内的百余人，其中诸国朝觐使团声势浩荡，手捧方物，身穿别具特色的本国服饰，使太和门前成为"绮丽襕衫"汇聚之地。从图像的视觉呈现来看，安南国使臣着明制常服，在使团人群中格外醒目，这种服饰样貌完全有别于清制补服规制，为观者提供了一种"时空穿越"之感。对于封建等级制度极为严苛并拥有一套规章繁杂且精细的清朝而言，前代服饰的使用在本朝民众中是被明令禁止的，安南国的这一举动似乎挑战了清代的舆服制度，面对此举，乾隆帝的态度如何："震怒"还是"视而不见"？

---

　* 作者赵宇，东华大学服装与艺术设计学院博士研究生；刘瑜，东华大学服装与艺术设计学院教授。

　　本文为国家社会科学基金重大招标项目"丝绸之路中外艺术交流图志"（项目号：16ZDA173）阶段性成果。

① 参见姜鹏《乾隆朝"岁朝行乐图"、"万国来朝图"与室内空间的关系及其意涵》，硕士学位论文，中央美术学院，2010 年；赖毓芝：《构筑理想帝国〈职贡图〉与〈万国来朝图〉的制作》，《紫禁城》2014 年第 10 期。其他三卷为编号故六二七四（清乾隆二十六年，即 1761 年绘）、编号故六五零四（清乾隆二十五年，即 1760 年或清乾隆三十一年，即 1766 年绘）、编号故六二七一（清乾隆四十四年，即 1779 年绘）。

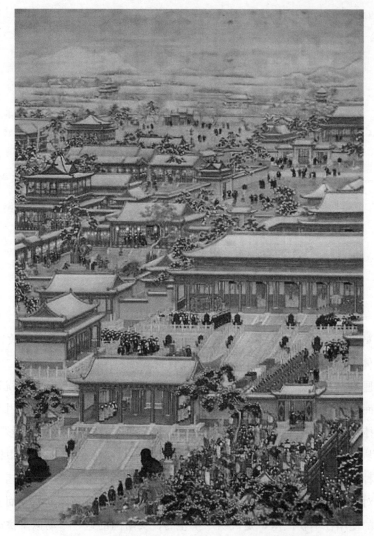

图1　《万国来朝图》，清代，北京故宫博物院藏

　　目前，国内外学界在涉及中国服饰文化海外传播、中越服饰品交流、越南服饰史的研究成果中，鲜见采用以海洋传播视角的研究方法。全球视域下的学术研究所关注的是越南本土少数民族服饰。[①] 而在越南学者中，20世纪

①　主要文章有 Kwon, Jin *A Study on Aesthetic Characteristics in Vietnam Flower-Hmong Costume*、이민주 *Traditional Costume Culture of Tay Ethnic Group in Vietnam*、Yang-No, Yoon *Traditional Costume Culture of Vietnam's Nung people*、황의숙 *Costume Culture of Mong People's Tribal Groups in Vietnam* 等。

90 年代，越南社会科学院的吴德盛教授曾以时间为序，梳理了越南古代服饰的发展脉络，并简要叙述了越南古代服饰与中国的潜在关系；① 时下，越南青年学者陈光德著《千年衣冠》最具代表性。② 我国学者对明代汉族服饰在东亚文化圈传播的研究，主要包括朝鲜半岛、日本，特别是朝贡制度下明代官方赐服及汉制文化传播。③ 有关古代安南服饰则主要从历史学角度结合某一历史事件④、"薙发易服"现象⑤对清王朝统治下明制冠服使用的历史根源展开过分析，抑或从交往策略中所依附的文化取向与独立意识进行过探讨⑥。上述成果的素材多源于古籍文献或考古实物，既未采用图像为主要研究对象，也未以海洋传播为视角，亦忽视了"以图证史"与海洋政策在古代物质文化传播中的重要作用。因此，本文主要依据图像所绘之视觉呈现，以服饰研究为对象，提取图像中明制常服的服饰元素，适度结合海洋传播视角，旨在探讨其在安南传播与使用的历史动因，以求补充与完善古代中越关系史、中越物质文化交流史、海交史及越南服饰史的研究。

一　《万国来朝图》中安南国使臣所着
明制常服分析与探讨

《万国来朝图》中的安南国使团位于图轴的右下角，使团由三人组成（见图 2），为方便描述和辨识，按照从左至右的顺序：第一位人物，头戴乌纱帽，身穿绿色圆领袍，手捧方物；第二位人物，头戴乌纱帽，身穿红色圆领补服，补服上绘制云纹，补子规制不明晰；第三位人物，头戴儒巾，身穿蓝色交领衫，手持写有"安南国"字样的旌旗。

---

① 〔越南〕吴德盛：《越南古代服饰风貌试描》，罗长山摘译，《民族艺术》1995 年第 4 期。
② 〔越南〕陈光德：《千年衣冠》，世界出版社、雅琱公司联合出版，2013。该书概括了越南自李朝至阮朝末年（1009~1945）越南服饰文化史。作者曾于 2009 年毕业于北京大学。
③ 参见赵连赏《明代的赐服与中日关系》，《历史档案》2005 年第 3 期；赵连赏：《明代赐赴琉球册封使及赐琉球国王礼服辨析》，《故宫博物院院刊》2011 年第 1 期；蒋玉秋：《一衣带水，异邦华服——从〈明实录〉朝鲜赐服看明朝与朝鲜服饰外交》《南京艺术学院学报》（美术与设计）2015 年第 3 期。
④ 葛兆光：《朝贡、礼仪与衣冠——从乾隆五十五年安南国王热河祝寿及请改易服色说起》，《复旦学报》（社会科学版）2012 年第 2 期。
⑤ 刘永连、刘家兴：《明清鼎革后东亚文化共同体内各国的中国观——以安南使人对"薙发易服"的态度为视角》，《世界历史》2017 年第 2 期。
⑥ 陈文源：《13~15 世纪安南的国家意识与文化取向》，《世界历史》2014 年第 6 期。

图 2 《万国来朝图》局部，安南国使团

（一）乌纱帽形制

图像中安南国使团的第一、二位人物佩戴乌纱帽且头部均被绘制成侧四十五度。乌纱帽帽体部分由两部分组成：前屋和后山，帽翅为装饰物；两人的乌纱帽前屋呈圆润的半圆形，第二位人物的后山比第一位人物略高，帽翅长度均较短且角度为平直，其形制明显有别于展脚幞头；将此二人的乌纱帽形制与画中同样佩戴乌纱帽的朝鲜国使臣相比较不难看出（表1），虽其前屋形制并无差别，但朝鲜国使臣乌纱帽的后山更为高耸，安南国使团中的第二位人物的乌纱帽帽翅略宽，其余三人基本相同。

表1　安南国使臣和朝鲜国使臣戴乌纱帽细节

人物顺序	第一位人物	第二位人物	第三位人物	第四位人物
国别	安南国	安南国	朝鲜国	朝鲜国
乌纱帽细节				

　　明代建国初年正值安南陈朝艺宗执政时期，艺宗经历了中国从元代至明代的更迭，虽然元时仍以朝贡、请封的方式同元代保持外交往来，却始终视汉制文化为正统。在杨日礼篡位之时也不忘谓其言："去武图存唐社稷，安刘复睹汉衣冠。"① 1428年，黎利创立后黎朝，黎太宗绍平四年（明正统二年，1437）将乌纱帽纳入初一日、十五日的百官常服之列。《大越史记全书》记载："常朝，皇帝御黄袍、冲天冠、升金台，百官著常服、圆领乌纱帽。"② 黎圣宗洪德十七年（1486），颁布新衣冠制度，对乌纱帽的形制做了更为详细的说明："定朝冠。继今文武百官进朝，戴乌纱帽。两翅宜一体稍仄向前，不得任意或平或仄。"③ 黎裕宗保泰六年（1725）十一月申定文武品服："侍郑府文武用乌纱帽、青吉衣夹绦穿玉，随品秩高下有差。"④ 直至19世纪末的阮朝时期，乌纱帽仍在使用，依据图3所示，这种文官所戴圆幞头的帽翅向前倾斜，可能为黎圣宗时期遗存的样式，但在图像中绘制的并不明显，如果将其前屋和后山的视觉呈现同整个明代乌纱帽的发展趋势相比（见图4），这种略为低矮的式样与明初颇为相似，特别是在洪武时更有"乌纱矮冠"之说，明代初期以低矮的形制盛行，官员不以高帽为荣。⑤ 结合相关文献记载，通过对图像中安南国使臣所戴乌纱帽形制的观察，安南乌纱帽

① 〔越〕吴士连等：《大越史记全书》（标点校勘本）第二册，西南师范大学出版社，2015，第378页。

② 〔越〕吴士连等：《大越史记全书》（标点校勘本）第三册，第545页。

③ 〔越〕吴士连等：《大越史记全书》（标点校勘本）第三册，第693页。

④ 〔越〕潘清简等：《钦定越史通鉴纲目》"正编卷三十六"，中国社会科学院历史研究所，中国人民大学国学院主持编纂《域外汉籍珍本文库》第七册，西南师范大学出版社，2012，第446页。

⑤ 王春瑜：《明清史杂考》，商务印书馆，2016，第80页。

图 3　19 世纪末阮朝官员佩戴乌纱帽样式

《沈度独引友鹤图》中的沈度（1357—1434）南京博物院藏　　《商辂画像》商辂（1414—1486）美国哈佛艺术博物馆藏　　《周恭肃画像》周恭肃（1476—1547）美国罗德岛艺术博物馆藏　　《明代官员画像》身份不明（16世纪晚期）法国集美博物馆藏　　《徐光启画像》徐光启（1562—1633）美国哈佛艺术博物馆藏

图 4　明代乌纱帽形制的发展和变化

的形制遵循了明朝初期的样式。其佩戴场合从后黎朝建立之初的指定时间发展至阮朝官员日常所戴。

（二）补服形制

补服是明代常服规制中重要的组成部分之一，补子的使用能够更为直观地辨别官员的身份与品级，也是明代官服制度发展的重要标志。安南国使团中的第二位人物便身穿一袭明制补服，其形制为圆领，大襟右衽，大袖，袖口处泛绿，推测为贴里之色，补服上绘制散点式云纹，补子为方形且被缝制在衣身上而非织绣，图案不明晰，补服的材料难以判断，其形制有别于清代补服；从图像中的使用场合来看，其被用作一种能够出席外交场合的正式服装来使用。

然而，明初常服规制中使用的是金绣盘领衫，代表官员身份的胸背纹样（即补子）则始于洪武二十四年（1391），而安南国最早记录有关补子始用的时间为黎圣宗光顺七年（1466），据《钦定越史通鉴纲目》记载：

> 颁补子绘图，凡禽兽法象，公、侯、伯、驸马并文武正品画一，从品画二，风宪堂上司画一，分司画二，云河、山水、葩木诸样，繁杀不拘，以五彩彰施于五色绨绣金线，听各从宜。①

黎圣宗洪德二年（1471）九月，对补子的使用又给出详尽解释：

> 闰九月，定衣服补子制度。上谕之曰："朝廷乃礼乐之地，衣服为章彩之文，名分截然，讵宜爽越。故舜观古人，以章施其五采；禹恶衣服，而致美乎黼冕。舜、禹圣人，不以衣服为末节，必于此乎存心。后世为人君、为人臣者，可不于此致谨乎。我国家抚安区夏，稽古礼文，上下章服，文禽武兽，古有制矣。贵贱等仪，不可逾僭，旧有禁矣。夫何有僚莫辨，视国家制度为虚文；庶民犯法，以纻丝织金为常服。尔官员百姓等，其听朕言，文武职官章服胸背，一循定制。百日之内，不依制者，降级治罪。"②

十月的规定则在光顺七年所颁布制度的基础上做了修改：

> 冬十月，颁花样补子画图。凡禽兽色物，公、侯、伯、驸马并画一，文武正品画一，从品画二，风宪堂上官画一，分司画二。云河、山水、花木等件，繁杀多少，随意制作，不拘泥青黄赤白金碧绿等彩色。官样从宜，绣造亦不必一概金线，如云河，如山水、禽兽，用金线亦许。③

黎宪宗景统三年（1500），颁布了具体的补子样式，但同洪武时期相比

---

① 〔越〕潘清简等：《钦定越史通鉴纲目》"正编卷二十"，第123页。

② 〔越〕吴士连等：《大越史记全书》（标点校勘本）第三册，第650页。

③ 〔越〕吴士连等：《大越史记全书》（标点校勘本）第三册，第651页。

略有不同（见表2）。一是补子中使用的禽兽种类少于洪武时期。二是文武官员的品级划分不够详细，六品以下文官全部使用白鹇、武官使用象。三是文官二品至六品中的禽类品级均比洪武时期低一个等级。四是武官三品的补子用白泽，这是中国古代神话中地位崇高的神兽，象征祥瑞，洪武时期特为公、侯、驸马、伯所用。五是明代中后期对补子的样式几经调整，但直至16世纪，安南国补服上补子的禽兽纹仍借鉴明初的式样。六是万历年间（1573~1620）出现了缝缀在服装上的补子，我们能够从北京定陵出土的明万历皇帝穿的吉祥四团龙缂丝补绸袍与《天水冰山录》中的记载窥探一二。

表2　洪武二十四年与黎宪宗景统三年文武官员补子纹样对比

时间		洪武二十四年（1391）		黎宪宗景统三年（1500）	
出处		《明史》		《钦定越史通鉴纲目》	
身份		文官	武官	文官	武官
品级	一品	仙鹤	狮子	仙鹤	狮子
	二品	锦鸡	狮子	仙鹤	狮子
	三品	孔雀	虎豹	锦鸡	白泽
	四品	云雁	虎豹	孔雀	虎
	五品	白鹇	熊罴	云雁	豹
	六品	鸳鸯	彪	白鹇	象
	七品	鸂鶒	彪	白鹇	象
	八品	黄鹂	犀牛	白鹇	象
	九品	鹌鹑	海马	白鹇	象

　　安南国使臣补服的织物结构和来源无法直观地判断，但是可以看出两点。一是补服穿着的季节。图像中呈现的朝觐之日恰逢元旦，正是寒冷的冬季。对于冬季官服，《大越史记全书》曾记载，黎宪宗景统二年（1499）敕旨："礼部出榜接明使，听百官并著鞋袜。冬十月以后，系隆冬，百官著罗绉丝衣，以顺时候，停著纱衣。"① 这说明在隆冬时节接见明使这种重要的外交场合中，官员改穿罗衣或绉丝衣取代纱衣。需要强调的是，罗与

---

① 〔越〕吴士连等：《大越史记全书》（标点校勘本）第3册，第729页。

纻丝在织造方法上有显著差异，罗是利用绞经组织织造的丝织物，要比采用平纹组织织造的纱更为紧实，而纻丝是一种由缎纹组织织造的丝织物，一般认为是由斜纹组织发展变化而来，[1] 明代《天工开物》中有云："先染丝而后织者曰缎"[2]，进一步阐释了其为色织物。古代的缎纹织物经纬紧度均大，所以织物厚实而略硬[3]，可见相较于纱，罗和纻丝（缎）确实更适合在较为寒冷的季节使用。黎裕宗保泰元年（1720）颁定的文武品服中则称："文武自一品至三品，衣服，春夏用北纱，秋冬用北缎并玄色。四品衣服同，惟纱缎用南。"[4] 虽然此处记载的服色不能同图像中绘制的相匹配，但证明直至18世纪早期，安南国秋冬官服仍以缎为面料，并且中国所产的丝织品高于本国产品。二是纹样的形制。图像中补服上绘制的纹样较为概括，单独个体的具体样态较难辨识，如意头的轮廓略微显现，推测为四合如意云纹，其排列形式呈散点状，颜色近似衣身之色，推测为二色单重提花。四合如意云纹是明代最为流行的纹样之一，福建博物院现藏一块明万历年间的四合如意云纹缎（见图5），这块织物上的云纹如意头较大且排列紧密，从形式上看异于图像所绘，到了清代"大云缎"的出现更是凸显了大如意头、小地部空隙的审美趋势。从纺织技术发展的角度，以四合云纹为妆地的各类丝织品的织造在明代已具相当高的水平，而安南早在李太宗时期（1000~1054）便开始教授宫女织造锦绮，诚如上文所及，黎裕宗时期便可实现自给自足，但织造水平相对落后。清华大学美术学院现藏有一块四合如意连云纹二色罗（见图6），原件长24.5厘米，宽14.8厘米，以及一块四合云纹闪缎（见图7），原件长33厘米，宽13厘米，彼时均作为服装或陈设用料。由此不难发现，明代四合如意云纹罗或缎确有实物存世，而二色暗提花织物恰也再次验证了笔者的推测。

明洪武时期确立补服制度后，很快就通过朝贡体系传播到海外国家，安南国也开始施行以补子为品级的官服制度。直到16世纪初，安南的补子规制趋于完备，从补子纹饰中的禽兽来看，主要沿袭了明初的式样，而将补子

---

① 赵丰：《中国丝绸艺术史》，文物出版社，2005，第50~53页。
② 宋应星著，潘吉星译注《天工开物》"乃服第六"，上海古籍出版社，2013，第79页。
③ 包铭新：《关于缎的早期历史的探讨》，《中国纺织大学学报》1986年第1期。
④ 〔越〕吴士连等：《大越史记全书》（标点校勘本）第四册，第1030页。

图 5　四合如意云纹缎，明万历，福建博物院藏

图 6　四合如意连云纹二色罗，明，
清华大学美术学院藏

图 7　四合云纹闪缎，明，清华大学美术学院藏

贴合在服装上的缝缀方式，则借鉴了明万历后出现的形制。黎宪宗时期已经使用补服作为外交场合的常服。由于图像中所描绘的"万国来朝"场景属后黎朝执政末期，此时安南应吸收、归纳了明代不同时期的常服规制并总结、自造一套符合自身的形制，但织造技术仍未达到较高水平，因而推测图像中安南使臣所着常服的织物为四合如意云纹罗或缎，衣身纹样的形制应不早于明万历时期。

（三）服色的视觉呈现

安南国使团中的三位人物所着服装颜色甚为丰富，第一位人物身穿的袍服为绿色，第二位人物的补服为红色，第三位人物的衫子为蓝色。

中国自秦汉到宋元对文武官员服色的使用均有严格的规定。明朝甫建立，即于洪武元年（1368）定服色："唐制，服色皆以散官为准。元制，散官职事各从其高者，服色因之。国初服色依散官，与唐制同。"① 唐代常服通指宴服②，依据表 3 所示，服色的使用经历了多次流变。洪武三年（1370）对服色做进一步阐释，礼部言："历代异尚。夏黑，商白，周赤，秦黑，汉赤，唐服饰黄，旗帜赤。今国家承元之后，取法周、汉、唐、宋，服色所尚，于赤为宜。从之。"③ 这说明明代服色尚红观念由此兴起。洪武二十四年（1391）定："官吏衣服、帐幔，不许用玄、黄、紫三色。"④ 对紫色使用的限制开始脱离唐制服色的规制。

安南国在服色制定上颁布相应政策。陈顺宗光泰九年（1396）六月定冠服："一品紫色，二品大红，三品桃红，四品绿，五、六、七品碧，八、九品青。"⑤ 这时服色的制定与洪武元年提出效仿唐代服色制度之间最为重要的契合点在于将紫色作为一品官员所用之色。后黎朝执政以降，明代"尚红"观开始传入安南，但起初只有极高品级的官员才能使用红色。黎太宗绍平四年（1437）记有一则轶事："以三品官著红色衣不合古制，欲命以青衣易之"，⑥可见彼时三品官员尚无资格穿着红色。黎圣宗光顺七年（1466）后逐步放

① 《明史》卷六十七《舆服三》，第 1633 页。
② 《旧唐书》卷四十五《舆服》，中华书局，1975，第 1929~1959 页。
③ 《明史》卷六十七《舆服三》，第 1634 页。
④ 《明史》卷六十七《舆服三》，第 1638 页。
⑤ 〔越〕吴士连等：《大越史记全书》（标点校勘本）第二册，第 412 页。
⑥ 〔越〕吴士连等：《大越史记全书》（标点校勘本）第三册，第 539 页。

宽了政策："自一品至三品著红衣，四五品著绿衣，余著青衣。"① 黎宪宗景统三年（1500）再次修改服色制度："皇亲诸公及文武三品以上服用紫色，四品至五品服用绿色，六品以下服用青色。"② 黎裕宗保泰元年（1720）改："文武自一品至三品服玄色，凡执事行礼及视事时用青吉衣、乌纱帽。"③ 又，图像中持旌旗者着蓝色衣衫。其身份如何？明代对监生服色的使用有过这样一条记录："洪熙中（1425），帝问衣蓝者何人，左右以监生对。"④ 不过，有关安南国监生服色的记载较为模糊，黎宪宗对类似监生群体的服装笼统定为"绫罗各色"，此后逐渐变为穿青吉衣、戴乌纱帽。

表 3　唐代常服（宴服）品级与对应服色的流变

时间	武德四年(621)		贞观四年(630)		龙朔二年(662)		上元元年(674)	
	品级	服色	品级	服色	品级	服色	品级	服色
品级与对应服色	三品以上	紫	三品以上	紫	三品以上	紫	三品以上	紫
	四至五品	朱	五品	绯	五品	绯	四品	深绯
	六品	黄	六品、七品	绿	六品、七品	绿	五品	浅绯
	七品至九品	黄	八品、九品	青	八品、九品	碧	六品	深绿
	—		—		—		七品	浅绿
	—		—		—		八品	深青
	—		—		—		九品	浅青

　　明洪武元年确立服色制度后 30 年左右，安南国也开始颁布本国的服色制度并多次进行调整，主要的区别在于对高级官员服色的使用始终在紫色与红色之间转换，这与明代对唐制服色制度的沿袭与自身服色的建立有着密切联系。图像中人物的服色应是遵循黎圣宗时期的制度，自此至后黎朝末期再难觅红色作为高官所用之色，笔者推测到 18 世纪中后叶可能再次恢复红色作为高级官员出席外交场合的常服使用，朝鲜官员徐浩修（1736—1799）在《燕行纪》卷二中曾对同行的安南使臣的装束进行描绘："束发垂后，带

---

① 〔越〕吴士连等：《大越史记全书》（标点校勘本）第三册，第 613 页
② 〔越〕潘清简等：《钦定越史通鉴纲目》，"正编卷二十五"，第 222 页。
③ 〔越〕潘清简等：《钦定越史通鉴纲目》，"正编卷三十五"，第 429 页。
④ 《明史》卷六十七《舆服三》，第 1649 页。

乌纱帽，被阔袖红袍，拖饰金玳瑁带，穿黑皮靴。"①

从中外服饰文化交流的角度来看，随着明朝朝贡体系的建立、发展，明代的冠服很快就传播到包括安南在内的国家。不过，图像中安南国使臣的冠服向观者展现出多条隐喻信息。与不断变化的明代冠服制度相同，安南国也在调整与完善本国的服饰体系，但并没有完全照搬明代某一特定历史时期的服饰形制。如前所述，乌纱帽、补子与服色的规制基本沿袭明初的式样，而这些元素开始在安南国使用之时似乎已经"滞后"了。明代服饰传播到安南等国，所在国无疑需要一段时间来吸收。依据画中人物服饰的视觉呈现，结合越南文献，大致可以推测三位使臣分别为四品至五品文官、一品至三品文官、监生。这种明制冠服制度一直延续到18世纪清乾隆时期，其历史根源是什么？对此，乾隆帝给出怎样的回应？

二　文化认同与安南国取法明制常服

从历史维度追溯安南国史，也不难发现其同中国文化千丝万缕的联系。自秦汉至唐末，中国封建王朝便一直在安南（今越南北部）设置郡县，② 越人不断接受中原的衣冠文化，治越官吏的冠服也已采用汉代服制，这种规定有一定强制性。③ 五代以后安南逐渐脱离中国，自主选择服饰制度。至北宋，每逢新王登基均请封，应天十三年（1006）颁布条例："改文武臣僚僧道官制及朝服，一遵于宋。"④ 主动启用中国衣冠制度，慕华之风越发显现。对非汉源统治者，安南执政者的内心则视其为"蛮夷"政权，元代建国初曾遣使敕谕入观，被陈圣宗（1273—1279）以疾婉拒。此后数年间，安南与元代发生多次战争，加深了对非汉源统治的抵触心理，当以汉族为首的明朝建立之时，乃推崇与沿袭明制衣冠。不止于此，包括儒学、科举、政法、礼乐等中国文化也在安南传播开来。这种精神、物质的双重文化传播极大地推动了中国文化的海外影响力。

儒家思想深入其国并得到推崇。据《钦定越史通鉴纲目》正编卷之五

---

① 〔朝〕徐浩修：《燕行纪》卷二，见《燕行录选集》（上册），韩国成均馆大学校大东文化研究院，1962，第459页。

② 晁中辰：《明朝对外交流》，南京出版社，2015，第91页。

③ 孙衍峰：《中国古代衣冠文化对越南的影响》，《解放军外语学院学报》1992年第6期。

④ 〔越〕潘清简等：《钦定越史通鉴纲目》"正编卷一"，第416页。

记载，早在李英宗大定十七年（1156）已立孔子庙；① 后黎朝建立后，大兴儒学，为儒学发展奠定了基础。黎太宗绍平二年（1435）二月五日丁未，"命少保黎国兴释奠于先师孔子，后以为常"②。明景泰三年（1452），前来中国的使臣还奏请拜谒孔子："安南国陪臣程真等奏欲拜谒先圣孔子于国子监，从之。"③ 与此同时，名目众多的儒家经典也在安南广为传播。《殊域周咨录》记载：儒书则有少微史、《资治通鉴》史、《东莱》史、五经、四书、胡氏、《左传》、《性理》、《氏族》、《韶府》、《玉篇》、《翰墨》、《类聚》、韩柳集、《诗学大成》、《唐书》、《汉书》、古文四场、四道、《源流》、《鼓吹》、《增韶》、《广韶》、《洪武正韶》、《三国志》、《武经》、《黄石公》、《素书》、《武侯将苑百传》、《文选》、《文萃》、《文献》、二史纲目、《贞观正要》、《毕用清钱》、《中舟万选》、《太公家教》、《明心宝鉴》、《剪灯新余话》等书。④ 这些书籍中的内容后甚至被应用于安南的科举考试中。

政法方面。首先，黎朝的行政区域制度，参考中国内地的行政区域来制定。黎圣宗光顺七年（1466），设立承宣十三道，曰清化、义安、顺化、天长、南策、国威、北江、安邦、兴化、宣光、太原、谅山、中都府。改路为府，改镇为州。⑤ 后黎朝与明朝布政司内的行政区通名系统完全吻合。其次，黎圣宗洪德十四年（1483）编纂了越南史上第一部完整的成文法典《洪德法典》，有条文二百七十一条，包括民法和刑法方面的内容。这部法典深受《唐律》《大明律》的影响。再次，嘉靖元年（1522）至嘉靖六年（1527）间，后黎朝日常买卖契约中开始大量援用明制格式的契约。⑥

礼乐上，黎太宗绍平四年（1437）开始仿制明制乐器，史书记载：

> 卤簿司同监兼知典乐事梁登进新乐，仿明朝制为之。初登与阮鹰奉定雅乐，其堂上之乐则有八声，悬大鼓、编磬、编钟，设琴瑟、笙箫、

① 〔越〕潘清简等：《钦定越史通鉴纲目》"正编卷五"，第491页。
② 〔越〕吴士连等：《大越史记全书》（标点校勘本）第三册，第533页。
③ 张辅、杨士奇纂修《明英宗实录》，台湾"中研院"史语所，第4685页。
④ 严从简著，余思黎点校《殊域周咨录》，中华书局，第238～239页。
⑤ 〔越〕吴士连等：《大越史记全书》（标点校勘本）第三册，第613页。
⑥ 张侃、壬氏青李：《华文越风：17～19世纪民间文献与会安华人社会》，厦门大学出版社，2018，第275页。

管笛、枧敔、埙篪之类；堂下之乐，则有悬方响、笙篌、琵琶、管鼓、管笛之类。①

昏德公永庆四年（1732），要求参照明代相关书籍修订礼乐：

> 三月，修定朝侍礼乐。时承平日久，王欲修明制作，以敦文明之美，命宰臣议定礼乐。按阅会典及《三才图会》诸书，与有见中国者，随宜会意，斟酌行之。②

清兵入关后，安南的鄙夷思想再次涌动。黎熙宗正和十六七年（1695~1696）强调：

> 严饬北人来寓者一遵国俗。自清入帝中国，薙发短衣，一守满洲故习，宋明衣冠礼俗为之荡然，北商往来日久，国人亦有效之者。乃严饬诸北人籍我国，言语衣服一遵国俗，诸北商来寓无有知识人经引，不得擅入都城。沿边之民亦不得效其声音衣服，违者罪之。③

黎显宗景兴三十年（1769）重申："禁莱伦、昭晋、琼崖诸州不得效清人衣服。"④ 可见后黎统治者无法接受满人衣冠，并指其旧俗违背了传统的汉俗礼制，应予以抵制。

三　满族统治者对汉人衣冠的看法及回应

（一）满族统治者对汉人衣冠的看法

清初，满族统治者已意识到其作为"马背民族"所具有的特殊服饰旧

---

① 〔越〕吴士连等：《大越史记全书》（标点校勘本）第三册"本纪实录卷十一"，第551页。
② 〔越〕吴士连等：《大越史记全书》（续编卷之三），2015，第1062页。
③ 〔越〕潘清简等：《钦定越史通鉴纲目》"正编卷三十四"，第405页。
④ 〔越〕潘清简等：《钦定越史通鉴纲目》"正编卷四十三"，第567页。

俗。《清史稿》称："清之太祖，肇起东陲，远略是勤，戎衣在御。"① 这种传统的满洲服饰观植根于统治者的思想深处，对汉族文化，特别是汉人服饰则充满了抵触与偏见。历史上，金熙宗及金主亮有过废其祖制改穿汉人衣衫的行为，似乎成了满人的"反面教材"。清太宗在崇德元年（1636）诏令："凡汉人官民男女穿戴，俱照满洲式样。"② 崇德三年（1638）下礼部谕："有效他国衣冠束发裹足者，重治其罪。"③ 崇德二年（1637）还曾敕谕："我国家以骑射为业，今若轻循汉人之俗，不亲弓矢，则武备何由而习乎？"④ 并以此要求后世子孙不可轻易废弃祖制。从具体的服饰形制上可见端倪。《清太宗实录》记载："若废骑射，宽衣大袖，待他人割肉而后食，与尚左手之人何以异耶？"⑤ 这里所指"宽衣大袖"恰映射了图像所绘，由大袖改为小袖是满人执政后具有代表性的服饰变化之一。至世祖时对百姓未易服之事严词申明：

> 遵依者为我国之民，迟疑者同逆命之寇，必置重罪；若规避惜发，巧辞争辩，决不轻贷。该地方文武各官，皆当严行察验，若有复为此事渎进章奏，欲将已定地方之民，仍存明制、不随本朝制度者，杀无赦。⑥

由此可见，清兵入关后，对衣冠穿着趋于汉族风俗的情形已到不可容忍的地步，直至世宗时期，这种旧制观念仍在实行，而图像中安南国使团的穿着似乎挑战了清朝服饰制度。

（二）清代朝贡礼制中的服饰政策

安南国使臣朝贡，着明制冠服一方面来自其自身对汉制文化的推崇，另一方也不能不考虑清代的外交礼制。这种礼制本应拥有一定的约束力，实则相对宽松。《清会典》记载：

① 《清史稿》卷一〇二《舆服一》，第 2013 页。
② 《清太宗实录稿本》卷十四，辽宁大学历史系，1978，第 7 页。
③ 蒋良骐撰，鲍思陶、西原校点《东华录》卷之三，齐鲁书社，2005，第 37 页。
④ 《清史稿》卷一〇三《舆服三》，第 3033 页。
⑤ 《清太宗实录》卷三十二，中华书局，1985，第 404 页。
⑥ 《清世祖实录》卷十七，中华书局，1985，第 57 页。

贡使至京，先于礼部进表，贡使暨从官各服本国朝服，由馆赴部，升阶皆跪，正使奉表授会同四译馆卿，转授礼部堂官，正使以下行三跪九叩礼，仪制司官奉表退。①

《清史稿》志六十六山海诸国朝贡礼中同样有记："翼日，具表文、方物，暨从官各服其服，诣部俟阶下。"② 由此可见，清廷允许外国使臣在类似朝觐的外交场合着本国服饰，对于安南国而言即为明制冠服。

诚如图像所绘，这种政策同样适用于某些特定的时间段。《清会典事例》记载：

万寿圣节，元旦，冬至，朝贺，及皇帝升殿之日，主客司官暨馆卿大使等，率贡使至午门前朝房祈候，引入贞度门，皇帝御太和殿，百官行礼毕，序班引贡使，暨从官诣丹墀西班末，听赞行三跪九叩礼。若不遇朝期，由部奏请，或奉旨召见，至期，礼部堂官一员，蟒袍补服，率贡使服其国朝服，通事补服，诣宫门外祈候。③

"改正朔，易服色"是汉族的传统观念，以此实现政治合法性，也深深地影响了满族统治阶层。对于安南国着明制冠服，清统治者是在意的，黎悯宗时（1787~1789）清大臣福康安曾要求其剃发易服。然而作为礼制中的重要组成部分，宾礼主要展现了"睦邻邦交"的作用。《清史稿》谓："夫诗歌'有客'，传载'交邻'，无论属国、与国，要之，来者皆宾也。我为主人，凡所以将事，皆宾礼也。"④ 因此，外交场合服饰规制的呈现，乾隆帝没有"震怒"，展现了一种"和睦"同时不免夹杂"无奈"的复杂心境。

结　语

中原汉族文化对安南服饰形制的影响由来已久，明以前已有体现。明朝开国后，通过朝贡制度与海外诸国展开政治、经济、文化交往，衣冠制度亦

① 《清会典》卷三十九，中华书局，1991，第350页。
② 《清史稿》卷九十一《礼十》，第2675页。
③ 《清会典事例》第六册卷五〇五，中华书局，1991，第851页。
④ 《清史稿》卷九十一，第2673页。

由此传播到包括越南在内的海外诸国，成为古代中国制度文化对外传播、中外海洋文明交流的重要现象。明代不断更新服饰新政策，安南国快速地加以吸收与借鉴，直至 18 世纪中后叶仍在使用，将明代冠服制度保留得"淋漓尽致"。通过对清乾隆四十三年（1778）绘本《万国来朝图》中乌纱帽、补服、服色的考察阐释，图像中安南国使团所着常服的形制多属明初式样；结合文献分析与实物佐证，其视觉呈现应符合史实，推测三人为四品至五品文官、一品至三品文官、监生。这种服饰传统源于思想深处对汉族文化的高度认同，也彰显了安南统治者的外交策略。在诸国朝贡外交场合，清政府面对这种情况，选择了默认态度，允许各国使节穿着各自本国服饰，这种措施已然展现了更加显性的意识形态，表现为追求"和睦"的包容胸襟，虽然内心深处对汉族服饰是持排斥态度的。

"Plan for the Survival and Security of the Country, Looking Forward to Reproducing the Glorious Scene of Wearing Han-style Clothing" —Annam Diplomats Wearing the Daily Official Uniform of Ming Dynasty is Depicted in the "Portraits of Many Countries Coming to Diplomacy" in Qing Dynasty

Zhao Yu　Liu Yu

Abstract：Changfu is a part of the Ming Dynasty officials dress system, with the promulgation of the maritime prohibition policy in the early Ming Dynasty, and gradually spread to the entire East Asian cultural circle through official channels under the background of tributary system. In the "Portraits of many countries coming to diplomacy", it shows its use as a formal official dress in diplomatic occasions under the rule of the Qing Dynasty. This paper takes Annam officials wear the Ming Dynasty Changfu as the breakthrough point, from the Wusha hat, Buzi, color and other clothing information elaborated, and in combination with related literature and material evidence, to further explore the reason and purpose of Annam's use of Ming Dynasty Changfu in the mid to late eighteenth century from the perspective of maritime history and the Qing government's response. The research shows that the image of Annam official Changfu mainly comes from the early Ming Dynasty style, Since the Qing Dynasty entered the Central Plains, Annam, which had been a vassal of Ming Dynasty, regarded the clothes as the old Man customs, and always respected the Han culture themselves, emphasizing its continuity with the Han nationality in the central Plains. The continued use of Ming Dynasty Changfu is a concentrated reflection of the spread of Han customs and cultural identity.

Keywords: Maritime-forbidden policy; tributary system; Portraits of many countries coming to diplomacy; Annam; Ming Dynasty officials daily clothing

（执行编辑：徐素琴）

海洋史研究（第二十辑）

2022 年 12 月　第 68~85 页

越南后黎朝（1428~1527、1592~1789）巡司初探

徐筱妍 *

前　言

巡司一职在越南《黎朝会典》的官职中未见记载，而在《历朝宪章类志·国用志》中对巡司及其职能，则有比较详细的描述：

按古者之政，开市讥而不征，以通商贾，便往来，诚为宽制，然以农民百工皆有定税，而商民独无，似非重本而抑末之意，此巡司之征税法，后世所由起也。有黎巡司之设，其始亦以禁防讥察。初未尝以此征利，故永寿撤巡之令，深以巡司要索为禁。迨至永盛、保泰之间，征榷之法详，而巡察之政密，各项巡司，照定税额，而商贾之利，始充王库之用矣。①

依上述记载，可知三点：其一，后黎朝巡司的设置，初始之意是"禁防讥

* 作者徐筱妍，莆田学院文化与传播学院助理教授。
① 〔越〕潘辉注《历朝宪章类志》卷三十一《国用志·巡渡之税》，Y-X-2-13，东洋文库藏抄本（原无页数，页数为笔者自行计算），16 叶 b-17 叶 a。

察"，尤其是"异言异服"的外国人①；其二，黎郑朝廷曾加以裁撤，禁巡司勒索；其三，巡司在永盛、保泰年间（1705~1729）职能出现改变，成为收取商税，特别是"征榷"的税收机关。概言之，巡司的职能可区分为前后两个时期：前期职务应是巡察，后期变为收税的专职机构。在这两个时期，巡司与商贸之间存在着怎样的关联，促使巡司职能发生互动转变？这些商贸活动是否与国际贸易有关？本文以巡司职能变动为线索，加以考索解答。

一　黎初设置巡司及其分布

越南黎朝，于境内水路通道设立"巡司"，初始是作为巡察机关，意在严密控制对内、对外交通，"察异言异服"的外国人。②《黎朝会典》记载：

> 国朝旧例，各处巡司贰拾叁所。
>
> 景治二年（1664），撤去凡拾叁所。
>
> 保泰四年（1723），撤去叁所。始置我隅、程舍、馆巡、率巡四所。
>
> 永庆二年（1730），复撤去。存留各处凡玖所，今仍用之。③

所谓"国朝旧例"，是指黎初之制。圣宗洪德二年（1471）九月"校定皇朝官制"条云："在外各镇亦置府卫都司，江海各处亦置巡检江官"。④ 巡检江官可能是巡司一职。同时代的明朝亦有一同名官职，洪武二十六年（1393）就已设置。《大明会典》记载："定天下要冲去处，设巡检司，专一盘诘往来奸细，及贩卖私盐犯人、逃军、逃囚、无引面生可疑之人，要常加提督"。⑤《明太祖实录》亦称："设巡检于关津，扼要道，察奸伪，期在士

---

① 〔越〕潘辉注《历朝宪章类志》卷三十一《国用志·巡渡之税》，14 叶 b-20 叶 b。

② 〔越〕潘辉注《历朝宪章类志》卷三十一《国用志·巡渡之税》，14 叶 b-20 叶 b。

③ 〔越〕范廷琥：《黎朝会典》《户属·市税》，A52，汉喃研究院藏抄本（未编卷次），30 叶 b-31 叶 a。

④ 陈荆和编校《校合本大越史记全书》（中）《本纪》卷十二《黎纪（圣宗上）》，東京大學文獻センター刊行委員會，1978，第 688 頁。

⑤ 万历《大明会典》卷一百三十九《兵部二十二·关津二》，广陵古籍刻印社，1989，第 1980 页。

民乐业，商旅无艰"①。黎初巡司设置稍晚于明代，其职能与明代巡检司相似，在制度上当有模仿因袭关系。

《黎朝会典》记载黎初境内共设立巡司 23 所，包括承宣 11 处，清化 5 所（4 所在外镇、1 所在内镇），京北 3 所，海阳及山西各 2 所，其他地区各 1 所。《历朝宪章类志·国用志》收录了景治二年（1664）全部巡司及所在县份，包括被裁撤的 13 所巡司（见表 1），关于巡司裁撤情况，待下文再讨论。需要指出的是，广安（安邦）没设置巡司，也许广安承宣的巡司是在《历朝宪章类志》失载的 4 所巡司之中。

表 1　景治二年巡司

撤巡情况	巡司名	巡司所在地
撤所	正大巡	宋山县（清化）
	连馨番巡	广昌县（清化）
	慕周巡	白鹤县（山西）
	六头巡	青林县（海阳）
	万泒巡	青林县（海阳）
	黄江巡	舒池县（山南）
	受命巡	瑞原县（清化）
	住估巡	保禄县（京北）
	我司巡	羡山县（清化）
	云床巡	安康县（清化）
	三岐庵【北木】巡	东关县夹西关（山西）
	邳江巡	在木州、越州、嘉兴县（兴化）
	三岐巡	凤眼县（京北）
未撤所	可留巡	乂安处
	芹营巡	京北处
	支巡②	高平处
	同姥巡③	太原处
	三岐巡	宣光处
	城巡	谅山处

---

① 《明太祖实录》卷一百三十"洪武十三年二月"条，台湾"中研院"史语所校印，1962，第 2059 页。

② 据《黎朝会典》补。参见《黎朝会典》《户属·巡渡之税》，31 叶 b。

③ 据《黎朝会典》补。参见《黎朝会典》《户属·巡渡之税》，31 叶 b。

黎代地图《天下版图目录大全》中，广安绘有"巡"，山西有"馆巡"，山南有"凸天派巡"。①《历朝宪章类志·舆地志》亦记载为数不少的巡司。② 依成书时间与内容资料来源看，《天下版图目录大全》中记载的巡司可能是最早的。③ 因作者潘辉注利用家藏历代图籍撰著，《历朝宪章类志》之《舆地志》《国用志》有一定可信度。需要说明的是，黎初巡司有正巡与支巡之分，《舆地志》并没有将巡司作为主要记述对象，所记巡司既有正巡，亦有支巡，因而无法判断该书所载孰为正巡，孰为支巡。《国用志》以"国朝旧制"23 所巡司为载录对象，所载当为正巡。总的看来，黎初与黎中兴之后的巡司的设置状况相对复杂，《天下版图目录大全》所载巡司是否为正巡或支巡也不好下结论。

关于巡司分布，《天下版图目录大全》中之广安"巡"、山西"馆巡"和山南"凸天派巡"，皆绘于河道之中。《历朝宪章类志·舆地志》记载，京北慈山府"芹驿"（应是芹营）位于"桂阳县普赖社津头江分，即六头江上流"，并有支巡"香罗"位于"安丰县如月江月德江津次"；④ 太原处正巡（应是同姥巡）"在同喜县同姥社地分，江分即同姥江，上流自至辖通州

---

① 佚名：《天下版图目录大全》，Paris EFEO I. 383（A. 1362），法国远东学院藏本，第 6、9、19 页。

② 《历朝宪章类志·舆地志》所载巡司有：
清化——正大巡（宋山县）、我隅巡（淳禄县）、我罥巡（羗山县）、外卞山为巡司之所（玉山县）。卷二，8 叶下、叶 9 下。
乂安——可留巡。卷二，18 叶上。
山南——珠球巡（正巡）、米所、蒙养、豪州、珠舍（支巡）。卷二，30 叶 ab。
泠池（金洞县赤藤、藤州二社，正巡）、偈州（金洞县渴洲社）。卷二，31 叶 b。
万宁（瑞英县耳棠社，正巡）、塩户巡（瑞英塩户社）。卷二，34 叶 a。
京北——芹驿（桂阳县普赖社津头江分，即六头江上流，正巡），香罗（安丰县如月江月德江津次）。卷三，3 叶 b。
山西——安朗、庄越社二所（两支巡）、白鹤白鹤社三所（两支巡，一所为禹余粮巡）；临洮府一程舍巡（山园县永赖社江分，即洮江上游，正巡）。卷三，9 叶 a-b。
安邦（广安）——□司、安良二巡。卷三，21 叶 b。
宣光——三岐巡。卷四，4 叶 a。
太原——同喜、同姥在正巡之处（巡所在同喜县同姥社地分，江分即同姥江，上流自至辖通州晏挺庄江分，经过伊处，再通至我夹京北镇洽和、天福二社江分），卷四，8 叶 a。
高平府——岩寮、博宫、博溪、良马、那通、翻阳、古陈、岁坞、茶岭、巩昌、拣竟。卷四，11 叶 b-12 叶 a。参见〔越〕潘辉注《历朝宪章类志》卷二至卷四《舆地志》，编号 Y-X-2-13，东洋文库藏本。

③ 《天下版图目录大全》成书年代不明，可能是黎初，但仍有待考证。

④ 〔越〕潘辉注《历朝宪章类志》卷三《舆地志·诸道风土之别·京北》，3 叶 b。

晏挺庄江分，经过伊处，再通至我夹京北镇洽和、天福二社江分”。[①] 除此之外，尚有广安“滓巡”，位于“安兴县琼楼社，即净江上流，自海阳东潮、水棠二县江地分”；[②] 与“安良巡”在“万宁安良社，自内地白竜尾通明贵社至伊巡，又一支在万宁州万春社”。[③] 从以上巡司所处位置来看，结合《历朝宪章类志·国用志》所记 19 所巡司，可以看出巡司设置的地点，皆处在水路要冲，为水路稽查的机关，亦即洪德二年记载的“巡检江官”。

黎初“严内外之防”，规定外国人不得进入内镇。阮廌等撰《南国禹贡》记载：

> 外国人诸人不得擅入内镇，悉处之云屯、万宁、芹海、会统、会潮、葱岭、富良、三奇、竹华焉。内镇四京路也，芹海、会统、会潮三海名俱属乂安，葱岭属谅山，三奇属宣光，竹华属山西，兴化寄治之镇断，连结两岸，本朝严内外之防，于此可见矣。[④]

黎初明令将外国人限制在海阳、广安、乂安外海及山路的宣光、兴化与山西，与巡司设置的地理分布、管理范围大致相合，原设 19 所巡司以清化、京北为最多。清化蓝山为后黎朝龙兴之地，黎太祖在建国后以清化蓝山为西都，昇龙为东都。

《历朝宪章类志·舆地志》记载，清化 5 所巡司分别在河中府宋山县（正大巡）和峩山县（我司巡）、[⑤] 靖嘉府广昌县（连馨番巡）、绍天府瑞原县（受命巡）、长安府安康县（云床巡）。宋山、峩山、安康、广昌县均为清化近海县份。安康县云床属外镇长安府辖，“云床……临长江为人烟凑集之地，商鱼坊库，风物繁华”[⑥]，长江应该就是青厥江，《大南一统志》记载：

① 〔越〕潘辉注《历朝宪章类志》卷四《舆地志·诸道风土之别·京北》，8 叶 a。
② 〔越〕潘辉注《历朝宪章类志》卷三《舆地志·诸道风土之别·京北》，叶 21b。
③ 〔越〕潘辉注《历朝宪章类志》卷三《舆地志·诸道风土之别·京北》，叶 21b。
④ 〔越〕阮廌等：《南国禹贡》，A. 880，汉喃研究院藏本，第 54 页。《南国禹贡》原为黎初阮廌写的地理书，笔者使用之汉喃研究院藏本，书中大量提到“本朝保泰年间”等语，这个版本应该是黎中兴时期成书。
⑤ 《国用志》的峩山县我司巡，应就是《舆地志》的峨山县“我罚巡”。
⑥ 〔越〕潘辉注《历朝宪章类志》卷二《舆地志·清华》，11 叶 b。

从河内喝江下流，遇笛弄山入嘉远县，经华间洞，东北十三里合黄竜江，东南流为涧口江，又分为二，具东南流为黄州江，至武林三岐，又为一支为山水江，而入云床，其水绕经省域之北，转而东三十里，四至蓬海三岐，又转而南三十六里达辽海口。①

辽海口即大安海口②，是当时外国人进入内镇的水路入口之一。"黎中兴从清商船抵航差官勘寔，然从始咱入口，次于金洞之宪营"③。云床上接昇龙，下达辽海口，此地外国人穿梭往来，专设一巡以治之。

清化内镇4所巡司，《历朝宪章类志·舆地志》对正大巡有较为具体记载："江流自正大巡而下，两边连山排立，蜿蜒赴海，景致控阔，为山水大观。"④ 显然，正大巡是江河巡司，所在河道之主河为马江。《历朝宪章类志》称"一水从哀牢发源为马江，一水从广平发源为梁江（现称朱河）"⑤，马、梁二水于绍天府瑞原县一带合流⑥，以瑞源县为基准点，合流后的马江，流经东山、河中府淳禄、弘化两县与靖嘉府广昌县，于广昌县会朝门入海。⑦ 马江与梁江合流为马江南支，北支（或译涟江）流经永福、河中府淳禄、羕山、宋山四县，于羕山县神符海口出海。⑧ 正大巡便是控扼神符海口的巡司，连馨番巡大概是针对会朝门设置的巡司。

从《天下版图目录大全》来看，神符口至会朝门间尚有克门与碧门。《历朝宪章类志·舆地志》称两海门为猗碧海口与灵长门。依《天下版图目

① 阮朝国史馆编《大南一统志》（二）《宁平省·山川》，西南师范大学出版社、人民出版社，2015，第197~198页。

② 阮朝国史馆编《大南一统志》（二）《南定省·关汛》，第156页。

③ 〔越〕阮文超：《大越地舆全编》卷五《南定》，汉喃研究院藏阮成泰十二年印本，1900，8叶b。

④ 〔越〕潘辉注《历朝宪章类志》卷二《舆地志·诸道风土之别·清华》，8叶b。

⑤ 〔越〕潘辉注《历朝宪章类志》卷二《舆地志·诸道风土之别·清华》，2叶a-b。绍天府："地据上游，山川回合，瑞原居府中央，永福在其北境连石城，东山在其南界，接农贡、雷阳，地傍沿山，万岭重叠，安定县则夹永福、瑞原地，石城、锦水、广平三县皆地接沿山，近与哀牢连界，一水从哀牢发源为马江，一水从广平发源为梁江，二江合流萦绕环抱于下畔四县之间"。

⑥ 〔越〕潘辉注《历朝宪章类志》卷二《舆地志·诸道风土之别·清华》，6叶a。"盘沙山在安定之大庆，山石甚高，盘屈委蛇，萧爽可人，俯临梁江，一均支自右撑出为挪山，一支从瑞原降脉为太平山，马江至此凑合，二水朝宗，二山拱揖，景致空阔"。

⑦ 〔越〕潘辉注《历朝宪章类志》卷二《舆地志·诸道风土之别·清华》，10叶a。

⑧ 〔越〕潘辉注《历朝宪章类志》卷二《舆地志·诸道风土之别·清华》："神符海口在羕山县"，8叶b。

录大全》所示，两海口与羿山县关系较大，可能与我司巡有关。因此，四海口基本是受正大、我司、连馨番三巡司控制。

瑞原县是清化唯一设巡司的内陆县。该县为黎太祖肇基之地，蓝山殿与历代帝陵均在此。莫朝建立以后，复黎势力以此处为基地与莫周旋，黎中兴以后"每有警急，即复回銮，以固根本"。① 此地设有受命巡，瑞原以下，马江沿线上的广昌、宋山、羿山，亦设巡司。结合《天下版图目录大全》所示河海形势，设巡意图很明显，即防备外来势力沿海路进入清化。比较而言，清化四所巡司在功能上是控扼海洋。②

红河流域的京北水路为通往首都昇龙的主要水路。京北的芹营、住佶、三岐3所巡司均位于六头江上的凤眼等县，六头江于此地汇入红河分支太平河，连接京北、海阳两承宣，交错的河道将地形切割得破碎复杂，地属海阳青林县的六头、万沠2所巡司亦位于这条河道上。值得注意的是，六头江又是船只从白藤、太平等海口进入昇龙内地的必经处，海口处也可能设置巡司，只是19所初设巡司中未见广安设有巡司。③

昇龙以西地面，有山西白鹤县慕周巡，东、西关两县三岐庵【北木】巡，太原同姥巡，宣光三岐巡，兴化邠江巡。从其流经地域、所属县份与巡司名称看，大抵都是监控自中国流入的红河、沱江等河道水域，其中三岐庵【北木】巡、三岐巡即位于江河汇流处。

总体来看，黎朝巡司主要分布在昇龙以西的山西、兴化等河道，与京北六头江上下游一带，这两处都是河流上、下游交通要道的重点监察据点，而红河流域主要大河均是自中国流入，设巡意图十分明显。清化巡司多在内、外两镇沿海，掌控着从海口入河道的位置，控扼外来船只沿江上溯至西京或瑞原安场行在的水道。可见黎初设置巡司的职能与目的很明确，专职执行"外国人诸人不得擅入内镇"，防范外国人对本国疆域的窥探。在巡司分布

---

① 〔越〕潘辉注《历朝宪章类志》卷二《舆地志·诸道风土之别·清华》，4叶b。
② 在《舆地志》中尚有一巡，未见于黎初19所巡司，是位于玉山县外海的外卞山，"去海岸约十里，涌出一山，傍有潭，上列巡屯，往来依泊，无风波之患"。参见潘辉注《历朝宪章类志》卷二《舆地志·诸道风土之别·清华》，10叶a。
③ 从前引《天下版图目录大全》的记载，广安存在着巡司，其位置在尧封县下方，位置与《舆地志》载设于黎中兴保泰四年设置的"率巡"相近。《舆地志》载：率巡在"安兴县琼楼社，万即净江上流，自海阳、东潮、水棠二江地分，经过至华对安快社为凤凰支，安封社为蒲钩支"，对照阮朝《同庆地舆志图》，率巡所在是在白藤与尧封海口附近。白藤海口是历代外船进入北圻的重要海口，从此海口进入，只需沿着六头江直行，接续的天德江便可直达升龙，战略位置极其重要。

上，以拱卫昇龙与瑞原为中心；清化与海阳设置多处巡司，意图减少外国人从海线进入东、西两都的概率。显然，黎初巡司的设置与布局，总体上是根据北方海山形势，考虑陆地疆域的完整性，拱卫京师，是陆地为主的防守思维；沿海巡司的设置则主要考量防御外海来犯，是一种海陆边缘防线的设置。比较明代巡检司"盘诘往来奸细"功能，黎初巡司在制度与职能上有因袭与类同之处。

二　黎中兴时期巡司变动

黎中兴时期，巡司职能出现重要改变。而同一时段，明清易代后中国的巡检司制度也有所转变。中国有些学者发现清代巡检司已经发展为"次县级政区"。① 有学者认为海南的巡司，由明至清发生了从海岸防御转向控驭山区的转变。② 古代越南制度多仿效中国，探讨黎中兴时期巡司职能改变，应从黎朝小环境与国际大环境（特别是清朝）两方面进行考量。

黎朝中兴有赖郑、阮两氏——即女婿郑检、旧臣阮淦的扶持。其后郑检与阮淦之子阮潢产生权力冲突，阮潢南下顺化，拓展为根据地，郑检则掌握后黎朝政，黎皇亦为历代郑主所掌控。阮潢在世时，郑阮维持一时和平，阮潢去世后其子阮福源继位，对郑主掌控的黎郑朝廷态度强硬，拒绝上缴贡赋，由此拉开郑阮纷争（1627~1673）的序幕，黎朝巡司制度也因应时势而改变。

黎中兴早期，北方郑主需提防南方的广南阮氏，尚需防备莫朝残余势力，以及强大的清朝。陈荆和认为，黎郑朝廷与黎初一样，对北方中国采取谨慎警戒的态度：

> 因北圻（越南北部，郑主控制区）接连西南诸省，中国境内政治、军事之一起一伏均与北圻之命运息息相关，故郑主面临如此趋势，由于

① 参见赵思渊《明清苏州地区巡检司的分布与变迁》，《中国社会经济史研究》2010 年第 3 期。徐林、胡仲恺：《明清广州府巡检司设置与变迁初探》，见王元林主编《中国历史地理研究》第 5 辑，暨南大学出版社，2013，第 133~157 页。胡恒：《清代巡检司时空分布特征初探》，《史学月刊》2009 年第 11 期。

② 黄忠鑫：《论明清时期海南巡检司的分布格局及其意义》，《中国边疆史地研究》2016 年第 1 期。

特殊之政治考虑作梗，对明遗臣及一般难民之入境颇持警戒态度，并采取种种处置以取缔侨民。①

黎郑朝廷对清朝的态度与政策取向，主要基于此前莫朝与明朝的关系。明清易代之际东亚秩序混乱，大量明遗民进入黎境，黎郑对于清朝不得不防，故黎中兴早期巡司仍维持一定的防范功能，只是随着时间的推移，这一政策渐渐松动。《南国禹贡》指出：

> 国初只许外国客人通商京师，居于唐人。阳德以来，客多以珍宝进，既许立于祚风（庙名在海辽），再许立庙于祥麟，又许立庙善提、紫亭，至今乃杂居庙内，一以喃利，而祖尊之法，至于扫地，卒使北人得窥疆弱，遂生风水之患，其弊可胜言哉。②

16 世纪以后，受到英国、荷兰、葡萄牙等国贸易需求的影响，中国、越南、日本等国都卷入海上国际贸易。中越之间的北部湾海域是一个海上贸易兴盛的区域，清廷开放海禁后，华商大量聚集到越南沿海商埠。越南北方郑主与南方阮主都利用这一契机，发展海外经贸交流，借助欧洲人发展自身武力，以抗衡对方。东亚洋面上的贸易盛况使得这片海域除了正常商贸活动外，走私贸易与海盗掠夺也常常发生。出于财政税收考量，后黎朝巡司职能的变动就在这一大时代背景下发生了。

首先是逐步放松对外国人的限制。黎初原本"严内外之防"，将外国客人活动限制在特定区域，规定"外国人诸人不得擅入内镇，悉处之云屯、万宁、芹海、会统、会潮、葱岭、富良、三奇、竹华焉"，在京师仅能通商，阳德（1672～1674）以后，"外国人"活动范围从辽海口，放松到可以进入内镇。

其次是裁撤了部分巡司，原因是巡司"要索钱米"，对商贾往来造成骚扰。越南北部河流众多，水网密布，四通八达的大小河道构成了北圻商贸经济的命脉。平原地区水路贸易亦甚便利，商人利用河流转运商品至山区。例如在兴化山区，商贾通过洮、沱二江贩运货物：

---

① 陈荆和：《十七、八世纪之会安唐人街及其商业》，《新亚学报》第 3 卷第 1 期。
② 〔越〕阮鹰等：《南国禹贡》，第 54 页。

（兴化）三府皆连山重叠，洮、沱二江上流皆自内地发源，横流镇内。洮江经水尾州，沱江经安西府至青州县，会流于柴迸处，通下山西夏华县，转至三岐江，贾行货就上游转贩，多得利。①

《历朝宪章类志·舆地志》也记载山西三带府，"上游财货凑会，其征巡之所凡五处云"。

在江河入海的濒海地带，如从海阳与广安进入的白藤等海口为海阳之荆门府，此地也是水道交错，商船往来频繁。② 荆门府的内陆一侧就位于天德江转入六头江的位置，此地可从六头江上溯至北部山区，由六头江转入其他如日德江等，至灵、安勇、凤眼等县就在这条线上。沿海一侧附近就是广安承宣的海东府，荆门府与海东府大致以白藤江为界，《历朝宪章类志·舆地志》称广安"风物则繁衍而盛稠，商贾则流通而辏集，亦外镇之繁花，亦南邦之形胜者也"③，海东府④云屯州为越南最早开放贸易之地，是越南北方的对外贸易门户。

巡司长年在商船来往的河道与海道上巡察，自然会与商贸活动有利益纠葛，产生腐败现象。实际上，早在永寿元年（1658），就出现了巡司利用职务之便、对商人索要钱米的现象。《历朝宪章类志》记载：

> 神宗永寿元年禁置非例额巡司。先是巡司惟察异言异服，不征商税。时各员衔多设非额，巡司要索钱米，商贾不便往来，前经许宪司撤去，未奉举行，至是令公同分行撤罢，严立牌禁。其原额巡司，各处惟令防禁奸，非无所要取商贾钱米，违者从重按治。⑤

① 〔越〕潘辉注《历朝宪章类志》卷四《舆地志·兴化》，2 叶 a。
② 〔越〕潘辉注《历朝宪章类志》卷三《舆地志·海阳》，17 叶 b。
③ 〔越〕潘辉注《历朝宪章类志》卷三《舆地志·安邦》，20 叶 b。
④ 〔越〕潘辉注《历朝宪章类志》卷三《舆地志·安邦》："背山临海，地势宽阔，隔大江为万宁州，又隔江为云屯州。李英宗昭明中，外国、爪哇、路貉、暹罗诸商舶来此乞居住贩卖，帝许居之。傍海立庄，始名云屯，自此乃为商客辏集之地。……白藤江口与海阳相接，波涛蔽天，重峰峙立，景致颇为空阔，华对、兴安、横蒲三县分列江之左右，海门之东即与广东钦州接界，去数百里是分茅岭乃古南北分疆处，莫初献二州四囿于明，旧疆始促，海外有洪潭州，商泊辏集，率司、安良二巡正所，其禹余粮税有三所、鱼满税有六所、盐税有二场。一府之地，山海多而田畴少，民皆商卖趋利，农桑甚稀，财赋之征，较与诸镇不同云"，21 叶 a~22a。
⑤ 〔越〕潘辉注《历朝宪章类志》卷三十一《国用志·巡渡之税》，14 叶 b。

航行河道上的商人有国外商贾，也有许多本国商人，通过各地水道进行贸易，巡司人员经不起诱惑，向商人索要钱米，不仅不利于商贸，也导致巡司原初巡察职能被破坏，官府撤去"非例额"巡司，立例禁止需索，同时保留部分"原额巡司"，强化"惟令防禁奸"职能。《历朝宪章类志·国用志》记载："（景治二年）撤去诸巡司，时各处水陆诸巡索取行旅钱米，税例过滥，乃命并行撤去，停取税钱。"（见表2）①

表 2　黎中兴巡司变动状况

	景治二年（1664）撤去之巡司			保泰四年（1723）新设之巡司			永庆二年（1730）仅存之巡司（会典）		
	巡司	地点	备注	巡司	地点	备注	巡司	地点	备注
1	正大巡	宋山县（清化）		我隅巡	清华		我隅巡	清华	
2	连馨巡	广昌县（清化）	汉喃院本无，日本本为"连馨巡"	程舍巡	山西		可留巡	乂安	
3	纂周巡	白鹤县（山西）	日本本为"慕周巡"	馆巡	兴化		程舍巡	山西	
4	六头巡	青林县（海阳）		率巡	广安	《类志》未载	芹营巡	京北	
5	万沠巡	青林县（海阳）	汉喃院本无				同姥巡	太原	
6	黄江巡	舒池县（山南）					馆巡	兴化	
7	受命巡	瑞原县（清化）					三岐巡	宣光	
8	住佑巡	保禄县（京北）	汉喃院本、日本本为"佳佑巡"				城巡	谅山	
9	云床巡	安康县（清化）							
10	三岐庵【北木】巡	东关县夹西关（山西）	汉喃院本、日本本为"三岐庵【北木】巡"						

---

① 〔越〕潘辉注《历朝宪章类志》卷三十一《国用志·巡渡之税》，15叶a。

续表

		景治二年(1664)撤去之巡司	保泰四年(1723) 新设之巡司			永庆二年(1730) 仅存之巡司(会典)		
11	邛江巡	在木州、 越州、 嘉兴县 （兴化）						
12	三岐巡	凤眼县 （京北）						

资料来源：《黎朝会典》、日本本、汉喃本与法国亚洲学会本《历朝宪章类志·国用志》。

最后，改变巡司职能，从巡察变为收税。如上所述，为防止"税例过滥"问题，黎朝一方面撤去部分"非例额"巡司，减少巡司对商业的干扰；另一方面则改变巡司职能，增加征收"巡税"功能。《黎朝会典》中有"巡渡之税附市税"一节，内容即有巡、渡、市三税，三税是分列税额。巡司真正收取的税额应是"巡税"。景治初，撤、增置巡司的敕令中，有明确规定：

> 景治初，撤十三，至是复撤三所，增置馆巡、我隔、程舍四巡，仍酌定税，例三岐、可留二处，竹木征税，依前十分取二，杂货二十分取一，各处巡司，竹木杂货四十分取一。惟芹营、支巡、馆巡系在上流，竹木依前十分之一，杂货亦从四十取一之例。[1]

永寿元年到景治二年（1658～1664），巡司职能从巡察改为收税，大抵是受国内和东亚整体海洋贸易环境影响，海洋力量渐渐改变了黎郑的陆权思想，海洋外防线的概念慢慢瓦解。

三　巡司与征榷

景治初年巡司制度变动，负责征管"巡税"，除征收竹木、杂货的商品

---

[1]　〔越〕潘辉注《历朝宪章类志》卷三十一《国用志·巡渡之税》，15 叶 b-16 叶 a。

税之外，巡司尚承担一项相当重要的职能，即保泰年间对特殊物资铜、桂的"征榷"。

《历代宪章类志》记载："迨至永盛、保泰之间，征榷之法详而巡察之政密，各项巡司，照定税额，而商贾之利，始充王库之用矣。"① 事实上，"征榷"是巡司经手的一项重要商税，在国家财政税收中占有重要地位。②

关于铜、桂交易，黎郑时期原无立法，任客商私贩贸易。保泰元年（1720）始定榷铜与榷桂之法，以资公用：

> 以为铜、桂乃国家之产，旧客私行贩卖，便归商贾，而公用无所资。乃定行榷法，差官监当其事。二户贩铜采桂，往须受凭，回必呈验。客商贸易，待取旨然后发，国中卖买，惟纳交契于监当为凭，偷搬窃行，并设重禁。③

朝廷行禁榷之法，差遣专官监理其事，而巡司是查验贩卖铜桂凭证、征收税钱的具体管理机构。《黎朝会典·榷铜》云：

> 保泰元年（1720）行铜榷法，畿内差官监当其事。凡商自贩，谨启陈乞恭进礼，量随轻重，纳折干银子三芴，监当官候旨给凭，许为铜户，船往铜厂贩卖，经过巡司纳勘钱，每只古钱六贯，仍就该征官呈凭所买实数若干，该征官纳牌明白，迨回日经过巡司，将牌本呈纳凭验，钱每只十贯，巡司检实，给许放行。比到京师，将征官给牌、巡司给付，各呈监当官，照实数验，每一百斤，价古钱五十贯……。如有外国商船来买，备启纳监当官洞达，候旨准买若干，量其时价……迨商船回帆，题领官差送抵山南界，轮流各镇，送他出境，以防偷搬。④

榷桂法与榷铜法类似：

---

① 〔越〕潘辉注《历朝宪章类志》卷三十一《国用志·巡渡之税》，16 叶 b。
② 〔越〕潘辉注《历朝宪章类志》卷三十一《国用志·巡渡之税》，14 叶 b-20 叶 b。本文仅讨论"征榷"部分，有关巡司收取的税额，之后会有专文讨论。
③ 陈荆和编校《校合本大越史记全书》（下）《续编》卷二《黎纪（裕宗、昏德公）》，第1048 页。
④ 《黎朝会典》，《户属》，23 叶 a-24 叶 a。

保①泰元年行桂榷法，畿内差官监当其事，凡商贾人民自愿采取，谨启陈乞，恭进质礼与铜户，监当官候旨给凭许为桂户，往山林采取者，先就镇官呈凭，纳质礼古钱拾贯，问他去采的他事，仍行付同项明采数若干斤，差人差到前社民许抄取执照，凭查验方得入采，采得若干斤，再报社民编记为凭，归贮娄，每娄称壹百斤装载就本镇，呈过秤验实数，给牌明白，经过各巡，照牌秤验，另给付放行，比到京师，即将镇官给牌、各巡付迹，呈监当官照数验实，补税每桂壹百斤古钱壹百贯……如有商船来买，备呈纳呈监当官洞达，候旨准买若干，量其时价……其商客回还，领镇官差兵送去出境，每一遭纳路费古钱拾贯。②

需要特别指出，在桂、铜的榷法中，都提到"外国商船"或"商船来买"，说明铜、桂贩卖与海外贸易直接关联，巡司的榷税职能带有涉外性质。

黎中兴后行禁榷，拓财源，主要原因是铜、桂在对外贸易中是重要商品，在国外有市场（特别是中国），榷税有保障。清越沿边地区有丰富矿藏，许多"北人"（清人）越境至安南采矿。《见闻小录》记载，17、18世纪清越边境贸易相当兴盛，矿产、桂皮都是贸易商品。③ 东南亚史专家瑞德认为，铜材对"北国"商人（华商）有大吸引力。④

黎中兴后期，大批来自清朝广东省潮州、韶州的"北国客商"进入安南，开采矿产、桂皮。景兴二十八年（1767），有人建议对这些"北国客商"加以限制，要求"留发变服"，或"尽驱回国"：

初，土产诸场及山林桂皮，并委本国化韦侬人，开掘采取、近来场厂盛开、监当（官）大集外国客人采之，以广税课。于是一厂客人至以万计，圹丁【石曹】户结聚成群。其中名【潮】韶人，犷悍好斗，

---

① 《黎朝会典》记载榷铜法设立为保泰元年，榷桂法则是在"永泰"元年。按，后黎朝无"永泰"年号，《大越史记全书》也有保泰元年设立榷铜与榷桂法的记载。且保泰前一个年号为永盛，永盛十六年六月后为保泰元年，故《会典》的"永"字可能是笔误。

② 《黎朝会典》《户属》，24叶a-b。

③ 〔越〕黎贵惇：《见闻小录》《封域》，A.32，汉喃研究院藏抄本（未编卷次），第163~175、222页。

④ 安东尼·瑞德：《18世纪后期至19世纪初期华人贸易与东南亚经济扩张之概观》，《海洋史研究》2017年第10辑。

每争矿口，辄兴兵相攻，死者投诸堑，朝廷以化外视之。惟要足税课，余无所问。时仕为太原督同，引裴士暹条陈言："山林土产固国用之所资，然充国课者，什不得一，而山川之险易、道路之斜径、峰峦之阻隘、岩峒之幽深，尽为外人之所通诱依据，其不可一也。本国来脉，太原居其上游，而彼随金气掘运出嘈口、平地积成千百土堆，嘈中可容百人于其间，其伤地脉为何如耶，其不可二也。客人犹辫发，着北人服，得银即带回其国，既入，便是非复我银，其不可三也。乞移咨两广，言我国恭顺，被上国人来插住凌侮，未审钧旨如何区处，盖北朝旧例，差就我国采买桂者，亦间有之。然入国便从其俗，买卖要顺乎人，不容挟官法陵下国者。"明王深以仕言为然，命依行之。两广来咨无所认，遂命仕与训等往，将尽驱北客回。有愿居本国者，留发变服，着籍为民，方得与化韦侬人掘采。①

其实，此种限制"北人"的法例，早在景治元年（1663）就颁布过。该年八月，"令旨各处承司察属内民，有外国客人（清人）寓居者，各类以闻，以别殊俗"②，要求"外国客人"（主要是清人）遵循原有习俗，以别"殊俗"。到永盛十三年（1717）十二月，复定"区别外国商客之制"，"听所在人籍受役、言语衣发，一遵国例、违者勒还"，要求入籍受役的"外国商客"改遵"国俗"，否则遣还。由此也说明，由于"北人"长期在北圻定居，开采铜矿与桂皮，人数既多，黎郑朝廷不得不专门立例规管。兼之当时"北人"采矿"得银即带回其国"，很可能存在走私行为，立例管控亦属必然。这一时期巡司变动与职能重构，成为黎郑朝廷实施禁榷制度的一项内容。

在中医传统里，安南桂皮被视为桂皮之良品，极受中国人喜爱。清人吴其浚《植物名实图考》指出桂皮"以交趾产为上"③。又谓"桂之产曰安边，曰清化，皆交趾境"。④清代赵翼在《檐曝杂记》中指出：

---

① 陈荆和编校《校合本大越史记全书》（下）《续编》卷五《黎纪（显宗下、愍帝）》，第1163~1164页。
② 陈荆和编校《校合本大越史记全书》（下）《本纪》卷十九《黎纪（玄宗、嘉宗）》，第975页（《越史通鉴纲目》"外国客人"作"清人"）。
③ （清）吴其浚：《植物名实图考》卷三十三《木类》，《续四库全书》第1118册，上海古籍出版社，2002，8叶。
④ （清）吴其浚：《植物名实图考》卷三十三《木类》，8叶。

肉桂以安南出者为上，安南又以清化镇出者为上。粤西浔州之桂，皆民间所种，非山中自生长者，故不及也。然清化桂今已不可得。闻其国有禁，欲入山采桂者，必先纳银五百两，然后给票听入。既入，唯恐不得偿所费，遇桂虽如指大者，亦砍伐不遗，故无复遗种矣。安南入贡之年，内地人多向买。安南人先向浔州买归，炙而曲之，使作交桂状，不知者辄为所愚。①

安南桂皮是清越朝贡物品与贸易的大宗商品之一。保泰元年立榷桂法后，后黎朝多次明令禁止"北人"盗采铜矿、盗买桂皮。② 桂皮出口贸易可以为国家带来高额利润，使国库收入大大增加，这促使黎郑朝廷重视桂皮采卖、实施禁榷。

结　语

黎初设立巡司，与明朝巡检司制度极为类似，在制度上有模仿因袭的渊源关系。巡司起初设置于海口与河道，职掌巡察"北国"（明清两代）间谍。由于巡司所处海口与河道，是官府行政、民众、商旅往来的要道，黎中兴后巡司布局出现调整，职掌发生转变，成为税收机构，时间上大概在永寿元年到景治二年（1658～1664）间。保泰元年（1720）制定榷铜与榷桂两法，巡司征管铜与桂皮商税，采购者主要是"北商"（清商）。

安南铜与桂皮的产地，前者多在红河上游，后者主产于清化。从沿海巡司与河道巡司的设置状况，以及榷铜、榷桂法的实施实况来看，"北商"取得铜与桂皮的主要通道，主要循海路，通过红河流域的海口（白藤与大安海口）与清化海口进入内地，各地巡司居中监督，收取相关税费。很显然，这与黎郑时期的北圻政治经济与海洋贸易具有密切关联性。巡司职能的变迁，主要受当时中国市场的影响，而两榷法的设立，也说明安南铜与桂皮在清越贸易中占有相当比重，北圻经济发展与对华贸易具有很高的关联性与互动性。

① （清）赵翼：《檐曝杂记》卷三，中华书局，2007，第48～49页。
② 参见陈荆和编校《校合本大越史记全书》（下）《续编》卷三《黎纪（纯宗、懿宗）》、卷五《黎纪（显宗下、愍帝）》，第1087、1174页。

此外，巡司所处地理位置与商人往来的路线相同，在巡司职能从巡察之职转为征收商税的过程中，其增置、保留或裁撤巡司自然是考量利益的最大化与最合适地点，增置或保留的巡司，必然是在商贸活动繁剧，或处在商贸主要路线的要冲之地。如此，探讨增置或裁撤巡司所处地点就很有意义。另外，巡司征收商税、实施两榷法，必然对王朝财政大有裨益和显著影响，巡司税收有助于充实王库，对黎郑朝廷发展，以及郑阮纷争中采取何种战略，也必然产生长期影响。历史上越南受中华文化影响极深。黎贵惇曾说："本国制度多仿宋明。"① 明清两代巡检司与越南巡司的设置及职掌，既有制度模仿与因袭之渊源关系，也有因国情而产生的创新差异。与巡司有关的诸多问题，都有值得深入探讨的价值与空间，因篇幅所限，笔者将另文讨论之。

Exploratory Research of Competency of Patrol Division in Nha Hau Le（1428-1527，1592-1789）

Xu Xiaoyan

Abstract：This study explores the establishment and competency change of the Patrol Division of Le Dynasty. Patrol Division was established in Le-so（1428-1527）and Originated in the Ming Dynasty. It was mostly founded at water channels and coastal river mouths of different places. The original function was to inspect Chinese spies along the coast and water channels. It was the same as the Patrol Division established at "channels of pass and ferry" in the Ming Dynasty, and its functions are also very similar.

Afterwards, the competency of the Patrol Division changed in Le-Trung-Hung（1533-1789）. At the time, for the concern of powers of Ming Cheng in Taiwan, the Qing court implemented the prohibition on maritime trade or intercourse with foreign countries. Cheng in Taiwan cooperated with other maritime powers, including the pirate groups of Deng（Yao）Yang（Yan Di）in

---

① 黎贵惇：《北使通录》，景兴四十一年抄本，见中国复旦大学文史研究院、越南汉喃研究院合编《越南汉文燕行文献集成》第四册，复旦大学出版社，2010，第 222 页。

the Gulf of Tonkin. Besides, it practiced various commercial trades with western countries on the ocean of East Asia, including smuggling or piracy. Vietnam was certainly part of the maritime trades. Water channels of Patrol Division were the important ones of commercial trades and acquisition of goods. According to the monopoly law of copper and Chinese cinnamon established in the first year of Bao-Tha (保泰, 1720), the businessmen mostly entered Bac-Ky（北圻）from the sea route for trading. They purchased a great amount of copper and Chinese cinnamon. Commercial trading violated the regulation which forbade the businessmen to trade in Bac-Ky. Since Patrol Division traveled around the water channels, they approached and extorted businessmen, which resulted in the change of competency of the Patrol Division.

Thus, the establishment of the Patrol Division was originated from the political relation with China, and afterwards, competency was changed due to the impact of maritime trading. It showed the vigorous maritime trading between northern Vietnam and China. The demand for copper and cinnamon significantly influenced Patrol Division. Hence, the monitoring competency of the Patrol Division was changed to the collection of business taxes in the middle and late periods of Le-Trung-Hung.

Keywords: Patrol Division; Chinese businessman; monopoly law; functional changes

（执行编辑：彭崇超）

海洋史研究（第二十辑）

2022 年 12 月　第 86~101 页

17~18 世纪基督教在越南的传播

刘志强[*]

　　有关基督教[①]在越南传播的情况，过去数十年，东西方学界均有一些探讨，但囿于语言和文献等多种原因，早期基督教传入越南的复杂性，国内学界似乎尚未引起足够的重视。早期基督教在越南的传播是如何在东西方的互动下发生的？澳门起到怎样的作用？西方传教士和越南儒教徒早期的相互认知如何？参与越南基督教的人员都包括哪些？这些都需要进行多维度的学术探讨。

　　就国内学界而言，20 世纪上半叶，清华大学邵循正先生在其《中法越南关系始末》中即有论及。[②] 2008 年，郑永常先生发表《十七世纪基督教在北圻的发展与挫折：勒鲁瓦耶（Abraham Le Royer）神父在东京（Tonkin）之见证》。[③] 该文主要利用杜赫德编《耶稣会中国书简集》[④] 有关在越传教士相关书信进行研究。2015 年，郑永常先生出版专著《血红的桂冠——十六至十九世纪越南基督教政策研究》，运用英文和中越汉文史料对 16~19 世纪越南基督教政策进行了较系统深入的研究。[⑤] 2011 年，台湾成功

---

　　*　作者刘志强，广东外语外贸大学中南半岛研究中心教授。

　　①　本文所称的基督教是指受罗马公教（Roman Catholic Church）或天主教（Catholism）所领导的基督教团体。——笔者注。

　　②　邵循正：《中法越南关系始末》，河北教育出版社，2000，第 3~9 页。

　　③　郑永常：《十七世纪基督教在北圻的发展与挫折：勒鲁瓦耶（Abraham Le Royer）神父在东京（Tonkin）之见证》，载《成大历史学报》第 35 号，2008 年 12 月，第 157~201 页。

　　④　〔法〕杜赫德编《耶稣会中国书简集》（1-6），郑德弟等译，大象出版社，2001~2005。

　　⑤　郑永常：《血红的桂冠——十六至十九世纪越南基督教政策研究》，稻香出版社，2015。

大学越南硕士生阮氏清河撰有《十七世纪初耶稣会传教士罗德（Alexandre de Rhode）在越南的传教活动与其影响》，[①] 利用越南文文献探讨罗德在越南的传教活动及其影响。

在这一研究领域，越南学界较早进行了相关研究，20 世纪 60 年代，越南基督教徒撰写《越南教史》。[②] 80 年代以后，阮友心（Nguyễn Hữu Tâm）等人在越南《历史研究》上发表了多篇论文。[③] 西方学界有关这一领域的研究，最精彩的是 1998 年时任罗马耶稣史学院东方研究系教授兼系主任梅狄纳（Juan Ruiz-de-Medina）所撰长文《耶稣会士亚历山大·德·罗德斯在科钦支那和东京（1591~1660）》。[④] 2018 年，中国广东海洋史研究中心主办的《海洋史研究》刊登了夏威夷大学芭芭拉·沃森·安达娅（Barbara Watson Andaya）所作《在帝国与商业中心之间：近代早期东南亚基督教传播中的经济》一文[⑤]，遗憾的是没有讨论越南。

笔者无意重复前人的研究，仅对 17~18 世纪基督教在越南传播的必然性和偶然性、澳门的重要桥梁地位、儒士与传教士彼此认知的差异、参与者的多元性等问题进行探讨，试图勾勒出这一时期以澳门为传播枢纽的基督教，在越南是如何发生和变化的。

一　早期基督教在越南传播的必然性和偶然性

16~18 世纪的越南，处于南北分立状态。以河内为中心的越南北部是

---

① 〔越〕阮氏清河：《十七世纪初耶稣会传教士罗德（Alexandre de Rhode）在越南的传教活动与其影响》，硕士学位论文，成功大学文学院，2011 年。

② Phan Phat Huon, *Việt Nam Giáo sử*, Saigon, Cuu The Tung Thu, 1965 年。

③ Nguyễn Hữu Tâm, Bước đầu Tìm hiểu sự Thâm Nhập và Phát triển của Đạo Thiên chúa ở Việt Nam qua Biên Niên Sử(thế kỷ XVI-cuối XVIII), *Tạp chí Nghiên cứu Lịch sử*, số 238-239 (tháng 1-2), tr. 20-23, 1988. Nguyễn Văn Kiệm, Sự Du nhập của Đạo thiên chúa vào Việt Nam: Thực Chất, Hậu quả và Hệ Lụy, *Tạp chí Nghiên cứu Lịch sử*, số 266 (tháng 1), tr. 16-28, 1993. Nguyễn Khắc Đạm, Mặt trái của Việc Truyền giảng Đạo Thiên chúaở Việt Nam (thế kỷ XVI-XIX), *Tạp chí Nghiên cứu Lịch sử*, số 238-239 (tháng 1-2), tr. 28-32, 1988.

④ 〔意〕梅狄纳：《耶稣会士亚历山大·德·罗德斯在科钦支那和东京（1591~1660）》，该文是作者在第二十届欧洲研讨会上用意大利语宣读的论文。由黄徽现翻译为中文，刊载于澳门特别行政区文化局《文化杂志》中文版第 45 期，2002 年冬季刊第 17~38 页。

⑤ 〔美〕芭芭拉·沃森·安达娅：《在帝国与商业中心之间：近代早期东南亚基督教传播中的经济》，载李庆新主编《海洋史研究》第十二辑，社会科学文献出版社，2018，第 3~30 页。

传统封建王朝，史称后黎朝（1418~1789），但实权为郑氏所操纵，称为"外区"（Đàng ngoài/Bắc Hà），西方称为东京（Tonkin）。以顺化为中心的越南中部地区史称广南国（1600~1777），称为"内区"（Đàng trong/Nam Hà），西方称为交趾支那（Cochin-china）。

彼时的欧洲列强，以荷兰、葡萄牙、西班牙为首的国家，为不断增强其资本与市场的需求，同时扩大政治经济之势力，需要寻找新的机会。邵循正先生在《中法越南关系始末》开篇即有论断，并谓"欧人在亚洲政治经济势力之前茅，厥为宗教。葡、西、法诸国与安南初期之接触，全赖罗马教士"。[1] 根据欧洲文献的记载，实际上，无论是越南北部的东京王国，还是中部的广南国，都希望葡萄牙商船从马六甲和澳门开来，以便能同他们做生意，或许还可从他们那里买到一些武器。[2] 这使得基督教在越南北部的传播具有一定的历史必然性。

有关基督教在越南传播最早的时间，仍是学界公案。多年来，越南与国内学界通常引用19世纪越南官修的《钦定越史通鉴纲目》征引注释："《耶稣野录》黎庄宗元和元年（1533）三月，洋人名衣泥枢[3]潜来南真[4]之宁强、群英、胶水之茶缕，阴以爷苏左道传教。"[5] 另据罗马耶稣史学院梅狄纳援引1573年一位名叫特里坦·瓦斯·达·维加（Tristao Vaz Veiga）船长的记载，认为早在1517年，东京国王[6]就邀请后来成为澳门第一主教的卡内罗（D. Belchior Carneiro）派一些传教士去越南传教。卡内罗曾同维加船长谈过，他想亲自去访问这个国家。但是由于健康原因后来放弃了。[7] 葡萄牙学者施白蒂在《澳门编年史》中说，1595年，澳门与日本、马六甲、印度以及暹罗、东京（越南北部）、交趾支那、帝汶/苏禄、文莱、勃固、阿

①　邵循正：《中法越南关系始末》，第3页。

②　〔意〕梅狄纳：《耶稣会士亚历山大·德·罗德斯在科钦支那和东京（1591~1660）》，黄徽现译，第18页。

③　"衣泥枢"——Ignatio 据 Viện Sử học -Trung tâm Khoa học Xã hội và Nhân Văn Quốc gia, *Việt Nam - Những Sự Kiện Lịch sử* (*Từ Khởi Thủy đến 1858*)，Nhà Xuất bản Giáo dục, 2002, tr. 263。

④　南真属今日越南南定省。——笔者注。

⑤　〔越〕潘清简等：《钦定越史通鉴纲目》卷三十三，北京图书馆藏抄本，广西民族大学图书馆复印本。

⑥　时为越南后黎昭宗皇帝在位。——笔者注。

⑦　〔意〕梅狄纳：《耶稣会士亚历山大·德·罗德斯在科钦支那和东京（1591~1660）》，黄徽现译，第18页。

默达尔德、锡兰等地大规模通商。① 这说明，16 世纪越南南北部王朝即与基督教有所交集。至 17 世纪，葡萄牙传教士随着商人赴越南逐渐增多。

西方早期文献记载，1614 年日本严禁基督教的传播，驱逐传教士。大批传教士避难澳门，于是琉球、台湾、马鲁古群岛、朝鲜、印度支那诸国、暹罗成为可安置之地。有位名叫费尔南多·达·科斯塔的葡萄牙贵族认识广南阮主。与此同时，广南阮主正好给澳门主教写信，表示有极大兴趣同西方人做生意，同时欢迎以前移居日本的基督徒前往他的国家，这些被驱赶到澳门的教徒正好也愿意前往越南，充当传教的先锋队。② 这就使得基督教在越南的传播具有戏剧性的偶然成分。

彼时，越南南北两个政权纷争不断，南北政权都希望与荷兰、葡萄牙、西班牙进行贸易，购买武器和弹药，以壮大自己。1624 年，广南国阮福源写信给荷兰驻巴达维亚总督，邀请荷方前来贸易。③ 基督教传教士首先到广南国传教，随着信徒日增，拓展至越南北部。1626 年，受基督教广南国教团监察员加布里埃尔·德·马托斯的委派，传教士巴尔迪诺蒂（Giuliano Baldinotti）神父和日本传教士茱莉亚诺·皮亚尼（Jiuliano Piani）赴后黎朝（东京）进行创建教团的调研。据罗德的《东京王国史》记载，二人赴东京后得到后黎朝郑主礼遇。④ 1627 年 3 月，佩德多·马克斯及其副手罗德（Alexander de Rhodes）和两名日本教友一行四人赴越南北部传教。⑤ 从此，基督教在越南就逐渐传播开了。

二 澳门的重要桥梁地位

由于历史、地理等原因，基督教传播至整个越南，澳门具有不可替代的

---

① 〔葡〕施白蒂：《澳门编年史》，小雨译，澳门基金会，1995，第 27 页。

② 〔意〕梅狄纳：《耶稣会士亚历山大·德·罗德斯在科钦支那和东京（1591~1660）》，黄徽现译，第 19 页。

③ Viện Sử học -Trung tâm Khoa học Xã hội và Nhân Văn Quốc gia, *Việt Nam-Những Sự Kiện Lịch sử* (*Từ Khởi Thủy đến 1858*), Nhà Xuất bản Giáo dục, 2002, tr. 285.

④ Alexandre De Rhodes, *Lịch sử Vương Quốc Đàng Ngoài*, Nhà Xuất bản Khoa học Xã hội, 2016, Tr. 130. 另据陈重金著《越南通史》，戴可来译，商务印书馆，2020，第 272 页谓："传教士巴迪诺蒂（Baldinotti）到北方传教，遭郑主拒绝，被迫离去。"非也。——笔者注。

⑤ 〔意〕梅狄纳：《耶稣会士亚历山大·德·罗德斯在科钦支那和东京（1591~1660）》，黄徽现译，第 23 页。

重要桥梁作用。

首先，澳门为基督教传播至越南的大本营。众所周知，基督教分为三派后，1534 年 8 月 15 日，为了挽救罗马教宗的危机，西班牙人依纳爵·罗耀拉（Lgnius de Loyola）在法国与西班牙贵族方济各·沙勿略（Francis Xavier）等七人，组织了一个旨在向新航路经过的国家和地区寻找新教区的传教团体，名为耶稣会（Societas Iesu）。

1540 年 9 月 27 日，罗马教宗保罗三世（Paulos III）颁令批准耶稣会成立。次年 4 月 13 日，保罗三世任命西班牙人依纳爵·罗耀拉为第一任总会长。罗耀拉非常支持耶稣会士到东方传播天主教。时逢葡萄牙国王约翰三世（John III）向教宗申请委派传教士与新任果阿总督同行，于是教宗将此事委托给罗耀拉。罗耀拉即派沙勿略为 "教廷远东使节" 随总督同去果阿。1542 年，沙勿略由果阿前往马六甲，之后向葡萄牙国王提出到中国传教的计划，获得国王批准。于是澳门成为耶稣会士在远东的中转站。

1576 年 1 月 23 日，教宗额尔略十三世（Gregoius XIII）批准了葡萄牙国王巴斯梯亚斯（Sebastias）的请求，正式成立澳门教区，负责管理中国、日本和越南天主教传教事务，受印度果阿教宗管辖。[①] 由此，澳门成为基督教在越南传播的大本营和指挥部。施白蒂《澳门编年史》记载："1624 年 2 月 24 日，狄奥戈·德·瓦略神父在交趾支那殉道。他是在 1614 年从澳门赴交趾支那从事宗教和爱国使命的。"[②]

另外，现代拉丁化越南文的创制、传授、推广和《圣经》越南语译本均出自澳门西方传教士。1621 年，澳门葡萄牙传教士弗朗西斯克·迪·皮纳（Francesco de Pina）和意大利传教士克利斯佛罗·波利（Christoforo Borri）合作翻译了首部《圣经》拉丁化越南语本。[③] 皮纳本人曾于 1617~1625 年在越南南部传教，1625 年不幸溺海身亡。

皮纳利用葡萄牙文最早创制了拉丁化越南文的语音语调书写方式。去世后，他在越南传教的两位同事、葡萄牙学生伽斯帕·阿玛尔（Gaspar d'Amaral）和安东尼奥·帕波萨（Antonio Barbosa）定居澳门十年，编撰了最

---

① 黄启臣：《澳门是最重要的中西文化交流桥梁（16 世纪中叶至 19 世纪中叶）》，香港天马出版有限公司，2010，第 61、63 页。

② 〔葡〕施白蒂：《澳门编年史》，小雨译，澳门基金会，1995，第 36 页。

③ Viện Sử học -Trung tâm Khoa học Xã hội và Nhân Văn Quốc gia, *Việt Nam-Những Sự Kiện Lịch sử (Từ Khởi Thủy đến 1858)*, Nhà Xuất bản Giáo dục, 2002, tr. 285.

早的《安南语—葡萄牙语—拉丁语词典》（*Diccionnario An Namita portugues-Latim*）和《葡萄牙语—安南语》（*Diccionnario portugues-Latim*）。这两位传教士去世时，两部词典都留在澳门。

遗憾的是，后人再没有见过这两本词典。作为越南北部传教团副手的神父罗德（Alexandre De Rhodes）于 1630 年被逐出东京，在澳门居住了十年，1640 年重返广南国。罗德在澳门认真研究了拉丁化越南语，1651 年在罗马出版了《越南语—拉丁语—葡萄牙语词典》（*Dictionarium Annamiticum Lusitanum et Latinum*）。这部词典的出版是拉丁化越南语普及的里程碑，罗德也因此被誉为拉丁化越南文之父。实际上，罗德的越南语也是其在澳门期间，尚未赴越南之前，由皮纳神父传授给他的。他在越南跟随皮纳继续学习越南语。罗马教廷传信会于 1651 年印刷出版该词典时说，应当感谢皮纳神父和其他传教士在这方面的功绩。① 笔者认为，这一切更应该归功于澳门这座"桥梁"，如果没有澳门，拉丁化越南文可能还有待时日。

17 世纪初，澳门便积极推动与交趾支那的贸易往来，施白蒂在《澳门编年史》中记载：

> 1633 年 8 月 7 日，由于荷兰人的竞争及其对澳门与印度贸易不断造成损失，拉法耶尔·卡尔内罗（Rafael Carneiro）被挑选去和交趾支那国王商谈如何阻止荷兰人在该国的贸易活动。
>
> 1633 年 10 月 7 日，鉴于交趾支那国王接受荷兰人的礼品而与之达成协议，澳门官民聚集在议事会商讨阻止荷兰人在交趾支那的贸易活动，决定再派遣有经验之年长市民拉法耶尔·卡尔内罗带上"与该等谈判相当之礼品"去交趾支那。②

关于交趾支那与驻澳门传教士的关系，也有一些记载：

> 1664 年 7 月 26 日，安德烈在交趾支那殉教。他出生于该王国的卡

① 〔意〕梅狄纳：《耶稣会士亚历山大·德·罗德斯在科钦支那和东京（1591~1660）》，黄徽现译，第 21 页。

② 〔葡〕施白蒂：《澳门编年史》，第 40 页。

乔德。他的遗体由罗德斯（Rhodes）神父运回澳门，葬于圣保罗教堂，后被运往罗马。①

18 世纪长居澳门的瑞典人龙思泰（Anders Ljungstedt）在其《早期澳门史》中提到澳门与越南的商业关系：

> 澳门的商人探测了这个国家（交阯支那）的资源，发现他们是如此丰富和重要，以致他们在 1685 年召集了一次大会，决定派莱特（Frutuoso Gomez Leite）作为使节，乘"蒙萨拉特圣母号"（Nossa Sehnora de Monsarrat）去交阯支那，以讨好葡萄牙国王，并"为本城的利益进行对话"。尽管这种利益至关重要，但相互间的贸易还是中断了。1712 年，交阯支那国王通过耶稣会士阿内多（John Anthony Arnedo），提出一个建议，认为他的臣民与澳门居民之间的商业贸易往来应当恢复。阿内多所持的信任状是由宰相起草的，给议事会的礼物则是国王送的。议事会成员在 1713 年 4 月 13 日所作的答复中告知国王，他们很感激地收下了礼物，并表达了敬意。现在阿内多神甫带了一项使命前去，请陛下颁给一份关于恢复贸易的许可的正式文件，这样那些富有冒险精神的商人就会听从国王陛下的建议了。为了答谢，澳门由阿内多神甫经手，送给交阯支那国王一份礼物，估计价值为 60 两。1715 年和 1719 年，又进一步交换了礼物和信件。议事会对国王最后一封信所作的答复说，在缔结一份条约的障碍未能排除之前，将不会批准船只去交阯支那。②

上文说澳门和交阯支那贸易中断和难以恢复，原因涉及交阯支那与荷兰之间的贸易关系，以及荷兰与葡萄牙、越南的三角关系。荷兰人首次出现在越南是 1601 年，阿迈乐·捷酷布（Admiral Jacob）指挥的一艘荷兰船从澳门出发，前往东南亚，中途于占婆海湾补给。③ 当时荷兰、葡萄牙与越南南

---

① 〔葡〕施白蒂：《澳门编年史》，第 56 页。
② 〔瑞〕龙思泰：《早期澳门史》，吴义雄、郭德焱、沈正邦译，章文钦校注，东方出版社，1997，第 151~152 页。
③ Hoang Anh Tuan, *Silk for Silver: Dutch - Vietnamese Relations, 1637–1700*, Koninklijke Brill NV, Leiden, The Netherland, p. 61.

部、北部都存在激烈的竞争和斗争。① 芭芭拉·沃森·安达娅于《在帝国与商业中心之间：近代早期东南亚基督教传播中的经济》一文指出：

> 基督教在东南亚传播的驱动力之一是欧洲人的贸易竞争，其重要性几乎毋庸多说。对于葡萄牙和西班牙而言，传教事业与商业扩张紧密相连，因为"灵魂救赎"常常被用来捍卫经济利益的斗争辩护。荷兰尽管在这一点上表现不太明显，但是荷兰东印度公司（VOC）的负责人深入讨论过公司与以传播福音为目标的归正教会（Reformed Church）之间的关系。②

西方学者博克西尔认为，虽然阮氏政权对基督教在自己领土上的传播不太友好，但为了达到从澳门得到枪炮和炮手的目的，阮氏对天主教传教士们的存在还是默许了。③ 其实也不尽然，传教士到越南南北传教初始阶段，采取赠送名贵物品等方式，当权者一开始还是不排斥的。以阮氏政权为例，他们不仅利用传教士购买军火，还胁迫传教士充当御医。1681 年，阮氏当权者就胁迫传教士马索罗谬·达·克思（Bartholomeu da costa）从澳门返回广南充当御医。1704 年，阮氏还聘用一些传教士如安东尼奥·德·阿尔内多（Antonio de Arnedo），教授数学和天文。④

直至 18 世纪，传教士充当交阯支那使节，在沟通澳门外交关系中扮演重要的角色。《澳门编年史》记载：

> 1716 年 8 月 27 日这一天，耶稣会士神父安东尼奥·德·阿尔内多（Antonio de Arnedo）作为交阯支那国王的使节，带着给本市政厅的信件，乘中国船从该国到达澳门。按照交阯支那的习俗，他乘轿进城，四位元老也各乘一顶轿，前后各有一顶轿陪同，轿上是路易斯·桑切斯（Luis Sanches）和若泽·达·库尼亚（Jose da Cunha），另一顶轿上是

① Hoang Anh Tuan, *Silk for Silver: Dutch – Vietnamese Relations, 1637–1700*, Koninklijke Brill NV, Leiden, The Netherland, p. 61.

② 〔美〕芭芭拉·沃森·安达娅：《在帝国与商业中心之间：近代早期东南亚基督教传播中的经济》，载《海洋史研究》第十二辑。

③ 〔澳〕李塔娜：《越南阮氏王朝社会经济史》，李亚舒、杜耀文译，文津出版社，2000，第78 页。

④ 〔澳〕李塔娜：《越南阮氏王朝社会经济史》，李亚舒、杜耀文译，第 79 页。

带着信件的交阯支那人，由四名骑骏马的仆从护卫，浩浩荡荡进了城，在城门受到议事会要人迎接，大炮台放礼炮九响对使团表示欢迎。①

实际上，葡萄牙传教士的大本营在澳门，而荷兰与交阯支那的关系较之葡萄牙更为密切。1639 年日本驱逐传教士之后，葡萄牙逐渐向东南亚寻求新的市场。17 世纪上半叶，澳门与望加锡、马尼拉、越南（交阯支那和东京）的贸易极大地促进了澳门贸易的发展。② 但是由于当时越南南北纷争，至 18 世纪初，交阯支那希望与澳门进一步拓展贸易关系的希望显得愈加强烈。有所不同的是，交阯支那要的是与葡萄牙之间的关系，传教士要的是基督教在交阯支那获得进一步拓展空间，正如《澳门编年史》记载：

> 1719 年 8 月，交阯支那国王派遣的使节、耶稣会神父安东尼奥·德·华斯贡塞罗斯（Antonio de Vasconcelos）带礼品抵达澳门。国王允诺准许船只经过该国，以表达其同葡萄牙民族建立联系的热切愿望。安东尼奥·德·华斯贡塞罗斯神父说，如果不进行该航行，"将完全丧失那个传教团和八千多教徒，在以后的日子里还会导致那里的教徒大大减少。"③

三　儒士与传教士彼此认知差异

学界认为，成书于 16~17 世纪的越南汉文小说《西洋耶稣秘录》，由当时四位由儒入教，再由教转儒的越南人撰成，该书书写了早期越南儒士对基督教的认知。该书序言曰：

> 秘者，洋之私秘。今我国发其秘，使洋不得私密，而为吾国之公秘也。尝思圣人之道，皆正大光明，故无所谓秘。既谓之秘者，必有奸而不敢露也。夫先王之世，执左道者有禁，异言异服者有讥，其防狄之奸

---

① 〔澳〕施白蒂：《澳门编年史》，第 91 页。
② 〔澳〕杰弗里·C. 冈恩（Geoffrey C. Gunn）：《澳门史（1557~1999）》，秦传安译，中央编译出版社，1999，第 37 页。
③ 〔葡〕施白蒂：《澳门编年史》，第 99 页。

至矣。

自先王之法驰，而攻异端距邪者，遂至一圣一贤之烦言，至恐后世异端必有甚焉者也。奈自汉以下，莫之能举。外风俗而论政事，是以胡鬼得以入于前，而洋鬼得以入于后。变礼仪之俗，而为鬼魅之乡。先儒有怗然之叹。然释迦之教人，只口传其书；而耶稣之道，乃敢公然分使其臣各潜外国，又授是国之人，还诱其国，何为者耶！①

由"左道""防狄""胡鬼""鬼魅"等措辞观之，儒教对基督教是鄙视和排斥的。《西洋耶稣秘录》作者还列出基督教 24 条"洋贼欺众说"：

他欺人天文、地理、卜相、阴阳、占梦不足信。其实他君臣多用之；他欺人废祀。其实他君臣皆有庙祀，于忌日率人罗拜；他欺人深葬。其实他君臣浅葬（立庵）；他欺人土魄不重。其实赎魂封神，以发血封像。又一意使人轻死而从他；他欺人勿祭祖父及诸神，其实使人只祭支秋②及其君臣。他欺人食物不祭，其实亦以饼酒祭耶稣；他欺人罪则解。其实在他国犯盗贼淫蒸，则究杀不赦。苟此等不杀，只以称罪获免。则他何以立国至今？

他欺人一夫一妇。其实君臣多有侍婢，以广继嗣；他欺人勿贪财产。其实他欺人行礼，取钱亿万；他欺人勿贪置产。其实他既得人钱，强买田庄，每日无不下百亩，道苟不下三是亩，皆无纳租；他欺人给贫得福，其实他不给一人；他欺人能诱相从道者，两升天堂。其实相诱使他得民也；他欺人忌肉。其实他君臣日皆可用，此事乙、丙二公往西见之；他欺人勿从儒学。其实使之无知他谋；他欺人混娶，其实以愚气类；他欺人勿相地，其实截脉以愚人；他欺人以耶稣赎罪。其实戒人以惟遭难苦若此，勿与他二心；他欺人以天堂。其实在国亦不过以庙为天堂；他欺人以地狱。其实亦不过以刑为地狱。他欺人以三父，其实专使尊他；他欺人以作法长寿，其实压人；他欺人以天主，其实他是天主；

---

① 〔越〕佚名撰《西洋耶稣秘录》序，收录于孙逊、郑克孟、陈益源主编《越南汉文小说集成》第 15 册，上海古籍出版社，2010，第 174 页。

② "支秋"即"耶稣"别称。

他欺人以咒尸，其实压死无灵；他欺人以我怜犹子。其实诱人国之民，使归他国而取天下。他未并人国，犹以宽法诱人。并国后，一切惨法。[①]

从上文可知，当时之世，儒佛在越南仍可相互仁忍，但儒佛和基督教，则似水火不容。

这是一封写于 1630 年，由越南本土通儒教徒委托传教士罗德转递罗马教宗的信件，信中云：

> 大师在西方意大里亚国，使尊师往东方教化众生，幸遇有师到安南国讲天主圣道，致本国欣慕不胜，闻道甚众，计得五千四人，其余信道愈口。然本国君臣尚未通晓，诽谤不已。则曰："初未有今，何处得来？"独本道心无疑二，意笃敬仰。为此敢书肃呈大师，垂怜悯之真情，救蛮夷之小国！有何计使安南国贵贱共得圣道，尽弃他歧，以脱沉沦，受福祉，则其赐有余矣！

1630 年，正是传教士罗德被驱逐出越南北部的一年。由信函的行文措辞可以看出，教徒俨然把教宗当作了越南的"圣上"。同样是越南人，却信仰不一，都自诩"正统"，视对方为蛮夷狄戎。

传教士又是如何看待和评价儒教的呢？现存资料极少。我们从罗德的两部著作《东京王国史》和《八日教程》可窥一斑。

罗德在《东京王国史》中说越南北部和中国一样，信奉（儒释道）三教和其他一些邪说，并认为三教均为异端迷信。罗德对儒教的认知和评价，从其回忆可以管窥：

> 东京的第一教派和名声最显赫是儒教，创立者是生活在中国的孔子，根据史料与希腊的亚里士多德（Aristotle）同一时代，也就是大约在天主降生 300 年左右。东京人尊孔子为圣人，实在是无理和不对，就像我曾说服过他们一样。就我个人理解而言，如果被尊为"圣人"，那

---

① 〔越〕佚名撰《西洋耶稣秘录》序，收录于孙逊、郑克孟、陈益源主编《越南汉文小说集成》第 15 册，第 177~178 页。

么这位圣人应该知道是上帝创造了天和地，如果不知，何以可以尊为"圣人"？若不知上帝是一切之源，阁下只是给人类传播理智的知识，并且需要尊敬无比崇高的天主。如果认识到这一点，那么您自称进士辈和师尊，就应该为拯救灵魂讲授知识。您在经书中不讲授清楚，也不提及天主和万事缘由，如何可以称之为"圣人"。①

孔子与亚里士多德生活的时代相差约 200 年，并不是同一个时代的人。当然，罗德在《东京王国史》中也肯定了孔子提出的"一日三省吾身""修身齐家治国平天下"等道理。但孔子是一个无神论者，罗德在书中和传教过程中首先否定了孔子的无神论。

罗德为传教编撰《八日教程》，"第四日教程"对儒释道进行了批评，其中对儒教认知如下：

> 在大明（即明朝）还有第三种宗教，称之为儒教。识字的人多遵循这一教派，并供奉孔子，因为孔子的学说通过文字教育并为大明建立社会秩序。正由于此，大明以孔子为最尊，孔子被称为圣贤。但并不是这样的，因为孔子并不知道上帝才是一切的来源。如果知道，作为圣贤，作为师尊，应该教导大众。但是孔子并没有那么做……②

显然，传教士们为了树立自己宗教的合法性，排挤他者，树立自我。

四　参与者的多元性

从文献观之，参与基督教在越南传播的人员来自多个国家和地区，在东西方互动中，不同国家和地区不同层次的人员都卷入其中。除上述提及的意大利人、葡萄牙人、法国人外，还包括德国人、日本人、中国澳门人、波兰人、奥地利人、波西米亚人（今捷克境内）等，略举例子如下：

郑玉函（Jean Tereenz），德意志人，1576 年生，1630 年 5 月 21 日在北

---

① Alexandre De Rhodes, *Lịch sử Vương Quốc Đảng Ngoài*, Nhà Xuất bản Khoa học Xã hội, 2016, Tr. 77–78.

② Alexandre De Rhodes, Phép Giảng Tám Ngày, Roma 1651, urn：nbn：bvb：12-bsb10347734-1, Tr. 112–114.

京去世。曾在果阿、榜葛剌、满剌加、安南南圻（越南南部）、中国澳门及内地传教。①

保罗·萨依托（Paulo Saiito），日本人，修士，1620~1622年在越南南部传教。②

邱良禀（Mendes K'ieou Domingos），澳门人，1582年生于澳门，1652年4月15日死于澳门。1621年至1626年被派往越南南部（交趾支那）传教。③

贾巴塔（Caldeira Baltasar），澳门人，1608年生，卒年不详，1639年，1646年在越南北部和南部传教。④

李若望（Joao Pereira），澳门人，1618年生于澳门，1693年5月12日去世。1683年李氏曾在交州（越南北部）传教5个月。⑤

郭巴托（Costa Bartomomeuda），澳门人，1629年生于澳门，1695年7月4日卒于交趾支那。郭氏由于受交趾支那国王之挽留，在交趾支那以医生身份传教23年。⑥

龙安国（Barros Antonio de），澳门人，1717年4月14日生，1759年5月28日卒。⑦

卜弥格（Michel Borm），波兰人，1612年生，1659年8月22日卒于广西。1645年在越南北部传教。⑧

梅若翰（Jean Baptist Messari），奥地利人，1673年8月12日生，1723年6月23日卒于越南南部。曾于1715年被派至越南南部传教9年。⑨

文泽尔·帕列切克（Paleczeck Wenzel），波希米亚人，1705年6月10日生于布拉格，1758年卒。于1739年2月2日在越南传教，1748年任顺化传教区会长。⑩

---

① 〔法〕费赖之：《在华耶稣会士列传及书目》，冯承钧译，中华书局，1995，第408~409页。
② 〔越〕阮氏青河：《十七世纪初耶稣会传教士罗德（Alexandre de Rhodes）在越南的传教活动与其影响》，硕士学位论文，成功大学文学院，第89页。
③ 〔法〕荣振华：《在华耶稣会士列传及书目补编》，耿昇译，中华书局，1995，第427页。
④ 〔法〕费赖之：《在华耶稣会士列传及书目》，冯承钧译，第100页。
⑤ 〔法〕费赖之：《在华耶稣会士列传及书目》，冯承钧译，第493页
⑥ 〔法〕费赖之：《在华耶稣会士列传及书目》，冯承钧译，第154页。
⑦ 〔法〕费赖之：《在华耶稣会士列传及书目》，冯承钧译，第58页。
⑧ 〔法〕费赖之：《在华耶稣会士列传及书目》，冯承钧译，第275页
⑨ 〔法〕费赖之：《在华耶稣会士列传及书目》，冯承钧译，第627页。
⑩ 〔法〕费赖之：《在华耶稣会士列传及书目》，冯承钧译，第477页。

根据 1669 年一位在越南北部的越南人教士奔多·善（Bento Thiện）写给其教父菲利浦·马力诺（Ao Philippo Marino）的信件，① 至少有两位来自印尼雅加达的传教士丹尼尔（Daniel）和奥兰（Olan）到越南北部传教。

另据越南学者阮氏青河的整理，17 世纪初大约有 36 位外国传教士在越南南部传教，其中葡萄牙 16 人，意大利 4 人，日本 7 人，萨尔瓦 2 人，法国 3 人，中国澳门 2 人，拿坡里 1 人，皮尔蒙 1 人；有 44 位外国传教士在越南北部传教。其中葡萄牙 17 人，意大利 10 人，法国 4 人，日本 2 人，拿坡里 2 人，西班牙 1 人，中国澳门 2 人，瑞士 1 人，波兰 2 人，皮尔蒙 1人，萨瓦尔 1 人。

信奉基督教的越南人也是各色各样。根据西方的文献记载，17 世纪上半叶，越南北部的东京，国王的两个侄子以及王后都接受了洗礼。国王的几个妃子对基督教教义表现出浓厚兴趣，但是他们所处的地位注定了他们不能再向前迈一步。② 如果王后、国王的侄子接受了基督教洗礼，对当时儒教思想占统治地位的越南而言，当是宫廷内部的大事，遗憾的是，我们在越南相关汉文史籍中找不到相互参证的证据。

佛教徒也有转入基督教的。1700 年 6 月 10 日耶稣会传教士东京修会会长勒鲁瓦耶（le Royer）神父在致他的兄弟勒鲁瓦耶·德·阿尔西斯（le Royer des Arsix）的信中说：

> 东京长期以来就是我们在东方最繁荣的传教地。我们修会的亚历山大·德·罗德（Alexandre de Rhodes）神父和安东·马尔盖（Antoine Marques）神父率先于 1627 年创立了这块教地，上帝降福于两位使徒的业绩：在不足三年的时间里，他们为六千人施了洗礼。三名在百姓中颇有声望的和尚也在其列，在经完美无缺地授以我们圣教的一切奥义后，他们成了出色的讲授教理者，为传教士讲授福音出了极大力气。③

---

①　Trần Nhật Vy, Chữ Quốc Ngữ 130 năm Thăng Trầm, Nhà Xuất bản Văn hóa – Văn Nghệ, Thư Bento Thiện gửi cho Filipo Marino, 2018, Tr.179-188.

②　〔意〕梅狄纳：《耶稣会士亚历山大·德·罗德斯在科钦支那和东京（1591~1660）》，黄徽现译，第 25 页。

③　〔法〕杜赫德编《耶稣会士中国书简集（中国回忆录）》，郑德弟、吕一民、沈坚译，大象出版社，2001，第 3 页。

士兵也有加入基督教的。1696 年 8 月，东京对在越南北部颁布禁教敕令。勒鲁瓦耶的信说：

> 有人肯定地告诉我，拥有众多基督教徒的义安省省督在与其他地方官一样，接到公布敕令的命令后竟敢劝告国王，说他久已认识基督徒，但从中从未发现有不愿为其效力者；还说他的部队里有三千余名士兵信奉这一宗教，他从未见过比他们更勇敢更忠诚的人。[①]

从这段话可以看出，至少这位省督站在了基督教徒这一边，为他们开罪，同时认为，基督教没有影响士兵们对国家的忠诚。

以越南北部东京为例，被洗礼的越南人中，小孩的人数较多，向神父忏悔的和接受"圣体"的人数则更多。勒鲁瓦耶神父回忆说，1692 年 10 月 4 日至 1693 年 12 月 14 日，他们已为 1735 人洗礼，其中有 1117 个成年人，618 个孩子，同时他们听了 12693 人的忏悔，还为 12122 人授了圣体。1694 年，勒鲁瓦耶神父为 467 个成年人和 296 个孩子施礼，听了 7999 人的忏悔，为 6652 人授了圣体；1695 年，他为 435 个成年人和 407 个孩子施了礼，听了 8747 人的忏悔，为 7337 人授了圣体。[②]

至于成年人中接受洗礼的男女性别数量不得而知。从罗德神父《东京王国史》相关记录来看，给女性洗礼要非常的隐蔽，因为当时的越南依然严格尊重三纲五常。

余　论

早期基督教在越南的传播，显然是东西方交流互动的结果。而在彼时，澳门正好充当了东西方的桥梁角色。但是基督教在越南的传播，实际上是一个涵括多种因素、发生复杂互动的过程，其中包括西方政治、经济、宗教势力的扩张，西方基督教的价值观与东方传统价值观的接触，越南南北政治冲突、南北王国内部、朝廷与地方官员，传教士与越南南北王国执政者和地方

---

① 〔法〕杜赫德编《耶稣会士中国书简集（中国回忆录）》，郑德弟、吕一民、沈坚译，第 5 页。

② 〔法〕杜赫德编《耶稣会士中国书简集（中国回忆录）》，郑德弟、吕一民、沈坚译，第 6~7 页。

官员，传教士与澳门等复杂关系的博弈与互动。

　　早期传教士在越南传教，并非如一般想象凡事都光明磊落，也有一些传教士尝试送礼，疏通官员，甚至买通官员，利用宫廷人士进行传教工作。对于越南不同阶层人士而言，特别如越南边远山区，朝廷统治不力，顾不上百姓在精神、医疗层面等方面的需求，基督教可能弥补了人们缺少的一些可以慰藉心灵的东西。实际上，早期的越南，上自执政者，下至平民，对基督教在越南的传播都有自己的考量和应对。

　　在东西方交流互动中，西方文化在越南产生了较大的影响，现代越南天主教徒达到 500 多万，在亚洲其数量仅次于菲律宾，如何从更大历史变动过程去管理越南本国的天主教，实际上是一件大不容易的事。

The Spread of Christianity in Vietnam in the 17th and 18th Centuries

Liu Zhiqiang

Abstract：This paper discusses the inevitability and contingency of the spread of Christianity in Vietnam in the 17th-18th century, the important bridge status of Macao, the cognitive differences between Confucianism and missionaries, and the diversity of participants, trying to outline how Christianity took place and changed in Vietnam under the interaction between the East and the West and Macao in this period.

Keywords：Early Christianity；Macao；East；Occident

（执行编辑：彭崇超）

海洋史研究（第二十辑）

2022 年 12 月　第 102~121 页

18 世纪东亚海洋文学的瑰宝

——郑天赐及河仙相关的诗文史料

杭　行[*]

明清鼎革之际，受战乱影响，广东雷州府人郑玖（1655—1735）背井离乡泛海来到真腊。他凭借自身能力在暹罗湾东北沿海地区建立了一个名为"河仙"的政权。为了应对暹罗的挑战，郑玖称臣于安南阮氏。广南国国主阮氏封其为河仙镇总兵。郑玖去世后，其子郑天赐（1718—1780）继位。郑天赐继承并发展了河仙作为东南亚国际贸易港的优势地位，并在此基础上将河仙政权的各项事业推上顶峰。西山起义爆发后，河仙政权亦遭到冲击。郑天赐在暹罗被迫自尽，河仙的自主性随之消失，最终被纳入阮朝（1801~1945）的统治之下。[①]

郑天赐鼓励商业活动和对外贸易，大力推广儒家思想。他在镇署里建了孔子庙，在郊外设立招英阁，专门研究校正儒、佛、道家经典，撰写、品鉴诗词和文学作品。通过招英阁，郑天赐组织了几次跨海文学交流。来自中国、安南和河仙本地的文人骚客围绕一些主题作诗赋文。经常来往于河仙的

---

*　作者杭行，美国布兰迪斯大学教授。

①　关于郑氏何仙政权，参见李庆新《郑玖、郑天赐与河仙政权"港口国"》，李庆新主编《海洋史研究》第一辑，社会科学文献出版社，2010；李庆新《郑氏河仙政权"港口国"及其对外关系：兼谈东南亚历史上的"非经典政权"》，见李庆新主编《海洋史研究》第五辑，社会科学文献出版社，2013；李庆新《东南亚的"小广州"：河仙"港口国"的海上交通与海洋贸易（1670~1810年代）》，见李庆新主编《海洋史研究》第七辑，社会科学文献出版社，2015。

陈智楷（字淮水）等商人，负责搜集各地文人的作品，并在广州出版，其中最著名的当属郑天赐所选的描述河仙十景的《河仙十咏》。① 李庆新、夏露在其文章里讨论了这些诗对于促进中越文学交流以及海外华人间传承中华文化的作用和影响。② 新加坡学者翁赐宁（Claudine Ang）的著作详细引用分析了郑天赐所写十景的诗文。③ 越南史与海外华侨史专家陈荆和在其论文中发表了包括郑天赐在内的 32 名参与《河仙十咏》的诗人的 320 首诗。④ 陈荆和还列举了《河仙咏物诗选》《周氏贞烈赠言》《诗传赠刘节妇》《诗草格言微集》等著作⑤，可惜皆已失传。

《河仙十景总集》是第二次以河仙十景为主题进行的中越文学交流成果，是由郑天赐次子及指定继承人郑潢（? —1820）于 18 世纪 50 年代牵头组织的。该总集保留至今的部分只有驻扎嘉定（今胡志明市）的广南五营参谋阮居贞（1716~1767）的 10 首诗。翁赐宁在其著作里收录全文并加以详细解释。⑥

本文聚焦郑天赐所撰诗文以及围绕河仙政权的文学创作，主要介绍笔者最近搜集的、散见于中国和越南文献中与郑天赐及河仙政权相关的一些诗赋和书信。这些资料非常稀有珍贵，有些原本早已失传，只留下手抄本，有很高的参考研究价值。

一　《鲈溪闲钓》

《鲈溪闲钓》成书于郑天赐掌权一年后的 1736 年，是迄今发现最早的郑天赐文集，其甚至比著名的《河仙十咏》问世更早，由郑天赐在鲈溪所撰写的 30 首诗和一篇赋组成。鲈溪是河仙中心区以东四公里外、与暹罗湾直接相连的一条小溪，是郑天赐最爱去的地方。只要没有公务缠身，他都会

---

① 〔越〕郑怀德：《嘉定城通志》，（河内）教育出版社，1998，第 307 页。

② 李庆新：《郑玖、郑天赐与河仙政权（港口国）》，第 193~195 页；夏露：《17~19 世纪广东与越南地区的文学交流》，见李庆新主编《海洋史研究》第三辑，社会科学文献出版社，2012。

③ Claudine Ang Tsu Lyn, *Poetic Transformations: Eighteenth-Century Cultural Projects on the Mekong Plains*, Cambridge, MA: Harvard University Press, 2019, pp. 121–163.

④ 陈荆和：《河仙郑氏の文学活动、特に〈河仙十咏〉に就て》，《史学》40.2/3（1967）；李庆新：《海上明朝：郑氏河仙政权的中华特色》，《学术月刊》2008 年第 10 期。

⑤ 陈荆和：《河仙郑氏の文学活动、特に〈河仙十咏〉に就て》，第 168 页。

⑥ Claudine Ang Tsu Lyn, *Poetic Transformations*, pp. 191–222.

在鲈溪过上好几天。18世纪末，诗集随着战乱而遭到损坏。19世纪初，阮朝大臣郑怀德（1765—1825）把诗集雕版保存下来，并以"明渤遗渔"为题重新刊刻，这一版本流传至20世纪40年代。当时有一篇文章这样描述：每一首诗都以不同风格的书法所写，在诗的相对页面是美丽的山水画，为诗句增添视觉和情感元素。[1] 很可惜，《明渤遗渔》后来也佚失了，没有留下完整的版本。河仙郑公庙的墙壁上留存了第一首、第二首诗以及赋的一部分。从那优美的书法和山水画来看，它们似乎是直接从已佚失的雕版页面复制而来。[2] 陈荆和曾摘录两首诗文：

之一

鲈溪泛泛夕阳东，冰线闲抛白练中。鳞鬣频来黏玉饵，烟波长自控秋风。

霜横碧蘦虹初霁，水浸金钩月在空。海上斜头时独笑，遗民天外有渔翁。

之二

溪上流黄夜色溶，黏钩闲钓五更钟。四边露气浮沉外，一缕波光几万重。

恬洁每怜鸥鹭狎，行藏应付水云共。满身风月堪娱处，老倒沧溟入酒钟。[3]

1985年，学者高自清在胡志明市社会科学图书馆发现了另外四首诗文原稿，2009年，其文章中又提到了一首。[4] 不过该文没有提供原版汉字。笔者找到其中两首诗的汉文原版，在这30首诗当中排在第五、第二十五。另外，在中国驻越南大使馆文化参赞彭世团、驻胡志明市总领事馆副领事韦红萍的热心帮助下，笔者成功复原了另外一首诗（排在第十）。

---

① Ngạc Xuyên, "Minh Bột Di Ngư: Một quyển sách, hai thi xã," *Đại Việt Tập Chí* 12 (1943): tr. 7–8.

② 陈荆和：《河仙郑氏の文学活动、特に〈河仙十咏〉に就て》，第166~167页。

③ 陈荆和：《河仙郑氏の文学活动、特に〈河仙十咏〉に就て》，第166~167页。

④ Cao Tự Thanh, "Thêm bốn bài thơ 'Lư Khê nhàn điếu' của Mạc Thiên Tích," *Tạp chí Hán Nôm* 3.28 (1996): 73–74; "Đọc lại bài Minh bột di ngư văn thảo tự của Trịnh Hoài Đức," *Tạp chí Hán Nôm* 6.97 (2009): 68–71.

图 1　河仙屏山脚下的郑公庙内西壁上面绘有《鲈溪闲钓》。两首诗在正中，赋文的一部分在对联的两旁。墙壁上的漆已经严重脱落，导致赋的书法和山水画模糊不清。（作者摄于 2015 年 4 月）

之五

浪平人稳自悠哉，闲荡轻舟钓溯洄。缗直深沉钓饵重，鳞罗乱飐水纹开。

昼寻云影随流泊，夜逐寒光带月回。笑傲烟波时出没，相期溪汐海潮来。①

---

① 汉文原版出自孟昭毅《东亚汉诗画"渔父垂钓"题材与禅机》，《人文杂志》2016 年第 1 期。

之十

趁霁符青展钓轮，长留人在碧溪春。金钗逐影抛香饵，玉织临波拽锦鳞。

万顷不惊风浪起，四时长遇水云邻。闲余舸舰吟风月，独钓汪洋老此身。①

之二十五

远俗沧州隔是非，迩来栖息寄裘衣。烟开远浦金鳞簇，管弄晴空白羽冠。

短棹移时浮荡漾，长歌到处思依微。得鱼一笑频来去，且把丝纶卷夕晖。②

30 首诗中的最后一首，由著名河仙女诗人和小说家梦雪（1914—2007）发现，1986 年发表。③

之三十

水国云乡景不凡，沿溪山色碧巉岩。淡烟稳棹横孤艇，细雨轻蓑障短衫。

吞饵滩头多絷线，停竿天际见征帆。丝纶海外长舒卷，鼓楫从容检钓函。④

此外，还有一篇赋，见于 18 世纪 70 年代广南顺化官员范阮攸（1719—1786）的《南行记得集》。该文集记录范阮攸当时在广南的所见所闻，并收入当地众多文人的诗词、赋文、散文和书信。其中包括郑天赐以及和他经常往来的广南文人的诗文。《南行记得集》只以手抄本的方式流传下来，原件保存在河内汉喃研究院。⑤

---

① 感谢中国驻越南大使馆文化参赞彭世团和驻胡志明市总领事馆副领事韦红萍协助还原汉文原版。

② 汉文原版出自 Trương Minh Đạt, *Nghiên cứu Hà Tiên: Họ Mạc với Hà Tiên* (Thành phố Hồ Chí Minh: Tổng hợp TP. HCM, 2017), tr. 210。

③ Mộng Tuyết, "Thêm một tư liệu để bổ sung cho tập *Văn học Hà Tiên* của Đông Hồ," *250 năm Tao đàn Chiêu Anh Các (1736-1986)* (Rạch Giá: Sở Văn Hóa Thông Tin Kiên Giang, 1986), tr. 171.

④ 汉文原版出自 Bùi Duy Tân 主编, *Tổng tập văn học Việt Nam* (Khoa học xã hội, 1997), tập 6, tr. 722-723。

⑤ 〔越〕范阮攸：《南行记得集》，越南汉喃研究院 A. 2939。

《赋》

海阔天空，云高水融。时华若旧，世事无穷。循游于沧波之上，纵沉于南浦之东。唯遁商之得路，固物我之有穷。愿托踪于茫渺，庶无情于穷通。伫知遗庶，老作渔翁。于是扮钓具，拂蓑笠，扁轻舟，事蒿蓬，渔经茶灶，酒瓮诗筒，用备应事，稳逐轻征风。趁潮波之成务，任晨昏以勤工，审涓流而泛滥，的樯浒之冲融。一竿长预，闲钓此中。尔乃粘香饵兮抛轻蚕，沉新月兮横蟪蛛，一缕才垂，万波随动，玉簇彝圆，绡皱风弄，倚揖兮沉吟，随机兮挽控。吾非食而多求，物因贪而自送。借此消彼，怡怡空空。至于溪口湖平，海头光潆，烟波到处，尽属清思，岛屿观来，悉为佳赏。树草翳阴于溪畔兮，渚浦葭芦，风云缭渺于海西兮，水天浩溔。沙鸟惊时而翱翔，浮叶随流而荡漾。闻牧笛之长吹，来渔歌而递响。既伫竿以放怀，复思人乎想象。然而片帆烟水，两相沧浪。不知荣富，任乐康庄。宜浮游于天外兮，恒出没乎江洋，既飘零于渔泊兮，期栖息乎江淮，已多情于张子兮，将有意于严光，慕季札之尚清微兮，缅鸥夷之事溟茫。复知引任公之钓兮，宜乎舒卷，浮仲由之桴兮，允矣纵横。系此生于南海，乐造物乎前程。有时遇于风高浪震兮，多使入于汗骇魂惊，有时瞰乎谷纹涟漪兮，多使人于心旷神清，有时睹于鱼跃鸢飞兮，多使人于道念休明，有时感于白云流水兮，多使人于物我忘情。自是昧旦往来，栖迟舴艋，或随涨而泊芦阴，或横筎而歌夜静，或拨桨于困渔，或排纶而引梗。觉天地兮无遗，极风霜兮自猛。薄浮生如沤云，视万物如毫颖。怆皇华兮野亡，悲漂冷兮独警。而又思美人兮渺何之，怀故国兮徒引领，知肝食兮羹墙，雇宵衣兮衾影。愧长大之无才，空盛愤于光景，寄竿竹之生涯。安此生于有幸，对云水以终年，乐烟波于万顷，期不负乎渔乐半生中，畅予怀而诗歌三十咏。

二　《河仙十景曲咏》

除了郑天赐描写河仙十景的汉文诗外，以越南白话喃文所写，同样标注作者为郑天赐的《河仙十景曲咏》诗集，主要由描写河仙景色的八句七言诗句构成。这些诗虽然不是郑天赐中文古诗的直接翻译，但其结

构与主题均很相似。此外，所有白话诗之前都有 34 行、由 7/7/6/8 节奏
组成的歌谣。这些歌谣把诗句里提及的与景色有关的描述、情感和暗示
进行重复、放大并作详细说明或阐释。该诗集最早收录在 1900 年至 1907
年间编撰的数部文献中。其中最悠久的是题为"河仙家谱"的私人珍藏
原稿，亦是唯一包含喃文诗句的著作，其他印刷品只展示了以越南现代
国语字书写的诗句。河仙著名大儒和文人东湖（1906—1969）编辑整理
了这部诗集，将其转写成标准化国语拉丁文字，并刊登在 1960 年出版的
《河仙文学》里。[①]

这些诗引起诸多争议，尤其是作者是否确为郑天赐本人的讨论。1992
年，越南学者阮广询和高自清在一份著名学术期刊里展开了持续四期的激烈
辩论。[②] 阮广询与其他批评者指出，没有任何同时代或接近郑天赐时代的文
献提及白话版本诗集的存在，这些白话诗集在 20 世纪初才开始流传。

高自清和河仙本地学者张明达则解释称，20 世纪前书面证据的稀缺主
要是因为在像河仙这样的兵家必争之地，不断的战事与动荡摧毁了该地的文
献记录；再者，当时的作家全都来自精英阶层，他们认为白话著作缺乏古汉
文的威望，与其身份不符，故此不配提及。这些学者坚定不移地认为《河
仙十景曲咏》是郑天赐的作品。根据这些学者的说法，20 世纪初把《河
仙十景曲咏》收入自己著作的不同作家从不同渠道获得这些诗句，然后按自
己的顺序编排标题，他们使用的字词也不是标准的罗马拼音，而是根据作家
所说的地区方言发音拼写，各有差异。有些作家甚至不知道郑天赐的汉文
诗，但这也不足为奇，他的汉文诗在 20 世纪 50 年代以前并没有广泛流传。
尽管有不一致之处，每个景观的歌谣与诗句都保留了出人意料的内部协调和
连贯性，并与其汉文版本的内容大致相同。这些作家不可能同时凭自己的想
象编出百余行的诗句。[③]

总体而言，越南学者渐趋同意《河仙十景曲咏》乃郑天赐所写，他们
的评判似乎有一定说服力。或许有另一种思路可以解释其来源性质的问题，
即通过文字记载下来并不是《河仙十景曲咏》的创作初衷。根据作家东湖

① Trương Minh Đạt, "Đông Hồ khám phá thơ Nôm Mạc Thiên Tích," *Tạp chí Hán Nôm* 2. 27
(1996): 27-29.

② 阮广询和高自清的论战发表在 *Tạp chí Khoa học Xã hội thành phố Hồ Chí Minh* 12, 13, 15, 17
（1992）。

③ Trương Minh Đạt, "Đông Hồ khám phá thơ Nôm Mạc Thiên Tích," tr. 29-32.

的观察，它的目标听众乃安南平民，大多数是目不识丁的贫穷移民。① 创作白话诗句的原意，是让人们在节日或其他公众场合歌咏、朗读，或像戏剧般表演出来。即使书面语言源自标准内容，但终究次于口头传递方式。因此，其词汇和语法也随着社会用语的演变而有所不同。倘若《河仙十景曲咏》真的是郑天赐或至少是他同年代的人所写，或可让我们更好理解他如何试图建立合法性，并将其统治理念和愿景传递给精英阶层以下的大部分民众。

　　《河仙十景曲咏》描述十景的所有曲、诗的喃文版本现皆已失传，只留下越南国语拉丁字版本。本文在此略而不引。唯一保存下来的喃文诗是综合介绍河仙每一景观的《河仙十景总论》。张明达在其著作《河仙研究：郑氏与河仙》中提供了这首诗的影印版。本文在此引用其喃文原版、越南国语字版本及其汉译。

郑先公作河仙十景总论国音律

逝景河仙温有情

Mười cảnh Hà Tiên rất hữu tình

（河仙十景很有情）

嫩嫩渃渃嚪𬈑㯲

Non non nước nước gẩm nên xinh

（山山水水，去观察它的美）

東湖鹿峙竜洞汕

Đông Hồ, Lộc Trĩ luôn dòng chảy,

（东湖、鹿峙，[水]一直流）

南浦鱸溪𡤝脈生

Nam Phố, Lư Khê một mạch xanh

（南浦、鲈溪，一阵绿）

蕭寺江城鐘𣔔煨

Tiêu Tự, Giang Thành, chuông trống ỏi

（萧寺、江城，钟鼓在响）

珠岩金嶼䱙鴒辺

Châu Nham, Kim Dự cá chim quanh

---

① Đông Hồ, *Văn Học Hà Tiên* (Sài Gòn: Quinh Lâm, 1970), tr. 140.

（珠岩、金屿，鱼鸟围着转）

屏山石洞羅梁楣

Bình San, Thạch Động là rường cột

（屏山、石洞是支柱）

啾啾闢秋景底名

Sững sững muôn năm cảnh để dành

（站立万年景不变）①

三　鄚天赐杂类诗

　　除了跨海文学交流外，鄚天赐在城外屏山西南麓设立骚坛，以会聚本地文人。他们主要从当地书院招聘而来。学校的老师由精通汉语书写的当地华人担任，学生则从最有前途的年轻人中选拔，即使来自贫困家庭也不拒绝。② 这些精英平时对鄚氏的治理政策提供建议，闲暇之余，在骚坛唱和雅集，谈论鄚氏藏书阁里庞大的藏书。③ 基于对文学的共同热爱，辅以大量茶酒，这些活动往往持续至深夜。他们常会在游览河仙十景时饮酒、写作。以下几首诗据信是鄚天赐聚会时突发灵感而写的，收在范阮攸的《南行记得集》中。

《石洞》

　　随时花草供诗句，到处风云入酒杯。

《品茶夜话》

　　三鼓断途嗟聚散，十年魂梦在文章。宠辱无惊惟读易，云霞有癖共望空。

《秋霄》

　　文章酬令节，声气聚同心。

---

① Đông Hồ, *Văn Học Hà Tiên*, pp. 301-302; Trương Minh Đạt, *Họ Mạc với Hà Tiên*, p. 188.

② （清）张廷玉等：《清朝文献通考》下册，商务印书馆，1946，第7463页。

③ 〔越〕郑德怀：《嘉定城通志》，第307页。

图 2　河仙本地学者张明达认为，屏山西南脚下的芙蓉寺
就坐落在原招英阁的骚坛遗址上（作者摄于 2015 年 4 月）

Trương Minh Đạt, *Họ Mạc với Hà Tiên*, tr. 146-158

图 3　石洞，河仙十景之一，位于河仙中心西面的 80 号国道上，
距离柬埔寨边境约 4 公里（作者摄于 2015 年 4 月）

《对情》

九天回日照，四海卷云为。与二三知已，沉浮悟化机。①

四　阮居贞写给鄚天赐父子的书信

《南行记得集》与安南文人黎贵惇（1726—1784）的《抚边杂录》② 收有三封广南名将阮居贞写给鄚天赐及其子鄚潢的书信。两本著作同时收录了写给鄚天赐的信。两个版本的内容大致相同，但范著里有一些句段为黎著所无，同时黎著一些句段亦未出现在范著。笔者在此对两个版本进行合并，黎著独有的句段用**粗体**标示，范著则用*斜体*。如果两者同样句段里的字有出入，黎著版本会把字加括号（），而范著版本则放框内【】。

《答河仙鄚总兵琼德侯》

曩者辱【接】*惠*【好】*音，责以开卷有得，或要务弘谋，一二必以文示。***今兹又如是。是责之者所以教之也。**公之意气恳兹勤斯，鄙也*不觉感愧交集，彼唼洿池之鲜亦当*【知】（思）*作网之恩；味园林之甜亦当*【知】（思）*蓄树之*【恩】（惠）。*其为获也小，（其）为利也下（大）矣。况假之以经纬之具，*【弘】（公）*之以道义之资，而忘其所以获之*（之）*利之自乎。***静言思之，虽括群寇之环，族众潜之珠以供一瓶，亦斯为薄矣。***夫何有于文。*尝闻之，古之为学也，举道丘以为肉，倾德渊以为酒；编百行而庐屋之，集万善而冠服之。言可言于可言之时，无不中；为可为于可为之时，无不从。修之于家而鸣之于王庭，修之于国而行之于绝域。*【夫是谓之】（其如是之谓）*有得。鄙也则不然。采于翰墨之微，而加之吏民之上。又录于资荫之末，而责以边疆之效。则何等荣遇，何等辰节哉。苟不然鄙也，必能经权并行，内外无间。赵孟开疆，不翅千里；高宗获丑，何待三年，而鄙也徒慕黄公之广德，其所以广也弗克益；善南仲之全师，其所以全也弗克济。三表五饵之策，浑然说梦。期月三*

---

① 〔越〕范阮攸：《南行记得集》。

② 〔越〕黎贵惇：《抚边杂录》第二册，教育出版社，2008，第360~367页；Claudine Ang Tsu Lyn, *Poetic Transformations*, pp. 164-185。

年之教，茫若望洋。出入胶柱，进退触藩，贤侯而独以鄙也为能有得乎。
夫中之闳也，必无外而弗肆。迩之行也，必无疏而弗至。鄙也，开卷人
也，而乃如之闳，如之行，皆贤侯之不足观也。匪识垂识鉴，将不知五
行，不识丁六，亦概见其无能也已。夫视人之必自家始，上有父母，不
能岁时伏腊，携麦饭于九京；中有兄弟，不能终其友爱，使之糊其口于
四方；下有子孙，皇皇怨慕，因失其教养至贻先人羞。贤侯而又以鄙也
为能真有得乎。

　　虽然人不能离道以成人道，亦不能远人以为道。【事本于道】（事
本无道乎），道藏于事，无定名，无定形，分之而三才，合之而六籍。
有人于此，或卷而约之，或舒而博之，夫谁曰不宜。自人观之，【故】
（固）有正得，有奇得，有无求而不得，有无往而不得。道一也，名之
不同，位之役也。昔有医焉，友善而攻歧，一药者也，一石者也。石者
嘱之曰：苟能【借】（惠）我以济人者，吾其永矢之哉。药者然之，遗
之以所得溲勃。友之妻诟之，几于离夫。溲勃之于医，非可诟也。收之
舍之，【各于位也】（各得其位也）。爰自弱冠，奉先人之遗编，窃累世
之糟粕，一得意则膺之不已，又从而韦之，而绚之，曰进吾往也。既仕
则绚者韦，韦者绚，渐而半矣，今【则】不能以【三均】（一二均）之
（矣）。是人也，【盖】（曾）未五十，既胡然而箕，又胡然而毕，谓非
位之役而何？

　　侧闻贤侯谦茅土之封，复焚券之谊，遗过失，重然诺。廉后命而咫
尺。律小白之正于周，勤都试而赏罚，慕抱真之忠于唐。智欲为规，谁
使图之。义欲为矩，谁使方之。才一言而百诺，一行而百从，则不肤
挠，不掣肘。既而不自满足，不停服读，一善之来，如登春台，则非鄙
也之可能得也。不惟不可能，况能之而不周，周之而不及焉者也。何则
注于响者聋于霆，察于毫者蔽于形，则于药者石者见之，思不出其位之
谓也。此则贤侯之识鉴又不足知者矣。顾乃责籴于石田而实若虚，贵献
于漏卮而有若无，得非恐鄙也之困于多也，君子多乎哉。末重则本摇，
内聚目外匮而有，是言之谆谆勤勤，故曰：责之者所以教之也。鄙也今
闻命矣。飞虫亦弋，无虑辰获。望风依依，敢佈腹心。①

---

① 〔越〕黎贵惇：《抚边杂录》第二册，教育出版社，2008，第360~367页；Claudine Ang Tsu
　　Lyn, *Poetic Transformations*, pp. 164~185。

图 4　郑公庙东墙画，最右的框里是阮居贞《河仙十景总集》里写的
"金屿拦涛"诗（作者摄于 2015 年 4 月）

　　另外两封信是阮居贞写给郑天赐次子、指定继承人郑潢的。郑潢被广南阮主封为潢德侯，阮居贞在其信件里却称呼他为瑛德侯。这个差异应当是阮朝人士后来抄写《抚边杂录》和《南行记得集》时为避讳广南开国君主阮潢（1525—1636），刻意把"潢"改为"瑛"。① 第一封信只收录在《抚边杂录》中。翁赐宁加以英译并考析，内容如下：

答河仙协镇瑛德侯诗

　　夫存心为志，寓志为诗。人有深浅，故诗有隐显博约之不同。时有［升］降，故诗有初盛中晚之或异。总之不外乎忠厚为本，含畜为义，平淡为工，而文之以绮丽，锻之以奇巧，特六义之外篇，五际之余事者也。心者，难测之物泄之为诗。而成乎为诗，要于一字，至有三年而后得，千祀而弗解。余是用艰之。况存少涉猎，未能穷思于经论。长颇疎慵，切戒希名于文字。以故平生佳作者鲜，矧乃金河玉塞，万里之情，三军之务，其能暇及乎。纵有吟咏一二，亦电勉由人，初非尽出己兴，律之不苟，良亦多愬。善为我藏之，不足与人道也。①

阮居贞致郑潢的另一封信仅存于《南行记得集》，告知送他一把枪。

遗河仙长子该队瑛德侯枪

自以手握年深知其可采，韬威厉锐，时然后出，其重也。顺之必庆，递之必刑，其信也。南来西向，未事血刃，其仁也。千万而往，不扰不逃，其勇也。不怒而威凛，莫不犯其严也，故不揣辁微，专人驰送，使之常在君侧，冀君之思之，而求之，自有余得矣。②

五　《树德轩四景》

黎贵惇在《见闻小录》里收录了32名来自中国和安南文人的作品包括数首郑天赐《树德轩四景》里描述河仙四季风景的诗。广州南海诗人方秋白作序。可惜这本诗集已经失传，所幸黎贵惇的著作保存了这些人的一些作品。

汪后来《冬景诗》③

摊书慰得归来客，永夜同谁问远钟。拦浸碧波无树锁（钻），阁飘香雪有烟封。

寒辞倦鸭薰裘薄，暖借深杯酌酒浓。看醉挤眠斜抱月，残更报处是初冬。

蔡道法《秋景诗》

飞鸿远趁碧云流，鹊驾河桥渡女牛。微露冷拖枫叶落，淡霞晴缀菊香幽。

---

① 〔越〕黎贵惇：《抚边杂录》第二册，教育出版社，2008，第367~368页；Claudine Ang Tsu Lyn, *Poetic Transformations*, pp. 185-190.

② 〔越〕范阮攸：《南行记得集》。

③ 黎著误把汪后来的名字写成"汪徯来"。

扉开晓籁轻寒迫，树送清飙薄暑收。衣捣夜砧鸣杵急，归来赋出月当楼。

方秋白《春景诗》

晴雨过春看绿（录）筠，满阶苔印履痕新。鸣雷奋夜蛙喧鼓，隔岁归巢燕认人。

营柳细穿莺织线，院花红接锦铺茵。盈盈水国开溟渤，清浊分流重饮醇。

陈成壁《秋景诗》

垂珠露缀菊篱幽，眼放高空碧汉秋。披槛晚霞明散绮，透帘湘（浪）月曲悬钩。

迟迟渡水遥过雁，冉冉飘风乱点鸥。支肘（腋）醉吟长寄傲，谁同赋兴继风流。

陈智楷《秋兴诗》

桐飘一叶落新秋，细露如珠草上浮。风唤鸟声清绕树，霜翻云影冷侵楼。

东篱策仗邀兰菊，北海倾樽傍斗牛。中夜咏诗耽越客，空天见月泛槎游。

刘章《夏景诗》

凝光倚阁斗城当，树动微风爱日长。冰折欲消红藕脆，雨经初静绿篱香。

澄澄月印葵裁扇，叠叠波流芰剪裳。菱采晚汀回棹远，兴歌水调送横塘。

庄辉耀《春景诗》

莺留好客对花新，碧草凝郊四望频。紫带锦飘风弄杏，染衣班妒雨摇筠。

晴空晚爱青山霁，曲涧清怜绿水春。迎辇玉尘披拂拂，城西醉遍踏歌人。

杜文虎《冬景诗》

拥篷佐雪白添容，玩景随时酒满钟。栏绕瘦梅移影曲，炭煨闲阁向窗封。

寒云逐雁连天暗，远晓侵风傍夜浓。看遍夜鸦啼树冷，残霞一度一深冬。

陈耀莲《夏景诗》

厌厌日至暑天长，槛倚闲时纳晚凉。帘卷半窗红荔火，水翻盈沼绿荷香。

檐虚掠燕轻风淡，树密鸣蝉骤雨狂（长）。炎气解来烹茗熟，添泉看转九回肠。[1]

河仙学者张明达从最后一位诗人陈耀莲所作《夏景诗》发现一个有趣的玄机，诗的最后一行为"添泉看转九回肠"，是诗人有意为之，告诉读者这首诗可以倒过来读：

陈耀莲《夏景诗》

肠回九转看泉添，熟茗烹来解气炎。狂（长）雨骤蝉鸣密树，淡风轻燕掠虚檐。

香荷绿沼盈翻水，火荔红窗半卷帘。凉晚纳时闲倚槛，长天暑至日厌厌。[2]

六　与河仙相关的诗歌

鄚天赐招徕中国和安南的文人，把他们当作座上宾。广南诗人吴世邻曾拜访过河仙，与鄚天赐一起在鲈溪钓鱼。吴世邻为此写了一首诗，收录在范阮攸的《南行记得集》中。

鲈溪夜钓

有时失却鱼和饵，长啸一生为太虚。[3]

与此同时，鄚天赐和岭南的地方绅士保持着密切联系，招英阁与广州的诗社经常互动交流。他常派使者乘坐商船到广州，一面做生意，一面求取诗

---

[1]　〔越〕黎贵惇：《见闻小录》第一册，第 704~709 页。

[2]　Trương Minh Đạt, *Nghiên cứu Hà Tiên: Kỷ niệm 300 năm Hà Tiên trấn* (Thành phố Hồ Chí Minh: Trẻ, 2008), tr. 218–219.

[3]　〔越〕范阮攸：《南行记得集》。

歌，甚至不惜用重金和厚礼求取佘锡纯、梁鸾、汪后来、方秋白等著名诗人的作品。佘锡纯和鄚氏家族早有来往，当时鄚玖在世，鄚天赐还未继位。清雍正年间（1723～1735）出版的《语山堂诗钞》里摘录了一首佘氏祝贺陈上川（1626—1720）的诗。陈上川和鄚玖同为雷州人，早年参加反清复明斗争，在今广西钦州建立龙门基地。到了17世纪80年代前后，在与清朝斗争失败后，他带领部下到时属真腊的湄公河流域屯垦、开埠①，协助广南阮氏政权开疆拓土，征伐真腊。他所开拓的地盘逐渐被广南接管。鄚玖看在同乡的情面上以及同时讨好广南阮主，遂和陈上川及其家族成员建立婚姻联盟。陈上川本人无后，他弟弟的儿子，即陈上川的侄子陈大力成为河仙的大将。②1770年，陈大力率领水师试图占领暹罗的尖泽文，可惜在途中病逝。③

祝安南诚斋陈总戎（佘锡纯）

极星遥望出殊方，马援威名老更强。天宅南交分内外，地归秦郡共阴阳。

功成薄海膺茅土，月上寒山忆粤乡。家世儒冠明将略，敦诗犹带旧风光。④

包括佘锡纯在内的诗人多数参与《树德轩四景》的写作。⑤ 杨震青《芦溪诗抄》有两首诗，描述了鄚天赐使者的到来。

蛮夷贾人歌同许真吾（七古）

溟海蔓绝西南方，水天不辨何渺茫。蛮夷怀德远重译，梯航万国来帝乡。

珊瑚火树祖母绿，夜光明珠猫儿目。珍奇炫耀惑人心，奔走苍生日

① 有关陈上川在中国的抗清复明事迹，请参考拙文《十七世纪明清鼎革时期的广东海盗》，载李庆新主编《海洋史研究》（第九辑），社会科学文献出版社，2016。

② 《田头陈家族谱》；《田头七至十九世祖谥讳谱》，第20页之2；陈国豪：《旅越华侨名人陈上川》，见陈济华主编《安南王陈上川》，中国人民出版社，2012，第64～65页。

③ 〔越〕郑怀德：《嘉定城通志》，第312页；〔越〕武世营：《河仙镇鄚氏家谱》，世界出版社，2006，第111～112页。

④ （清）佘锡纯：《语山堂诗钞》，陈建华、曹淳亮主编《广州大典》444册，广州出版社，2015，第157页。

⑤ （清）罗天尺：《五山志林》，吴绮编《清代广东笔记五种》，广东人民出版社，2006，第58页；（清）凌扬藻：《海雅堂全集》，《广州大典》第89册，第295、323～324、336页；（清）温汝能编纂《粤东诗海》第3册，中山大学出版社，1999，第1378、1466页。

不足。

牙樯络绎虎门东，矗破扶桑晓日红。利之所在众争赴，那怯巨鲸与长虹。

波涛无际如驶疾，祇计由旬难计日。一年一度都市来，华夷互易乐相集。

秋深飞叶满江城，吹动西归故国情。肠断望云双眼碧，浮空潆漾海涛清。

海清四大无不周，有时蜃气结重楼。尔贾莫谩夸珍宝，扬帆岂少风波愁。①

喜晤河仙镇使鄚云阳即席索诗赋赠

浮槎东指海天遥，星使来王奉朔朝。文教久推成化俗，骚坛今喜接清标。

麈挥夷甫寰中论，才迈玄虚笔下描。心折瞻韩羡年少，鸡林声望溢云霄。②

在广州诗社中，鄚天赐与番禺西园诗社保持着频繁的往来。佘锡纯的好友，商人陈智楷（字淮水）属于该社。③ 他经常去河仙，在做生意之余，与鄚天赐在骚坛和各景观处饮酒畅谈写诗。有一次，他即将出航时，广州社友谭湘专门写诗为他送行。

送陈淮水之安南

西园把臂动高吟，社事虚期岁月深。海角片帆慈母梦，天涯卮酒故人心。

竹城翠（樯）烟千叠，银市花开月一林。此去河仙春渐暖，多君风雅重南金。④

杨震青也写过一首诗送别好友陈凤仪。

① （清）杨震青：《芦溪诗抄》，《广州大典》第 445 册，第 95 页。
② （清）杨震青：《芦溪诗抄》，《广州大典》第 445 册，第 176～177 页。
③ （清）凌扬藻：《海雅堂全集》，《广州大典》第 89 册，第 295 页；（清）温汝能：《粤东诗海》第 3 册，第 1254 页。
④ （清）凌扬藻：《海雅堂全集》，《广州大典》第 89 册，第 336 页。

送陈凤仪之安南河仙镇

海泛鹏程万里（其［ ］）（期?），扬帆春早到天池。丈夫（都?）有图南想，吾辈空多向若诗。羊石风流推旧社，鸡杯声价重今时，怜才定作将军客，正好凭君说项斯。①

岭南诗社中不少社员曾航海至河仙。例如，方秋白"人性好游，北至燕蓟，南极河仙，足迹万余里"②。很可能是为参与《树德轩四景》写作而去河仙的。这样他可以体会那里的风景和季节变化，从而获得灵感。他写了很多航海诗，可能就是在河仙航程中写作的。除了增进对河仙和郑天赐的理解，方秋白的诗本身就很有价值，提供了进一步探索并深入了解岭南海洋文化的宝贵资源。

南海庙晓发

位正南离祀事隆，巍巍遥对虎门东。百王典礼尊南海，四渎明禋重祝融。

碧瓦射潮寒浴日，木棉侵殿抱灵风。扬帆未得陈湘藻，一酹江流感已通。

海口早行

扰扰双蓬鬓，劳劳十里亭。钟寒鲸吼水，海白蜃沉星。

客思归寥汜，山光极杳冥。桄榔村舍外，鸟唤启松扃。

临高阻风

飓母朝横海，鲸波夜没矶。沙痕惊树失，阴火挟鱼飞。

呼吸丝悬命，安危事有机。买愁村里雨，尽向客船归。

七洲放洋

忽觉东南地轴浮，茫茫如粟纵孤舟。灵鳌浪涌中华大，黑水天围外国流。

两耳风雷蓬底合，一帆高下泡中抽。耽吟那管蛟龙得，拥被槎边作卧游。

零丁洋感怀

苍茫南控外洋青，一点中流入查冥。过去事多成代谢，到来人又感

---

① （清）杨震青：《芦溪诗抄》，《广州大典》第445册，第160页。
② （清）凌扬藻：《海雅堂全集》，《广州大典》第89册，第323~324页。

飘零。

　　孤忠未可论成败，正气还能亘日星。翘首厓门通一水，乾坤终古在浮萍。①

　　以上与郑天赐及河仙政权相关的诗歌和书信是笔者在研究过程中搜集到的。相对于知名度更高、流传更广的《河仙十咏》，它们甚少为学者所知，有些几近失传。本文将之从中越文献中，尤其是档案馆藏手抄本中提取出来，汇集分类，略加介绍，希望有助于深化河仙史、域外汉文学、近代早期中越文化交流史、岭南文化传播以及东亚海洋文学等领域的研究。

Newly Discovered Literary Works Related to Mao Tianci (Mạc Thiên Tứ) and His Hexian (Hà Tiên) Polity

Hang Xing

Abstract: This paper focuses on the poems, descriptive prose, and letters of Mao Tianci (Mạc Thiên Tứ) and others connected to his Hexian (Hà Tiên) polity during the eighteenth century. The documents were collected by the author during his research in the archives and libraries of China and Vietnam. This paper provides a brief introduction to the newly discovered resources, followed by their full text. It is hoped that they could serve as a useful reference for scholars interested in this field.

Keywords: Mao Tianci; Mạc Thiên Tứ; Hexian; Hà Tiên; Poetry and Literature

（执行编辑：罗燚英）

---

① （清）凌扬藻：《海雅堂全集》，《广州大典》第 89 册，第 323~324 页。

海洋史研究 (第二十辑)

2022 年 12 月　第 122~155 页

19 世纪上半叶越南阮朝 "半银半钱" 港税探析

黎庆松 *

　　1802 年, 阮福映建立越南最后一个封建王朝——阮朝。这一时期, 阮朝逐渐完善入港勘验制度, 初步确立了 "半银半钱" 的港税制度。

　　学界对阮朝港税问题多有关注。孙建党在其硕士学位论文《越南阮朝明命时期的对外关系》[①] 中探讨了越南明命时期对清朝商船的港税征收标准。成思佳在其博士学位论文《从多元分散到趋近统一——越南古代海洋活动研究 (1771~1858)》[②] 中对 19 世纪上半叶阮朝港税情况做了梳理。越南学者杜邦、阮潘光、丁氏海棠、黄芳梅等亦对阮朝港税有所关注。[③] 另

　　* 　作者黎庆松, 云南民族大学南亚东南亚语言文化学院 (国别研究院) 讲师。

　　　　本文为云南省教育厅科学研究基金项目 "19 世纪上半叶越南阮朝'半银半钱'港税研究" (项目号: 2022J0409)、中山大学高校基本科研业务费——重大项目培育和新兴交叉学科培养计划项目 "有关中越关系史越南稀见汉文文献整理与研究" (项目编号: 19Wkjc02) 阶段性成果。

　　① 　孙建党:《越南阮朝明命时期的对外关系》, 硕士学位论文, 郑州大学历史学院, 2001 年。

　　② 　成思佳:《从多元分散到趋近统一——越南古代海洋活动研究 (1771~1858)》, 博士学位论文, 郑州大学历史学院, 2019 年。

　　③ 　Đỗ Bang, *Kinh tế thương nghiệp Việt Nam dưới triều Nguyễn*, Nhà xuất bản Thuận Hóa, năm 1997 (〔越〕杜邦:《越南阮朝商业经济》, 顺化出版社, 1997); Nguyễn Phan Quang, *Việt Nam thế kỷ XIX (1802-1884)*, Nhà xuất bản thành phố Hồ Chí Minh, năm 2002 (〔越〕阮潘光:《19 世纪的越南 (1802~1884)》, 胡志明市出版社, 2002); Đinh Thị Hải Đường, *Chính sách thương nghiệp đường biển của triều Nguyễn giai đoạn 1802-1858*, Nghiên cứu Lịch sử, số 8, năm 2016, tr 12-26 (〔越〕丁氏海棠:《1802~1858 年阮朝海上贸易政策》,《历史研究》2016 年第 8 期);〔越〕黄芳梅:《清代 1802~1885 年间中国商船在越南活动情况之初步考察》,《"中越关系研究: 历史、现状与未来" 国际学术研讨会论文集》(打印本), 中山大学, 2018。

外，加拿大学者亚历山大·伍德赛德在其《越南与中国模式：19 世纪上半叶阮朝与清朝政治的比较研究》[1]一书中略有提及阮朝对清朝商船征收港税的情况。

随着研究的深入，一些学者注意到阮朝以"半银半钱"征收港税的问题。日本学者多贺良宽在《19 世纪越南租税征银问题》[2]一文中综合运用阮朝硃本、阮朝官修正史、汉喃古籍等一手资料深入探讨了 19 世纪阮朝"半银半钱"港税的相关问题。张氏燕主编的《越南历史》（第 5 卷）[3]一书关注到阮初关于港税和货物税均纳"半银半钱"的规定。于向东在其博士学位论文《古代越南的海洋意识》[4]中亦提及阮朝"半银半钱"港税问题。也正是于向东的这篇论文引起了笔者对该问题的关注。此后，笔者曾利用在越南档案馆搜集到的阮朝硃本撰写了一些会议论文[5]，对阮朝"半银半钱"港税形成的原因、具体表现做了初步分析，但仍有诸多疑问尚待解答。

港税问题是我们研究外国商船，尤其是清朝商船在越南的贸易活动无法绕开的议题。中越海上贸易研究取得了丰硕成果，但鲜有涉及阮朝对清朝商船征收的"半银半钱"港税。阮朝"半银半钱"港税是如何形成的，为什么要以"半银半钱"的方式征收港税，"半银半钱"港税推行的基本情况如何？在本文中，笔者尝试利用阮朝硃本、官修正史等域外汉文一手史料，以及学界已有成果对上述问题展开深入探析。如未特别指出，文中的港税均指入港税。

一　"全钱"港税向"半银半钱"港税的转变

阮朝"半银半钱"港税是在阮主政权"全钱"港税的基础上发展演变

① Alexander Woodside, *Vietnam and the Chinese Model：A Comparative Study of Vietnamese and Chinese government in the First Half of the Nineteenth Century*, Harvard University Press, 1988.

② 〔日〕多贺良宽：《19 世纪ベトナムにおける租税银纳化の問題》，《社会经济史学》2017年，83（1）。

③ Trương Thị Yến chủ biên, *Lịch sử Việt Nam, Tập 5*, Nhà xuất bản Khoa Học Xã Hội, 2017. 〔越〕张氏燕主编《越南历史》（第 5 卷），社会科学出版社，2017。

④ 于向东：《古代越南的海洋意识》，博士学位论文，厦门大学，2008 年。

⑤ 黎庆松：《越南阮朝对清朝商船的入港勘验（1820~1847）》，《"ASEAN+3"：首届全国东盟——中韩日人文交流广州论坛论文集》，广东外语外贸大学，2018 年 12 月；黎庆松：《嗣德初年越南阮朝对广东商船的入港勘验——以嗣德元年的一份硃本档案为中心》，《"广船的技艺、历史与文化"学术研讨会论文集》，广州航海学院，2019 年 4 月；黎庆松：《19世纪中期越南阮朝官船赴粤贸易研究——以 1851 年阮朝护送吴会麟回国为中心》，《中国东南亚研究会第十届年会暨学术研讨会论文集》（中册），中山大学，2019 年 6 月。

而来的。1558 年十月，阮潢奉命南下镇守顺化①，是为第一代阮主。至 1572 年十一月，经过十余年苦心经营，阮潢将顺广地区变成了"诸国商舶凑集"之"大都会"。② 其子袭位后，于 1614 年置三司，并在令史司之下"又置内令史司，兼知诸税"③。该"诸税"应该包括了外国商船缴纳之港税。其后，在"内令史司"之下置"图家"这一负责官方和买、收贮货项的机构：

> 丁巳四年（1617）春正月，初置图家，收贮货项，以内令史司领之……顺、广二处惟无铜矿，每福建、广东及日本诸商船有载红铜来商者，官为收买，每百斤给价四、五十缗。④

从红铜的价格单位来看，是以钱币结算。其结算方式很可能是以红铜总价抵扣港税。也就是说，这个时期阮主极有可能是以钱币征收港税。若红铜总价扣减港税后有剩余，也可能是以钱币补足商船。当然，还可能在回帆时用来扣减货税。

1679 年春正月，明朝遗臣杨彦迪等人率部投入阮主控制的思容、沱瀼海口。鉴于"真腊国东浦〔嘉定古别名〕地方沃野千里，朝廷未暇经理"，阮主遂将其安插于美湫、盘辚，"辟闲地，构铺舍。清人及西洋、日本、阇婆诸国商船凑集"⑤。其对外国商船征收的港税，可能按阮主要求以"全钱"征收。

阮朝官修正史《大南实录》中关于阮主政权对外国商船征收的具体港税的最早记载是 1755 年四月：

> 国初，商舶税以顺化、广南海疆延亘，诸国来商者多，设该、知官以征其税。其法：上海船初到纳钱三千缗，回时纳钱三百缗；广东船初到纳钱三千缗，回时纳钱三百缗；福建船初到纳钱二千缗，回时纳钱二

---

① 〔越〕阮朝国史馆编《大南实录前编》卷一，《大南实录》（一），庆应义塾大学言语文化研究所，1961，第 20 页。
② 〔越〕阮朝国史馆编《大南实录前编》卷一，《大南实录》（一），第 23 页。
③ 〔越〕阮朝国史馆编《大南实录前编》卷二，《大南实录》（一），第 31 页。
④ 〔越〕阮朝国史馆编《大南实录前编》卷二，《大南实录》（一），第 31 页、第 32 页。
⑤ 〔越〕阮朝国史馆编《大南实录前编》卷五，《大南实录》（一），第 82 页。

百缗；海东船初到纳钱五百缗，回时纳钱五十缗；西洋船初到纳钱八千
缗，回时纳钱八百缗；玛瑞、日本船初到纳钱四千缗，回时纳钱四百
缗；暹罗、吕宋船初到纳钱二千缗，回时纳钱二百缗。隐匿货项者有
罪，船货入官。空船无货项者不许入港。大约岁收税钱，少者不下一万
余缗，多者三万余缗，分为十成，以六成登库，四成以给官吏、
军人。①

显然，处于初创期的阮主政权对清朝、日本、西洋、玛瑞②和东南亚地
区的商船均征收"全钱"港税。总体来看，外国商船为阮主政权带来可观
的港税收入。正如黎贵惇在《抚边杂录》中的描述："阮家割据，所收舶税
甚饶。"③

1771年西山起义的爆发打破了越南"南阮北郑"势均力敌的局面。
1777年，阮主政权最终被西山义军推翻。1778年，阮主后裔阮福映初步建
立阮福映政权，开始展开与西山朝二十余年的复仇之战。为了扩充实力，阮
福映政权秉承阮主重视海外贸易的传统，完善入港勘验制度。1788年八月，
阮福映"以钦差属内该队潘文全为［芹蒢海口］守御，征收商船港税。"④
该"港税"应该是以"全钱"征收。随着来商清船数量增多，阮福映又于
1789年春正月制定了专门针对清朝商船的"清商船港税礼例"：

海南港税钱六百五十缗，该艚礼凉纱六枝、绦十二匹，看、饭钱六
十缗；潮州港税钱一千二百缗，该艚礼凉纱八枝、绦十五匹，看、饭钱
八十缗；广东港税钱三千三百缗，该艚礼凉纱十二枝、绦二十五匹，
看、饭钱一百缗；福建港税钱二千四百缗，该艚礼凉纱十枝、绦二十
匹，看、饭钱八十缗；上海港税钱三千三百缗，该艚礼凉纱十五枝、绦
二十五匹，看、饭钱一百缗。其诸衔别恩礼并免之。至如上进礼，随宜
不为定限。⑤

① 〔越〕阮朝国史馆编《大南实录前编》卷十，见《大南实录》（一），第146、147页。
② 玛瑞即澳门。在阮朝硃本档案的记载中，"玛瑞商船"主要指从澳门出洋并驶入越南港口
  的葡萄牙商船。
③ 〔越〕黎贵惇：《抚边杂录》卷四，页三十四、页三十五。
④ 〔越〕阮朝国史馆编《大南实录正编第一纪》卷三，见《大南实录》（二），庆应义塾大学
  言语文化研究所，1963，第51页。
⑤ 〔越〕阮朝国史馆编《大南实录正编第一纪》卷四，第55页。

据此税例，海南、潮州、广东、福建、上海商船均须纳"全钱"港税。这样，阮福映政权从制度层面对清船应缴之"全钱"港税做了详细规定。

同时，又"令凡船货有关兵用如铅、铁、铜器、焰硝、硫黄类者，输之官，还其直。私相买卖者，罪之"①。1789 年五月，阮福映政权进而以免征港税和允许载米的政策鼓励清朝来船多载军需之物：

> 准定：清商船嗣有载来铁、铜、黑铅、硫黄四者，官买之，仍以多寡分等第酌免港税，并听载米回国有差［凡四者载得十万斤为一等，免其港税，再听载米三十万斤；载得六万斤为二等，听载米二十二万斤；载得四万斤，听载米十五万斤；不及数者，每百斤听载米三百斤，港税各征如例］。自是，商者乐于输卖而兵用裕如矣。②

阮福映政权向来严禁外国商船盗载米，但在军需物资紧张的情况下，这种禁令显然被淡化了。港税成为阮福映政权解决军需的重要调节工具。值得一提的是，搭载兵用之物不足例者仍需纳"全钱"港税。

1790 年十二月，"建海关场，征诸国商船税课"③。港税征收机构的设立，表明阮福映政权的港税征收制度获得较大完善，这利于增加港税的收入。在与西山朝争夺的最后阶段，阮福映政权获得的港税收入创历史新高。1800 年，"该艚务苏文兑、该簿艚范文论册上是年外国商船港税［四十八万九千七百九十缗零］。"④ 该年"全钱"港税应该包括了部分外国商船缴纳的银圆或白银港税，只是二人上报时将其折算成了钱文。

阮福映建立阮朝后随即制定通行全国的港税规定，即"原定通国港税"：

> 国初，议准诸国商船来商一律征收税例。广东、福建、上海、玛瑙、西洋商船每艘港税并诸礼例替钱共四千贯，上进诸礼钱五百四十六贯五陌，该艚官礼钱［广东三百五十五贯，福建二百九十贯］，港税并饭、看差诸礼钱［广东三千九十八贯五陌，福建三千一百六十三贯五

---

① 〔越〕阮朝国史馆编《大南实录正编第一纪》卷四，第 55 页。
② 〔越〕阮朝国史馆编《大南实录正编第一纪》卷四，第 60 页。
③ 〔越〕阮朝国史馆编《大南实录正编第一纪》卷五，第 80 页。
④ 〔越〕阮朝国史馆编《大南实录正编第一纪》卷十二，第 210 页。

陌];潮州商船港税并诸礼例替钱共三千贯,上进诸礼钱三百八十六贯五陌,该艎官礼钱二百二十五贯,港税并饭、看差诸礼钱二千三百八十八贯五陌;海南商船港税并诸礼例替钱共七百二十四贯,上进诸礼准免,该艎官礼钱一百七十四贯,港税并饭、看差诸礼钱五百五十贯。①

可见,阮朝延续了阮主政权以"全钱"征收外国商船港税的传统。不同的是,阮朝一改阮主以来征收实物"上进诸礼"及"该艎官礼"的旧例,开始以"全钱"替纳。与此同时,田租也开始出现以钱代纳的情况。嘉隆二年(1803)五月,阮朝允许北城以"半钱"代纳田租:

> 诸地方米贵,民艰食,广义为甚。诏:蠲广义是年田租十之四,广德、广南、广治、广平缓征十之五,北城诸镇夏租半代纳钱。②

根据各地饥荒的严重程度,阮朝采取了诸如减免、缓征、代纳田租等宽抚政策。其中,诏准北城内五镇与外六镇③应缴之实物"夏租"的一半以钱支付。这种用钱缴纳一半田租的做法,与以"半银半钱"征收港税的做法应该存在某种关联。因为阮朝同样是在该年明文规定对外国商船征收"半银半钱"港税:

> 又议准:诸国船来商,港税、礼例纳半银半钱。看收,每钱一贯外纳看费钱六文,每银一两外纳看费钱一文。至如例外多收钱物并禁。④

"半银半钱"征税方式适用于所有进入越南的外国商船。从"看费钱"收费标准来看,阮朝开始将"看费钱"从"礼例"中剥离出来单独计算。这样,外国商船需缴纳的费用有"港税""礼例""看费钱"三项。其中,"看费钱"不再是定额,而是随"半钱""半银"之数浮动,但仍纳以钱

① 〔越〕阮朝国史馆编《钦定大南会典事例》(第二册),正编,户部十三,卷四十八,西南师范大学出版社、人民出版社,2015,第735页。
② 〔越〕阮朝国史馆编《大南实录正编第一纪》卷二十一,第334页。
③ 内五镇,即山南上、山南下、山西、京北、海阳。外六镇,即宣光、兴化、高平、谅山、太原、广安。
④ 〔越〕阮朝国史馆编《钦定大南会典事例》(第二册),第745页。

文。显然，若纳"全银"港税，则应缴之"看费钱"要比"半银半钱"港税少得多，对外国船有利。此时白银紧缺的阮朝应该也比较乐意接受外国商船纳"全银"。至于该规定的推行时间，很可能是1803年五月前后，其下限应该不会晚于1803年末。

二　以"半银半钱"征收港税的原因

"半银半钱"港税的形成是越南港税制度史上的一项重大变革。那么，刚建立的阮朝为什么要以"半银半钱"征收港税呢？结合当时的历史背景，笔者认为其原因有三。

（一）银"荒"、钱"荒"加重

阮朝在建立之初便面临着严峻的银"荒"和钱"荒"。这既表现为政府手中的白银、钱币大量流失，也体现为民间钱币流通不足。实际上，这是阮主政权末期，尤其是阮福映政权建立以来存在的银、钱不足长期叠加的结果。

阮主政权和阮福映政权统治的区域矿产资源匮乏，其白银、钱币主要从外部输入。在与西山朝的长期拉锯战中，阮福映政权耗费了大量钱财。1788年"八月丁酉克复嘉定"① 之后，阮福映多次派员前往下洲、江流波、柔佛国等地区和国家采买武器、弹药及其他兵需物资。② 1799年四月，阮福映派该奇阮文瑞等人前往招谕万象，并赐之"钱四百缗，番银一千元"③。1800年八月，"命神策乐从武勇队该奇阮文偃往运延庆官钱一万六千缗于虬蒙军次"④。此外，以白银奖励军功也使阮福映政权白银大量流失。如：1801年五月，记思容海口擒贼战功，"赏左营将士白金一千两"⑤，又赏赐在高堆之

---

① 〔越〕阮朝国史馆编《大南实录正编第一纪》卷三，第49页。
② 〔越〕阮朝国史馆编《大南实录正编第一纪》卷三，第50页；〔越〕阮朝国史馆编《大南实录正编第一纪》卷四，第66页；〔越〕阮朝国史馆编《大南实录正编第一纪》卷五，第79、82页；〔越〕阮朝国史馆编《大南实录正编第一纪》卷七，第122页；〔越〕阮朝国史馆编《大南实录正编第一纪》卷八，第150、245页。
③ 〔越〕阮朝国史馆编《大南实录正编第一纪》卷十，第180页。
④ 〔越〕阮朝国史馆编《大南实录正编第一纪》卷十二，第209页。
⑤ 〔越〕阮朝国史馆编《大南实录正编第一纪》卷十四，第232页。

役中克贼有功之将士 "白金二千两"①。同年六月，赏赐将士 "番银三千元，白金一千两"②。

与此同时，越南民间长期存在的熔钱为器、拣钱等旧习也消耗了大量钱币。阮主政权末期之所以增铸铜钱，均与民间熔钱为器致旧钱耗减有关。③针对 "拣斥" 钱币的行为，阮主政权曾于 1724 年、1748 年下令禁止。④阮福映在 1789 年十一月则出台了更详细、严厉的 "禁拣钱" 令：

> 凡官收税例及市肆贸易，钱文不论穿缺，犹可串所，并听通用，拣斥者罪之 [官、军、民犯者并笞五十，官以贬罢谕，军给火头一年，民锁给役夫一年，妇女给舂米场一年。诉告得实，收犯者钱十缗赏之；诬告者反坐]。⑤

此禁令明确了适用的领域及对象，细化了违禁官、军、民受罚的种类和程度，以及对检举、揭发者的具体奖惩措施。从时间节点来看，该禁令恰好出台于西山朝推翻后黎朝并与阮福映政权最终形成南北对峙之际。阮福映此举显然是为了防范 "兵革" 期间钱 "荒" 加剧而导致嘉定地区泉货不通。

阮朝建立之初，用于赏赐、堤政等的开销较大。如：嘉隆元年五月，"放高罗歆森所部兵还国，赐黄金三十两，白金三百两，钱三千缗"⑥；七月，"赏诸军钱二万五千缗"⑦；十一月，赏水步诸军 "钱五万缗"⑧。嘉隆二年五月，"筑北城新堤七段"，"又培筑旧休堤一段"，"支钱八万四百余缗"；⑨赐黎文悦及平蛮将士 "钱五千缗"⑩。可以发现，阮朝是以钱奖励军功，这与阮福映政权时期以白银赏军功的做法大相径庭。这说明阮朝国库中

① 〔越〕阮朝国史馆编《大南实录正编第一纪》卷十四，第 235 页。
② 〔越〕阮朝国史馆编《大南实录正编第一纪》卷十四，第 239 页。
③ 〔越〕阮朝国史馆编《大南实录前编》卷九，第 126 页；（越）阮朝国史馆编《大南实录前编》卷 10，第 140 页。
④ 〔越〕阮朝国史馆编《大南列传前编》卷五，第 252 页；（越）阮朝国史馆编《大南实录前编》卷 10，第 141 页。
⑤ 〔越〕阮朝国史馆编《大南实录正编第一纪》卷四，第 66 页。
⑥ 〔越〕阮朝国史馆编《大南实录正编第一纪》卷十七，第 280 页。
⑦ 〔越〕阮朝国史馆编《大南实录正编第一纪》卷十八，第 292 页。
⑧ 〔越〕阮朝国史馆编《大南实录正编第一纪》卷十九，第 310 页。
⑨ 〔越〕阮朝国史馆编《大南实录正编第一纪》卷二十一，第 335 页。
⑩ 〔越〕阮朝国史馆编《大南实录正编第一纪》卷二十一，第 335 页。

的白银、银圆很可能出现了短缺的情况。其他大额开销用钱支付亦进一步导致国库钱币不足。与此同时，民间也出现了钱"荒"。北城户部臣阮文谦于嘉隆二年五月入觐嘉隆帝时就言"兵革之后，民间钱荒"①。

为摆脱银"荒"、钱"荒"的困境，嘉隆帝采取了内、外措施。从内来看有四项措施。

一是开采北部矿产。越南北部矿产资源丰富，阮福映在称帝不久后便迫不及待地开采北部宣光、兴化、太原等地的银、铜、铅等矿产，试图从源头上解决货币铸造材料不足的问题。如：嘉隆元年（1802）十月，"开宣光、兴化金、银、铜、铅矿。命土目麻允畋、黄峰笔、琴因元等领之［麻允畋开金湘乌铅矿，黄峰笔开聚隆铜矿、南当银矿、秀山金矿，琴因元开闵泉金矿、秀容乌铅矿］。以来年起征"②。嘉隆二年正月，"开宣光银矿，清人覃琪珍、韦转葩等领之，岁输白金八十两"③。同年五月，"征太原武振、坤显二矿乌铅税"④。

二是严禁白银和铜钱外流。嘉隆二年（1803）七月，阮朝"申定商舶条禁"，规定"凡外国商船来商不得私买金、银，盗载铜钱，违者赃货尽入官，以金、银卖者其罪徒"⑤。《钦定大南会典事例》对此亦有详细记载：

> （嘉隆二年）又议准：诸船来商间有带来金、银多少，饬该船主详开呈照。商卖事清，剩余若干并听带回。至如本地金、银、铜钱，国用所关，土产有限，外国商船不得私买盗载。若违禁私相买卖，觉出，其金、银不拘有无成锭，铜钱十贯以上，即将卖者议徒一年，盗买之商船货项及买赃一并入官，永为常例。⑥

为防止白银、铜钱外流，阮朝一方面加强外国商船进、出港查验；另一方面以严厉的处罚条例加以震慑。从违禁的判定标准来看，阮朝对金、银的管控显然要严于铜钱，说明金、银比铜钱更紧缺。

---

① 〔越〕阮朝国史馆编《大南实录正编第一纪》卷二十一，第 335 页。
② 〔越〕阮朝国史馆编《大南实录正编第一纪》卷十九，第 308 页。
③ 〔越〕阮朝国史馆编《大南实录正编第一纪》卷二十，第 320 页。
④ 〔越〕阮朝国史馆编《大南实录正编第一纪》卷二十一，第 333 页。
⑤ 〔越〕阮朝国史馆编《大南实录正编第一纪》卷二十二，第 339 页。
⑥ 〔越〕阮朝国史馆编《钦定大南会典事例》（第二册），第 753 页。

　　三是以白银征收清人、侬人的人丁税。嘉隆二年九月，"命太原宣慰使麻世固监收清人、侬人银税"①。该税系人丁税，以白银缴纳。太原位于中越边境地带，乃银矿富集之所。据《钦定大南会典事例》的记载，阮朝时期，越南的银矿主要分布于太原、清化、兴化、宣光等地。② 同时，太原又是中越陆路边贸的重镇，入越清人也带来一定数量的白银。这些都有利于居住在太原的清人、侬人获得用于缴纳人丁税的白银。

　　四是铸铜钱和继续流通西山伪号钱。嘉隆二年五月，北城户部臣阮文谦"请铸铜为钱，薄其周郭，以便民用"，得到嘉隆帝准允。③ 次月，将初铸之一千枚嘉隆通宝钱送往北城依式鼓铸。④ 同年十月，"开北城铸钱局"，"依新制钱样铸造"⑤。由于短期内无法铸造出大量钱币，阮初又不得不继续流通西山朝铸造的"泰德、光中、景盛、宝兴诸伪号钱"⑥。至嘉隆十五年（1816）九月，嘉隆才下诏"凡伪号钱自丁丑（1817）至辛巳（1821）五年姑听通用，壬午（1822）以后并禁"⑦。然而，使用期限截止之后，明命三年（1822）二月，"缓伪号钱之禁"，要求在一年内将伪号铜钱、铅钱换成制钱，"至来年即止民间市肆贸易，禁如限"⑧。

　　再从对外来看，则是以"半银半钱"征收港税。全面审视阮朝初年的赋税征收情况，我们可以发现，阮朝试图改变以"全钱"或"实物"征收租税的传统做法，尝试建立一套以"全银"或"半银半钱"的方式征收，从而将白银引入赋税征收体系的征税制度。我们暂且将这种制度称为租税征银制度。显然，租税征银制度是阮朝用以缓解银"荒"的一个重要手段，而以"半银半钱"征收港税正是该制度施行的外在表现。据多贺良宽的研究，嘉隆初年阮朝以白银征收的税种涉及矿山税、人丁税、关津税和港税，征收方式有"全银"或"半银半钱"。⑨ 阮朝租税征银制度的推行应该是1803 年以"半银半钱"征收港税为始。以"半银半钱"的方式征收港税，

① 〔越〕阮朝国史馆编《大南实录正编第一纪》卷二十二，第 343 页。
② 〔越〕阮朝国史馆编《钦定大南会典事例》（第二册），第 634、635 页。
③ 〔越〕阮朝国史馆编《大南实录正编第一纪》卷二十一，第 335 页。
④ 〔越〕阮朝国史馆编《大南实录正编第一纪》卷二十一，第 336 页。
⑤ 〔越〕阮朝国史馆编《大南实录正编第一纪》卷二十二，第 345、346 页。
⑥ 〔越〕阮朝国史馆编《大南实录正编第一纪》卷五十四，第 312 页。
⑦ 〔越〕阮朝国史馆编《大南实录正编第一纪》卷五十四，第 312 页。
⑧ 〔越〕阮朝国史馆编《大南实录正编第二纪》卷十三，见《大南实录》（五），庆应义塾大学言语文化研究所，1971，第 191 页。
⑨ 〔日〕多贺良宽：《19 世纪ベトナムにおける租税银纳化の問題》，第 91、104 页。

是阮朝在推行租税征银制度过程中迈出的第一步。继港税之后，阮朝又将这种征税方式推广至田租和关津税。[①]

阮朝将一半港税钱折算成白银征收，说明相对于钱币，其更渴望白银。然而，阮朝并未强制征收"全银"港税，而是将剩下的一半港税钱仍以钱币征收，这又意味着其仍设法获得钱币。而以"半银半钱"的方式征收港税，则可以保证同时有白银和钱币进入国库。以"半银半钱"征收港税，是阮朝试图从外部寻求解决银"荒"、钱"荒"的重要举措。

（二）兼顾"中国通用银，越南通用钱"货币使用习惯

因入越外国商船以中国船为主，故阮主政权、阮福映政权以及阮朝制定之港税规定在很大程度上是为中国船"量身打造"。就这个层面而言，"半银半钱"港税的形成与中国方面的因素有很大关系。多贺良宽最先注意到这一点，认为阮朝以"半银半钱"征收清船港税是因为中国通用白银而越南通用钱币，且中国的白银量大，银价较便宜。其依据是嗣德十四年（1851）十月二十三日内阁的一份奏折的相关记载：

> 该部臣商同窃照，该清商外国梯航，不远而来，盖闻我仁政而愿藏于其市。该船应征港税节经议定，均据横梁为准。仍随其所载在清某省府辖、货项之粗贵，所到本国某府省辖商买之难易而为之等差，按尺征收。其税钱数干，又一半照收实钱，一半折纳银两。想亦以钱为我国通用，而银为北国通用，银于北国既多，其价值稍贱，故亦酌从其俗，使之易办也。[②]

尽管阮朝内阁臣是站在其所处的年代来分析"半银半钱"港税的成因，

---

① 〔越〕阮朝国史馆编《大南实录正编第一纪》卷五十，见《大南实录》（三），庆应义塾大学言语文化研究所，1968，第280页；〔越〕阮朝国史馆编《大南实录正编第二纪》卷七，见《大南实录》（五），第117页。

② 转引自〔日〕多贺良宽《19世纪ベトナムにおける租税銀納化の問題》，第104页，笔者已对该引文重新断句。多贺良宽的断句为：该部臣商同窃照，该清商外国梯航不远而来，盖闻我仁政而愿藏于其市。该船应征港税节经议定，均据横梁为准。仍随其所载在清某省府辖货项之粗贵，所到本国某府省辖商买之难易而为之等差按尺征收。其税钱数干，又一半照收实钱，一半折纳银两。想亦以钱为我国通用而银为北国通用，银于北国既多其价值稍贱，故亦酌从其俗使之易办也。

其给出的理由放在阮朝初年未必成立，但其分析原因的视角给我们提供了启发。

弗兰克指出："东亚、东南亚和南亚的日常小额交易主要使用铜钱。"[①] 实际上，越南的小额贸易、大宗交易均主要使用钱币。在阮朝建立之前，无论是阮主政权，还是阮福映政权，在其统治区域内，钱币始终占据着主流货币的地位。[②] 这两个政权的一个共同点是都重视发展海外贸易。除了获得港税礼例、货税收入，其还通过港税政策吸引外国商船多载来现成的钱币或铸造钱币的材料。这样，即使在本地金属矿产资源严重匮乏的情况下，依然能够保证有一定数量的钱币进入流通领域。尽管阮主政权对华人及边地少数民族征收"全银"人丁税，并且阮福映政权也继承了这一做法，但只限于某些特定群体的特定税种，其他税种仍然遵循传统的钱币或实物征收方式。阮朝在建立之初，仍然以使用钱币为主。[③]

再从中国方面来看，白银货币化始于明末，白银成为合法货币。[④] 在清朝的货币发展史中，清朝推行的是重银轻钱的货币政策，银逐渐占据钱的上风。[⑤] 自 16 世纪末至 19 世纪 30 年代是白银流入中国的时期。[⑥] 阮福映对白银大量流入清朝的事实应该是十分清楚的。这除了可以从入越清船获悉，还可通过前往中国的派员而知晓。1798 年 6 月，阮福映派吴仁静"奉国书从

---

① 〔德〕贡德·弗兰克：《白银资本：重视经济全球化中的东方》，刘北成译，中央编译出版社，2001，第 198 页。

② 关于阮主政权、阮福映政权的货币史，参见云南省钱币研究会、广西钱币学会编《越南历史货币》，中国金融出版社，1993，第 35~36 页；〔澳〕李塔娜：《越南阮氏王朝社会经济史》，李亚舒、杜耀文译，文津出版社，2000，第 108~116 页；Li Tana, "Cochinchinese coin casting and circulating in the eighteenth century Southeast Asia", in *Chinese Circulations: Capital, Commodities, and Networks in Southeast Asia*. Eric Tagliacozzo, ed., Duke University Press, 2011, pp. 130-135, pp. 138-142。

③ 关于阮朝前期的货币史，参见云南省钱币研究会、广西钱币学会编《越南历史货币》，第 46~65 页；〔日〕多贺良宽：《19 世纪ベトナムにおける租税銀納化の問題》，第 91~114 页；〔日〕多贺良宽：《阮朝治下ベトナムにおける銀流通の構造》，《史学雑誌》(2014)，123 (2)，第 1~34 页。

④ 关于明朝的白银货币化，参见万明《明代白银货币化：中国与世界连接的新视角》，《河北学刊》2004 年第 3 期；万明：《白银货币化视角下的明代赋役改革》(上)，《学术月刊》2007 年第 5 期；万明：《白银货币化视角下的明代赋役改革》(下)，《学术月刊》2007 年第 6 期；万明：《明代白银货币化研究 20 年——学术历程的梳理》，《中国经济史研究》2019 年第 6 期。

⑤ 杨端六：《清代货币金融史稿》，武汉大学出版社，2007，第 57~58 页。

⑥ 〔日〕滨下武志：《近代中国的国际契机：朝贡贸易体系与近代亚洲经济圈》，朱荫贵、欧阳菲译，虞和平校订，中国社会科学出版社，1999，第 102 页。

清商船如广东探访黎主消息。仁静既至，闻黎主已殂，遂还"①。除了打探黎主消息，吴仁静应该还趁机探访了清朝内情。阮朝建立后，阮福映又派人前往清国打探情况，试图与清朝建立宗藩关系。如：嘉隆元年五月，"清人赵大仕自广东还，帝问以清国事体"②，又派郑怀德、吴仁静、黄玉蕴通使于清。③

因此，以"半银半钱"征收港税，是阮福映基于对中越两国各自的货币使用习惯的认知而做出的两全决定。

（三）更除"钱弊"

本文所言之"钱弊"，一是指钱币的社会属性方面的弊端，即铸造质量较差、实际价值与面额不符的钱币引发的物价上涨或其他弊端；二是指钱币易被腐蚀、易破损等自然属性方面的弊端。从"全钱"港税到"半银半钱"港税，最显著的变化是货币形态的转变。原先以钱币支付的一半港税钱被折算成白银征收，在一定程度上显示了阮朝借此更除"钱弊"的意图。

如前所述，阮主政权与阮福映政权均以流通和使用钱币为主。其中，白铅钱在当地的货币流通中占据主导地位。阮主政权"初铸白铅钱"是在1746年：

> 先是，肃宗时命铸铜钱，所费甚广。民间又多毁为器用，日益耗减。至是，清人姓黄〔缺名〕者请买西洋白铅铸钱，以广其用。上从之。开铸钱局于凉馆。轮郭（廓）、字文依宋祥符钱式。又严私铸之禁。于是，泉货流通，公私便之。其后，增铸天明通宝钱，杂以乌铅，轮郭（廓）又浅薄，物价为之腾踊。④

鉴于鼓铸铜钱的成本过高，又民间毁钱铸器致铜钱减少，故阮主听从黄姓清人的建议。初铸之铅钱保障了泉货流通，方便了辖内贸易。增铸之铅钱杂入乌铅且薄其轮廓，目的是节约白铅，但此举导致钱币质量较差、钱币价值与面值不符，引起当地物价上涨。

---

① 〔越〕阮朝国史馆编《大南实录正编第一纪》卷十，第 168 页。
② 〔越〕阮朝国史馆编《大南实录正编第一纪》卷十七，第 278 页。
③ 〔越〕阮朝国史馆编《大南实录正编第一纪》卷十七，第 281 页。
④ 〔越〕阮朝国史馆编《大南实录前编》卷十，第 140 页。

尽管如此，阮主仍于 1748 年十月强令民间通用 1746 年至 1748 年新铸的七万二千三百九十六缗白铅钱，"拣斥者罪之"①。随着这些质量较差、价值与面值不符的铅钱进入流通领域，由此引发的弊端越发加重。对此，1770年七月，顺化逸士吴世璘向阮主上书，论铅钱之弊：

> 其略曰：窃闻自先君启宇，地尚狭，民尚稀。南未有嘉定之饶［嘉定为第一肥饶之地，地最宜谷，其次宜榔。谚云：粟一，榔二。］，北尚有横山之警。连岁兵革而民无饥馑，国有余需。今天下承平日久，地广民蕃。生谷之地已尽垦，山泽之利已尽出。加之，以藩镇龙湖之田又无旱潦之变。然而，自戊子（1768）以来，粟价腾踊，生民饥馑。其故何哉？非粟之少也，在钱之所致也。人情谁不爱坚牢而嫌易败？今以铅钱之易败而当铜钱之坚牢，所以民争积粟而不肯积钱也。虽然铅钱之弊从来久矣，今欲更之，其势甚难。而生民之饥，其势甚急。臣窃思，为今之计，莫若依仿汉法，每府置常平仓，设有司定常平价。粟贱，则依价而籴。粟贵，则依价而粜。如此，则粟不至于甚贱以妨农，亦不至于甚贵以资富商。然后，徐更铅钱之弊，而诸货平矣。疏入不报［璘后投西贼，受伪职］。②

吴世璘所言之"铅钱之弊"，指的是铅钱的铸造质量差。他将"粟价腾踊""生民饥馑"归咎于阮主以质量较差之白铅钱替代质量较优之铜钱引起的民间争相囤积粟米的行为。吴氏虽找到了症结所在，但阮主臣子却未上报其疏。其中的原因，可能是白铅紧缺的现实在短期内无法改变，以及吴氏的"逸士"身份。这样，阮主政权的钱"弊"问题就此搁置，直至阮主政权灭亡也未得到很好的解决。

阮福映应该注意到了铅钱的弊端问题，但因"兵革"连年而无暇顾及。至 1798 年四月，才制定"铸钱例"，规定"凡白铅百斤铸成钱三十五缗，钱一缗秤重一斤十四两为限"③。至国初，随着国内局势的稳定，阮朝开始着手解决"钱弊"问题。嘉隆二年五月，北城户部臣阮文谦请铸铜钱，并

---

① 〔越〕阮朝国史馆编《大南实录前编》卷十，第 141 页。
② 〔越〕阮朝国史馆编《大南实录前编》卷十一，第 156、157 页。
③ 〔越〕阮朝国史馆编《大南实录正编第一纪》卷十，第 165 页。

指出"铸币之柄则自朝廷，须有法钱，然后无弊"①。所谓"法钱"，指的应该是材质、样式、重量等均依国家统一标准且由官方铸造的钱币。显然，阮朝试图通过依"法钱"重铸铜钱的办法革除铅钱之弊。

实际上，无论是铅钱，还是铜钱，抑或其他钱币，均存在钱币的普遍缺陷。众所周知，钱币多以普通金属鼓铸，易被腐蚀，不便久藏。钱币容易发生盗铸，被贬值的可能性大。遇有改朝换代，前朝钱币还可能陷入被新朝禁止流通的尴尬境遇。阮朝限期西山伪号钱退出流通领域便是最好的明证。相反，作为贵金属的白银不易被腐蚀，可长期贮存。白银价值较稳定，是硬通货，不会因朝代更替而被终止流通。尽管阮朝要求一半港税钱以白银缴纳的做法算不上一劳永逸之策，但至少可以在一定程度上实现逐步更除"钱弊"之目的。

三　"半银半钱"港税的推行

1803年，阮朝"半银半钱"港税开始初步推行。此后，至嘉隆末年之前，阮朝均是在遵循"半银半钱"港税的前提下制定和实施相关港税政策。

阮朝初年，嘉隆致力于恢复和发展经济，确保泉货流通是其首要考虑的问题。价格相对低廉的白铅便成为阮朝铸造钱币的首选材料。为了吸引外国商船尤其是西洋商船载来铸造白铅钱的材料白铅，阮朝出台了相应的港税、礼例优惠政策：

> （嘉隆三年二月，1804）免玛瑞商船三礼钱［上进御前、长寿宫、坤德宫凡三礼］，令船来多载白铅。官市之，还其直。②
>
> 嘉隆三年（1804）旨：玛瑞商船来商，一项船例载白铅三千谢［百斤为一谢］，二项船例载白铅二千谢，三项船例载白铅一千谢，各平价官买，足数扣除港税，并准免上进诸礼，存该艚官礼依例征收。若何项船载纳白铅秤斤不足例者，不得准除港税，白铅发还。永为例。③

---

①　〔越〕阮朝国史馆编《大南实录正编第一纪》卷二十一，第335页。

②　〔越〕阮朝国史馆编《大南实录正编第一纪》卷23，第7页。

③　〔越〕阮朝国史馆编《钦定大南会典事例》（第二册），第752页。

　　阮朝以免 "三礼钱" 作为鼓励玛瑞船 "多载白铅" 的交换条件。白铅由阮朝以 "平价" 官买，说明白铅的定价权在阮朝。至于白铅 "多载" 的标准，阮朝根据船只大小，将玛瑞船划分为一项、二项、三项船，并规定其应载的白铅数量。规格不同的船只有搭载白铅如数，方获以白铅抵扣 "半银半钱" 港税、准免 "三礼" 的待遇，但该艚官礼仍照收。为了享受优惠待遇并从越南运出尽可能多的货物，玛瑞船应该会如数载来白铅。

　　除了白铅，阮朝亦非常紧缺用于制造火药的硫黄。对载来硫黄之玛瑞船，阮朝给予了更优惠的政策：

　　　　（嘉隆）十三年（1814）旨：玛瑞船长策阿经安孙投来商卖。立词受卖硫磺，每谢价值鬼头银十片。准依彼价发还官银，许该船认颁。其所载货项，并许开舱发卖。其港税、礼例并行准免。[1]

　　与白铅不同，阮朝并没有规定享受免 "半银半钱" 港税、礼例政策应载来之硫黄量。并且，官买硫黄由商船定价。依百斤硫黄价 "鬼头银十片" 算出 "鬼头银" 总数，再兑换成中平银发还商船。

　　由于玛瑞、西洋商船多载来白铅、硫黄等阮朝紧缺物项，嘉隆十七年（1818）六月，阮朝允许其以多种方式缴纳港税：

　　　　准定：自今，玛瑞、西洋来商嘉定，所纳港税、货税，或番银、中平银，或全银、全钱、半银半钱，各从所愿，不为限制。[2]

　　据此，前往嘉定贸易的玛瑞、西洋商船可以选择 "全银" "全钱" "半银半钱" 三种方式中的任意一种缴纳港税。"半银半钱" 不再是阮朝港税征收方式的固定选项。这说明，在特定背景和条件下，阮朝港税征收方式具有 "弹性"。此处之 "番银"，乃玛瑞、西洋商船载来之银圆。"中平银" 系有 "中平印志" 之银：

　　　　（嘉隆二年五月）北城户部阮文谦入觐。因言伪西银币多杂铅、

────────────

① 〔越〕阮朝国史馆编《钦定大南会典事例》（第二册），第 752 页。
② 〔越〕阮朝国史馆编《大南实录正编第一纪》卷五十七，第 344 页。

锡，至有分两不称者，请嗣有铸造刻字，以示信。帝然之。谕管北城图家陈平五曰：北城诸镇金、银所出之地，民多淆杂为奸，淆之甚微，得瀛甚厚，若此诈冒，弊所当除。今赐汝为中平侯，凡公私金、银锭得尔中平印志乃听通用。尔其慎之，售奸巧者有坐。①

阮朝国内的金、银锭只有刻上中平印才能流通使用，否则视为非法。阮朝允许玛瑞、西洋商船以番银或中平银缴纳港税，说明"全银"或"半银半钱"之银可以是外国银圆，还可以是越南国内的白银。

嘉隆十七年，阮朝对外国商船的港税征收方式做了补充：

> 又议准：玛瑞、西洋船奉纳港税、货税，如愿全纳鬼头银，每片准价一贯五陌；全纳银锭，每一两准价二贯八陌。或愿全银、全钱、半银半钱亦听。至如他国商船，照依上年例纳半银半钱，不得援此为例。②

阮朝进一步放宽了玛瑞、西洋商船以多种方式缴纳港税的地域限制。规定"鬼头银"、"银锭"与"钱"之间的官方比价，可以便于征收"全银"或"半银半钱"港税。港税钱总额除以每片"鬼头银"或每锭银规定的以钱计价的数额，即可得出应纳"鬼头银"或"银锭"的数目。与玛瑞船、西洋船的待遇截然不同的是，清船等其他外国商船则仍须依旧例以"半银半钱"缴纳。阮朝之所以区别对待，主要是因为玛瑞、西洋商船多载来阮朝紧缺之白铅、铜块、硫黄等项。加之，玛瑞、西洋商船缴纳的港税比其他商船多得多。

同年，阮朝又议准"税礼"贮存、奏报的具体执行办法：

> 递年嘉定、北城商船来商，干艘照项应纳诸礼与港税、货税钱、银若干，饬所司员依例照收并纳入在城公库。照据实收税礼钱、银，依上年例修簿，纳在该艚官转奏。再据上进诸礼与该艚官礼钱、银若干，别修奏簿甲、乙、丙三本。详开何项船艘横度尺寸与现纳入库之上进诸

---

① 〔越〕阮朝国史馆编《大南实录正编第一纪》卷二十一，第 335 页。
② 〔越〕阮朝国史馆编《钦定大南会典事例》（第二册），第 752 页。

礼、该艚官礼钱、银各若干，脚注明白钦递，由该艚官详实题奏。乙本录交户部官，并此钱、银照发在京库。全钱交该艚官单领，以便替纳上进诸礼与该艚官礼依数。嗣后永以为例。[1]

嘉定、北城两总镇所辖区域的勘验员征收之"半银半钱"港税、礼例均贮于总镇公库。这样做可以保证有较充足的白银、钱币供进入其地的外国商船兑换，以便港税征收。

在经历了近二十年的休养生息之后，阮朝经济在明命初年获得快速发展，越来越多的外国商船，尤其是清朝商船进入越南贸易。海外贸易的繁荣，成为推动阮朝港税制度各项改革的动力。明命元年（1820），阮朝对港税礼例进行了一些调整：

> 又议准：诸商船港税、诸礼例从前各随商船处所折算，间有多少不齐，未为画一。嗣后，征收钱、银在商船总名为"港税礼例"，以从简便。迨满税期，所在官通并所收钱、银总数若干分为一百成：港税七十八成、上进诸礼十二成、商舶官十成，依例折算，缮开奏册，由该艚官总数缮册题达。永为常例。[2]

此次改革涉及费用名目精简、港税礼例分配、奏册缮修与奉纳。对清船征收的"钱、银"应该还是以"半银半钱"的方式。"钱、银总数"的分配是先将所有白银、钱币各分为一百份，再按比例"折算"分配。

通过一份明命五年（1824）十一月初二日北城总镇黎宗质、户曹段曰元的奏折，我们可以大致窥探明命初年阮朝征收的外国商船港税情况：

> 明命四年癸未十月至本年十月底，诸舶投来在城商卖、接载客货该二十九艘。逐期奉有疏文、勘簿钦递。臣等奉饬该等遵体照收税例。除兹期空舶一艘留冬未纳税例外，存舶二十八艘港税、礼例半分银伸钱并半分钱二万二千四十二贯八陌，又贵货、帆柱税半分银伸钱并半分钱二千二百三十五贯七陌四十二文，合共银伸钱并钱该二万四千二百七十八

---

① 〔越〕阮朝国史馆编《钦定大南会典事例》（第二册），第 748 页。

② 〔越〕阮朝国史馆编《钦定大南会典事例》（第二册），第 749 页。

贯五陌四十二文，内半分钱一万二千一百七十二贯五陌四十二文，内半分银四千八十六两，又带纳看费钱一百二十八贯五陌三十六文。各已递纳在城公库依数。兹臣等奉照商舶某艘横干尺寸、港税礼例及货税银、钱与带纳看费钱各若干，逐款钦修册本甲、乙、丙三本，一同钦递奏闻。①

该城征收的外国商船港税、礼例及贵货、帆柱税均按"半银半钱"征收。所收银、钱贮存在北城公库，可以为外国商船缴纳港税提供兑换所需的白银和钱币。可见，"半银半钱"港税礼例的征收及奏报与嘉隆时期相差不大。

明命前期，为了吸引外国船来商，阮朝先后出台了减免港税、宽免看费钱的政策。如：明命六年（1825），阮朝规定"凡外国来商，酌减港税有差"②。明命八年（1827），议准"宽免带纳看费例钱"③。然而，"凡清商船应纳半银之数，不得折纳钱文"④。即便有这种硬性规定，阮朝实行的优惠政策还是取得了较好成效。从明命十年（1829）十二月十一日户部上奏全年征收的外国商船港税来看，该年有"商舶五艘来京"，"税钱三千二百四十七贯，内银五百三十八两，内钱一千六百三十三贯"，"诸辖本年商舶七十五艘来商"，"税钱十万零十五贯，内银八千三百八十九两，内钱七万四千八百四十八贯"⑤。明命帝在奏折末尾朱批："仍以钱银示行折半"⑥。可见，明命前期，"半银半钱"港税得到了严格的执行。

明命十年，阮朝还进行了一次对港税制度影响较深的改革：

> 十年谕：向例，商舶税课摘取分数作为上进及管商舶等礼。夫既系税课，乃有向上各色，颇未合理。著本年为始，均归税额，毋须仍前作此名色。⑦

① 明命五年十一月初二日北城总镇黎宗质、户曹段曰元奏折，阮朝硃本档案《明命集》，越南第一档案馆，第9卷，第175号。
② 《国朝典例官制略编》，越南汉喃研究院，编号：A.1380。
③ 〔越〕阮朝国史馆编《钦定大南会典事例》（第二册），第749页。
④ 《国朝典例官制略编》，编号：A.1380。
⑤ 明命十年十二月十一日户部奏折，《明命集》第37卷，第70号。
⑥ 明命十年十二月十一日户部奏折，《明命集》第37卷，第70号。
⑦ 〔越〕阮朝国史馆编《钦定大南会典事例》（第二册），第749页。

至此，阮朝将诸礼全部纳入港税，实现了真正意义上的 "商舶税课"。这为明命后期以 "半银半钱" 港税为基础的港税改革奠定了重要基础。

值得关注的是，在实际征税过程中， "半银半钱" 港税在明命时期也显现了 "弹性"：

> 十年旨：商舶税课向来征收半银半钱，自有一定之则。兹据嘉定摺叙，城辖银数无多，该商曾已悉力寻办而所得无几。既该城察系拮据情形，除现已输纳银八十一笏五锭外，尚欠数千。此次著加恩，准依所请折纳钱文，免致远商妨业。此系一辰量加恩格，嗣后毋须援此为例。①

从圣旨的内容，可以得出以下四点认识。

其一，此船可能系清人雇用之西洋大船。虽然自明命中期开始西洋船逐渐被限定在沱㶞汛贸易，但从阮朝硃本的记载来看，阮朝并不禁止清人雇用西洋大船往嘉定贸易，只是其港税征收需从西洋例。该商应纳之白银数量大于 "八十一笏五锭"，又银每笏值钱三十贯、每锭值钱三贯，② 故 "半银" 港税钱大于 2445 贯，港税钱总额大于 4890 贯。而清朝商船缴纳的港税很少有超过 4000 贯的情况。综合来看，此船系清人雇用的西洋大船可能性大。

其二，阮朝允许外国商船在越南兑换当地白银用以缴足 "半银" 银数。对于经常入越贸易的商船，其对应缴之 "半银" 银数、 "半钱" 钱数应该是了然于心的，且通常会提前准备。为了凑足应纳之银数，该商已寻遍嘉定的白银。这说明，外国商船如果出现白银不足的情况，可以兑换当地白银，阮朝并不禁止这种兑换行为。

其三，征税过程中特殊情况的处理体现了中央与地方的密切互动。面对该商船的特殊情况，嘉定城臣不敢擅自主张，而是先将实情上奏中央，交由皇帝定夺。这说明，在 "半银半钱" 港税征收这件事情上，尤其是遇到比较特殊的情形时，中央与地方的沟通、协调不仅是重要的，而且是必要的。从中也可以看出中央对地方入港勘验事务的实时监督与管理。

其四，部分 "半银" 银数在特定条件下可折纳钱文。嘉定城臣因外国

---

① 〔越〕阮朝国史馆编《钦定大南会典事例》（第二册），第 753 页。
② 明命十年十月二十九日清华镇胡文张、宗室宜、段谦光奏折，《明命集》第 33 卷，第 208 号。

阮朝硃本档案所载明命初至嗣德初年阮朝对清朝南船征收的"半银半钱"港税情况

序号	奏报时间	船户名号	船横尺寸	每尺税钱	港税钱	半银		半钱
						白银	值钱①	
1	明命五年七月初七日②	陈永成	一	一	一	半银半钱		
2	明命十年十月二十九日③	郑顺兴	十尺	三十五贯	三百五十贯	五十八两	一百七十四贯	一百七十六贯
3	明命十一年十月二十三日④	郑顺兴	十尺	三十五贯	三百五十贯	五十八两	一百七十四贯	一百七十六贯
4	明命十九年二月二十七日⑤	万永兴	一丈七尺八寸	一百四十贯	二千四百九十二贯	四百一十五两	一千二百四十五贯	一千二百四十七贯
5	明命十九年三月二十日⑥	金捷报	三丈一尺一寸	一百十贯	二千三百二十一贯	三百八十六两	一千一百五十八贯	一千一百六十三贯
6	明命十九年四月初三日⑦	琼万金	一丈二尺六寸八分	七十贯	八百八十二贯	一百四十七两	四百四十一贯	四百四十一贯

① 在涉及人港勘验的硃本中，大部分硃本同时记载了港税钱总数、"半银"的白银总数、"半银"的"值钱"数目、"半钱"数目，少数硃本未载"半银"数目，"半钱"数目。对于未载之"半银"之"值钱"数目、"半银"的白银数值、"半钱"的港税钱总数、"半钱"数目计算得出。

② 明命五年七月初七日北城总镇黎质、户曹段日元奏折，《明命集》第 8 卷，第 171 号。

③ 明命十年十月二十九日清华镇胡文张、宗室官、宗室宴光奏折，《明命集》第 33 卷，第 208 号。

④ 明命十一年十月二十三日清华镇胡文张、宗室官、阮文胜奏折，《明命集》第 44 卷，第 179 号。

⑤ 明命十九年二月二十七日权华定边总督关防黄炯、阮文、陈有升、阮文进奏折，《明命集》第 60 卷，第 42 号。

⑥ 明命十九年三月二十日权华定边总督关防黄炯、阮文、陈有升、阮文进奏折，《明命集》第 60 卷，第 49 号。

⑦ 明命十九年四月初三日都统署后军都统掌府事领定边总督弘忠伯阮文仲奏折，《明命集》第 60 卷，第 59 号。

续表

序号	奏报时间	船户名号	船尺寸	每尺税钱	港税钱	半银		半钱
						白银	值钱	
7	明命十九年闰四月二十六日①	周裕兴	一丈七尺九寸八分	一百十贯	一千九百六十九贯	三百二十八两	九百八十四贯	九百八十五贯
8	明命二十一年十一月初九日②	金顺利	一丈三尺一寸	—	共二千三百七十六贯	共三百九十七两	共一千一百九十一贯	共一千一百八十五贯
9		金兴发	一丈三尺三寸	—				
10	明命二十二年正月初六日③	新成利	一丈三尺八寸三分	—	一千一百十七贯八陌		半银半钱	
11		新永益	一丈三尺八寸七分	—	一千一百十七贯八陌		半银半钱	
12	明命二十二年正月初六日④	刘顺发	一丈八尺四分	—	一千七百八十三贯	二百九十七两	八百九十一贯	八百九十一贯
13	明命二十二年正月初六日	金德隆	一丈七尺六寸八分	—	一千六百六十三贯二陌	二百七十八两	八百三十四贯	八百二十九贯二陌

① 明命十九年闰四月二十六日都统署后军都统府都统掌府事领定边总督弘忠伯降三级留任纪录一次阮文仲奏折,《明命集》第 60 卷,第 77 号。

② 明命二十一年十一月初九日户部奏折,《明命集》第 80 卷,第 84 号。

③ 明命二十二年正月初六日户部奏折,《明命集》第 82 卷,第 45 号。

④ 明命二十二年正月初六日署平富总督邓文和奏折,《明命集》第 83 卷,第 24 号。明命帝于明命二十一年十二月二十八日崩,阮朝以次年正月二十日朝,《大南实录》卷一。参见〔越〕阮朝国史馆编《大南实录正编第三纪》卷一,庆应义塾大学言语文化研究所,1977,第 21 页。以前为明命二十二年(1841),二十日以后因为绍治元年"。

续表

序号	奏报时间	船户名号	船横尺寸	每尺税钱	港税钱	半银		半钱
						白银	值钱	
14	明命二十二年正月十六日①	琼连盛	九尺九寸	一	一百七十八贯二陌	二十九两	八十七贯	九十一贯二陌
15	绍治元年正月二十七日②	陈合	一丈七尺八寸六分	一	一千七百六十二贯二陌	二百九十四两	八百八十二贯	八百八十二贯二陌
16	绍治元年二月十五日③	新顺发	十三尺七寸八分	五十五贯	七百五十三贯五陌	一百二十六两	三百七十八贯	三百七十五贯五陌
17	绍治元年二月二十一日④	陈顺裕	一丈三尺	一	九百十贯	一百五十二两	四百五十六贯	四百五十四贯
18	绍治元年二月二十三日⑤	李兴	一	一	共三千八百二十贯	共六百三十七两	共一千九百十一贯	共一千九百十三贯
19		韩广盛	一	一				
20		陈得利	一	一	一千九百十四贯	三百十九两	九百十九贯	九百五十七贯
21	绍治元年闰三月十二日⑥	金宝兴	一丈六寸五分	一	四百七十七贯	八十两	二百四十贯	二百三十七贯

① 明命二十二年正月十六日护理富安巡抚兼防布政使范世显，按察使黎光奏折，《明命集》第83卷，第75号。
② 绍治元年正月二十七日署平督邓文和奏折，阮朝硃本档案，《绍治集》，第一档案馆，越南，第2卷，第37号。
③ 绍治元年二月十五日权事河仙巡抚关署按察使黄敏达奏折，《绍治集》第1卷，第21号。
④ 绍治元年二月二十一日户部奏折，《绍治集》第13卷，第68号。
⑤ 绍治元年二月二十三日户部奏折，《绍治集》第13卷，第78号。
⑥ 绍治元年闰三月十二日署平督邓文和奏折，《绍治集》第4卷，第170号。

续表

序号	奏报时间	船户名号	船横尺寸	每尺税钱	港税钱	半银		半钱
						白银	值钱	
22	绍治二年十二月十九日①	陈万德	一丈四尺二寸	—	一千四百五十贯八陌	二百五十两	七百五十贯	七百贯八陌
23		陈顺成	一丈三尺八寸六分	—	八百六十九贯四陌	一百四十五两	四百三十五贯	四百三十四贯四陌
24		金丰利	一丈二尺二寸	—	七百六十八贯六陌	一百二十八两	三百八十四贯	三百八十四贯六陌
25	绍治年间②	叶琼益	一丈三尺三寸	—	六百四十八贯三陌三十文	一百一十两	三百三十贯	三百一十八贯三陌三十文
26		新永隆	一丈三尺六寸	—	一千一百二贯六陌	一百八十三两	五百四十九贯	五百五十三贯六陌
27		新永福	一丈三尺七寸	—	六百二十八贯六陌	一百五两	三百一十五贯	三百一十三贯六陌
28		新发利	一丈三尺六寸	—	六百七十三贯二陌	一百一十二两	三百三十六贯	三百三十七贯二陌
29		新胜利	一丈三尺五寸	—	六百六十八贯二陌三十文	一百一十一两	三百三十三贯	三百三十五贯二陌三十文
30	绍治三年正月初九日③	陈财原	一丈三尺五寸	六十三贯	八百五十贯五陌	一百四十一两	四百二十三贯	四百二十七贯五陌

① 绍治二年十二月十九日平富总督邓文和奏折,《绍治集》第 1 卷,第 210 号。

② 绍治年间（具体时间不详）署顺庆巡抚尊寿德奏折,《绍治集》第 1 卷,第 301 号。

③ 绍治三年正月初九日权护南义巡抚关防署广南按察使阮文宪奏折,《绍治集》第 25 卷,第 4 号。

续表

序号	奏报时间	船户名号	船横尺寸	每尺税钱	港税钱	半银		半钱
						白银	值钱	
31	绍治三年正月二十一日①	林兴吉	一丈七尺八寸	一百二十六贯	二千二百四十二贯八陌	三百七十三两	一千一百十九贯	一千一百二十三贯八陌
32	绍治三年二月二十九日②	金丰泰③	—	一百二十六贯	二千七百九十七贯二陌	四百六十六两	一千三百九十八贯	一千三百九十贯二陌
33	绍治三年十二月初十日④	新成利	一丈三尺八寸一分	八十一贯	一千一百十七贯八陌	一百八十六两	五百五十八贯	五百五十九贯八陌
34	绍治五年三月十三日⑤	金宝发	二十尺六寸	—	二千八百八十四贯		半银半钱	
35	绍治五年三月二十七日	陈顺裕	—	—	九百三十贯			
36	绍治五年三月二十七日⑥	陈财惠	—	—	九百三十一贯		半银半钱	
37	绍治五年四月二十四日⑦	琼广益	十四尺九寸	—	一千四百贯八陌		半银半钱	

① 绍治三年正月二十一日权护南义巡抚关防署广南按察使阮文宪奏折,《绍治集》第25卷,第9号。
② 绍治三年二月二十九日署南义巡抚魏克循奏折,《绍治集》第25卷,第37号。
③ 绍治三年六月二十八日署南义巡抚魏克循奏折,《绍治集》第25卷,第76号。
④ 绍治三年十二月初十日广义署布政使阮德护、按察使枚克敏奏折,《绍治集》第25卷,第131号。
⑤ 绍治五年三月十三日户部奏折,《绍治集》第30卷,第68号。
⑥ 绍治五年三月二十七日户部奏折,《绍治集》第30卷,第180号。
⑦ 绍治五年四月二十四日户部奏折,《绍治集》第30卷,第322号。

续表

序号	奏报时间	船户名号	船横尺寸	每尺税钱	港税钱	半银 白银	半银 值钱	半钱
38	绍治五年四月二十七日①	金大隆	一丈三尺六寸	九十贯	一千二百二十四贯		半银半钱	
39	绍治六年正月二十二日②	李兴						
40		陈振顺	一	一	一			
41		蔡和发					半银半钱	
42		王进荣						
43		陈永元						
44	绍治六年正月二十二日③	符进祥	九尺四寸五分	一	一百八十八贯		半银半钱	
45	绍治六年正月二十五日④	一	一丈三尺二寸	六十三贯	八百三十一贯	一百三十八两	四百十四贯	四百十七贯
46	绍治六年正月三十日⑤	陈裕丰	一丈三尺八寸	一	八百六十九贯四陌		半银半钱	

① 绍治五年四月二十七日户部奏折,《绍治集》第30卷,第340号。
② 绍治六年正月二十二日户部奏折,《绍治集》第34卷,第31号。
③ 绍治六年正月二十二日户部奏折,《绍治集》第34卷,第35号。
④ 绍治六年正月二十五日户部奏折,《绍治集》第34卷,第40号。
⑤ 绍治六年正月三十日户部奏折,《绍治集》第34卷,第49号。

续表

序号	奏报时间	船户名号	船横尺寸	每尺税钱	港税钱	半银		半钱
						白银	值钱	
47	绍治六年二月二十日①	林永春	一丈三尺八寸	六十三贯	八百六十九贯四陌		半银半钱	
48	绍治六年二月二十二日②	陈财愿	一丈二尺三寸	—	九百三十一贯		半银半钱	
49	绍治六年四月初三日③	刘合财	—	—	九百三十八贯		半银半钱	
50	绍治六年闰五月初二日④	陈万利	一丈六尺一寸五分	—	一千五百九十三贯		半银半钱	
51		金顺发	一丈五尺二寸五分	—	共二千一百十九贯			
52		琼德兴	一丈三尺八寸七分	—				
53	绍治六年闰五月初十日⑤	陈兴顺	十三尺五寸	—	一千二百十五贯		半银半钱	

① 绍治六年二月二十日户部折,《绍治集》第34卷,第91号。
② 绍治六年二月二十二日户部奏折,《绍治集》第34卷,第98号。
③ 绍治六年四月初三日户部奏折,《绍治集》第34卷,第142号。
④ 绍治六年闰五月初二日户部奏折,《绍治集》第34卷,第244号。
⑤ 绍治六年闰五月初十日户部奏折,《绍治集》第34卷,第270号。

续表

序号	奏报时间	船户名号	船横尺寸	每尺税钱	港税钱	半银		半钱
						白银	值钱	
54	绍治六年闰五月初十日①	黄合顺	十六尺五寸	—	一千八百十五贯		半银半钱	
55	绍治六年九月十九日②	周砚	十尺八寸	九十贯	九百七十三贯		半银半钱	
56	绍治六年十二月初六日③	金泰利	一丈三尺五寸	—	一千二百十五贯		半银半钱	
57		金兴发	一丈三尺五寸					
58		陈财发	一丈八尺四寸四分	—	三艘该钱三千六百二十二贯五陌		半银半钱	
59	绍治六年十二月十六日④	新永益	一丈三尺八寸五分	—				
60		新成利	一丈三尺八寸二分					
61	绍治七年正月十二日⑤	安泰	一丈三尺七寸三分	四十九贯五陌	六百七十八贯一陌三十文	一百十三两	三百三十九贯	三百三十九贯一陌三十文

① 绍治六年闰五月初十日户部奏折,《绍治集》第 34 卷,第 271 号。
② 绍治六年九月十九日户部奏折,《绍治集》第 35 卷,第 454 号。
③ 绍治六年十二月初六日户部奏折,《绍治集》第 39 卷,第 259 号。
④ 绍治六年十二月十六日户部奏折,《绍治集》第 39 卷,第 310 号。
⑤ 绍治七年正月十二日广义省布政使阮德护、署按察使枚德常奏折,《绍治集》第 46 卷,第 10 号。

续表

序号	奏报时间	船户名号	船横尺寸	每尺税钱	港税钱	半银		半钱
						白银	值钱	
62	绍治七年正月二十四日①	李珍记	二丈二尺五寸	一百二十六贯	二千八百三十五贯	四百七十二两	一千四百十六贯	一千四百十九贯
63	嗣德元年五月三十日②	邓合隆	一丈七尺八寸	一百二十六贯	二千二百四十二贯八陌	三百七十二两	一千一百十九贯	一千一百二十三贯八陌
64		金永益	十二尺八寸	九十贯	一千一百五十二贯	一百九十二两	五百七十六贯	五百七十六贯
65		林盛兴	十尺五寸	七十贯	七百三十五贯	一百二十二两	三百六十六贯	三百六十六贯
66	嗣德元年七月十六日③	新振顺	十三尺八寸	九十贯	一千二百四十二贯	二百七两	六百二十一贯	六百二十一贯
67		新裕兴	十三尺五寸	九十贯	一千二百十五贯	二百二两	六百六贯	六百九贯
68	嗣德元年十二月十二日④	新发利	一丈三尺六寸	四十九贯五陌	六百七十三贯二陌	一百十二两	三百三十六贯	三百三十七贯二陌
69		刘兴发	一丈三尺七寸	四十九贯五陌	六百七十八贯一陌三十文	一百十三两	三百三十九贯	三百三十九贯一陌三十文

① 绍治七年正月二十四日南义巡抚阮廷兴奏折，《绍治集》第46卷，第22号。

② 嗣德元年五月三十日署定边总督阮德活奏折，阮朝硃本档案，《嗣德集》，越南第一档案馆，第2卷，第253号。

③ 嗣德元年七月十六日署定边总督阮德活奏折，《嗣德集》第4卷，第157号。

④ 嗣德元年十二月十二日署顺庆巡抚阮庭登藴奏折，《嗣德集》第1卷，第17号。

续表

序号	奏报时间	船户名号	船横尺寸	每尺税钱	港税钱	半银		半钱
						白银	值钱	
70	嗣德元年十二月十六日①	陈开泰	一丈八尺六寸	九十九贯	一千八百四十一贯四陌	三百七两	九百二十一贯	九百二十贯四陌
71		金原隆	一丈九尺七寸	九十九贯	一千九百五十贯三陌	三百二十五两	九百七十五贯	九百七十五贯三陌
72		金来发	一丈七尺一寸	九十九贯	一千六百九十二贯九陌	二百八十二两	八百四十六贯	八百四十六贯九陌
73	嗣德二年正月初八日②	谭兆和	一丈三尺八寸	八十一贯	一千一百十七贯八陌	一百八十六两	五百五十八贯	五百五十九贯八陌
74		陈财发	一丈八尺六寸	九十九贯	一千八百四十一贯四陌	三百六两	九百十八贯	九百二十三贯四陌
75		金发利	一丈七尺	九十四贯五陌	一千六百六贯五陌	二百六十七两	八百一贯	八百五贯五陌
76	嗣德二年正月十二日③	陈泰来	一丈三尺一寸	四十九贯五陌	六百四十八贯四陌三十文	一百八两	三百二十四贯	三百二十四贯四陌三十文
77		李福安	一丈三尺二寸	四十九贯五陌	六百五十三贯四陌	一百九两	三百二十七贯	三百二十六贯四陌

① 嗣德元年十二月十六日平定巡抚护理平富总督关防黎元忠奏折，《嗣德集》第1卷，第7号。
② 嗣德二年正月初八日广义省布政使阮德护、按察使阮文谋奏折，《嗣德集》第9卷，第136号。
③ 嗣德二年正月十二日署顺庆巡抚阮登蕴奏折，《嗣德集》第1卷，第31号。

续表

序号	奏报时间	船户名号	船横尺寸	每尺税钱	港税钱	半银		半钱
						白银	值钱	
78	嗣德二年正月十二日①	林胜春	一丈三尺五分	—	—		半银半钱	
79	嗣德四年八月初五日②	金丰泰	十一尺七寸	—	六百四十三贯五陌		半银半钱	

---

① 嗣德二年正月十二日广省布政使阮德护、按察使阮文谋奏折,《嗣德集》第 9 卷,第 174 号。

② 嗣德四年八月初五日户部奏折,《嗣德集》第 30 卷,第 193 号。

船未能纳足 "半银" 之数而申请朝廷恩准 "折纳钱文"。然而，按照商船税课既定之则，该商须纳 "半银半钱"。鉴于其已竭力搜寻城内白银而所兑之银仍不足数，且城臣亦证实城内确系再无可兑之银，加之该商系 "远商"，故明命帝降旨准其以钱文折纳所欠银数。当然，这只是阮朝在特定的条件下对该商的 "一辰" 特恩，此后仍须纳从 "半银半钱"。

至明命末年，阮朝 "半银半钱" 港税制度趋于定形。此后，绍治、嗣德时期，阮朝均以 "半银半钱" 的方式对外国商船征收港税。

那么，"半银半钱" 港税在实际征收中的情况是怎样的呢？接下来我们通过一些具体的数据进行分析。我们所采集的数据均来自阮朝地方政府在对清朝商船进行勘验后将勘验情况呈报中央的奏折。这类奏折相当于入港勘验报告，并有皇帝朱批。由于涉及入港勘验的嘉隆时期的硃本数量非常有限，故在此我们仅讨论明命初年至嗣德初年阮朝对清朝商船征收的 "半银半钱" 港税情况。

上表中的商船几乎都是从广东省进入越南的广东商船。所有商船均被要求以 "半银半钱" 的方式缴纳港税。从表中数据来看，琼万金、刘顺发、陈得利、金永益、新振顺五人应缴之 "半银" 银数折算成钱的数值与 "半钱" 钱数相等。其他很多商船的 "半银" 钱数与 "半钱" 钱数不对等，但仅有细微差别。

为什么大多数情况下会出现 "半银" 钱数与 "半钱" 钱数不对等呢？这主要是受船横尺寸、每尺税钱及银、钱官方比价的影响。在入港勘验时，勘验员首先度量船横的尺寸。关于度量船横的方法，嘉隆二年议准的 "度船法" 规定，"以官铜尺为准，度自船头板至船尾中板得干寻尺寸为长，以长干寻尺中分之为中心，以中心处度自船身左边板，上横过右边板上面得干尺寸为横。据横度尺寸收税例，零分并在不计。"[①] 精确到寸的船横数值乘以每尺税钱即可得出商船应缴纳的港税钱总额。"半钱" 钱数并不全等于港税钱的一半，只是与港税钱的一半相差不大，并且港税钱中的 "陌" 数、"文" 数被并入 "半钱" 钱数。用港税钱总数减去 "半钱" 钱数即可得出 "半银" 钱数，再用这个数值除以 3 即可得出商船应缴纳的 "半银" 银数。为了便于港税征收，阮朝始终将银、钱的官方比价维持在 1：3，即规定一两银可兑换三贯钱。这个比例从明命初年至嗣德前期未曾改变。只有在港税

---

① 〔越〕阮朝国史馆编《钦定大南会典事例》(第二册)，第 745 页。

钱总数为偶数且"半钱"钱数与"半银"钱数均为 3 的倍数的情况下，"半银"钱数与"半钱"钱数才会相等。

这样，通过"半银半钱"港税的征收，中国的白银不可避免地流入越南，从而使越南加入亚洲区域内部"相对独立的白银流通圈"[①]，而该白银流通圈又构成了世界白银流通圈的一个重要组成部分。

结　语

面对 19 世纪初越南国内银"荒"、钱"荒"加重的形势，并基于宗主国清朝通用银和越南通用钱的认知，以及出于更除阮主末年以来日益积重的钱"弊"问题的考量，阮朝于 1803 年将沿袭自阮主政权的"全钱"港税制度发展为"半银半钱"港税制度。

嘉隆年间，"半银半钱"港税初步推行。至嘉隆末年之前，阮朝均在"半银半钱"港税制度框架内制定与实施相关港税政策。嘉隆十七年，玛瑶、西洋商船获准以"全钱""半银半钱""全银"纳港税，而包括清朝商船在内的其他外国商船则仍被牢牢束缚于"半银半钱"规则之内。自明命初年，"半银半钱"港税得到全面、严格的推行。明命年间的各项港税制度改革亦在"半银半钱"之制内深入展开。明命末年，"半银半钱"港税制度基本成形，后继之绍治帝、嗣德帝均沿用之。

"半银半钱"港税兼具"刚性"与"弹性"的特质。其"刚性"，表现为"半银半钱"港税在嘉隆末年之前及明命初年之后得到严格执行；清朝商船自始至终被要求以"半银半钱"之例纳港税。其"弹性"，则表现为"半钱"钱数在多数情况下并不等于港税钱总数的一半，只是相差不大；"半银"钱数与"半钱"钱数在绝大多数情况下不对等，只近乎相等；特殊情况下的外国商船可以以钱文缴纳"半银"银数不足部分；特定条件下，外国商船可以不依"半银半钱"之例纳港税；外国商船所纳之银不一定都是商船带来之外国银圆或白银，还可以是越南本地白银。

"半银半钱"港税的深入推行，表明阮朝主动加入以白银为重要媒介的经济全球化之中。而阮朝对清朝商船征收"半银半钱"港税的史实，则向

---

① 〔日〕滨下武志：《近代中国的国际契机：朝贡贸易体系与近代亚洲经济圈》，朱荫贵、欧阳菲译，虞和平校订，中国社会科学出版社，1999，第 59 页。

我们充分展示了世界白银流入中国后的一个去向，即从广东沿着海上丝绸之路进入越南。大量中国白银、西方银圆汇入阮朝国库，使越南最终纳入世界白银流通圈，进一步密切了越南与外部世界的联系。

On the "Half-silver and Half-coin" Port Tax of Nguyen Dynasty of Vietnam During the First Half of the 19th Century

Li Qingsong

Abstract：In the early years of the State, Nguyen Dynasty followed the port tax system of the chua Nguyen regime, and levied "Full-coin" port tax on foreign merchant ships. Under the situation of increasing "shortage" of silvers and "shortage" of coins, and based on the consideration of "general use of silvers in China and general use of coins in Vietnam", as well as the removing disadvantages of coins, Nguyen Dynasty began to levy "Half-silver and Half-coin" port tax on foreign merchant ships in 1803, that is, half of the port tax coins was converted into silvers and the other half was levied with coins. The "Half-silver and Half-coin" port tax was initially implemented during the Gia Long period, and was fully and strictly implemented since the early years of the Minh Menh period. This tax levied by the Nguyen Dynasty on the Qing merchant ships, mainly Guangdong merchant ships, reflects the asymmetric relationship between the amount of "Half-silver" and the amount of "Half-coin" in most cases. It has the dual characteristics of "rigidity" and "flexibility". Its in-depth implementation finally brought Vietnam into the world silver circulation circle.

Keywords：The "Half-silver and Half-coin" Port Tax；Nguyen Dynasty of Vietnam；Qing Merchant Ships；The Imperial Archives of Nguyen Dynasty；The Port Inspection

（执行编辑：徐素琴）

海洋史研究（第二十辑）

2022 年 12 月　第 156~178 页

越南碑志中所见的河内广东移民

刘怡青[*]

　　越南出版的《越南汉喃碑铭拓片总集》（以下简称《总集》）有 22 巨册，汇集越南北部大部分拓片资料。越南学者阮文原将这些碑铭分为十类：一为表扬善人、善事，对乡村义举；二为朝廷令旨与官方文件；三为家谱、宗族世系；四为人物行状、功绩；五为乡村各种生活活动；六为古迹寺庙历史；七为神谱事迹；八为诗文；九为寺庙重建、重修；十为杂类。[①] 总体上体现了越南在发展过程中的历史、文化与民间特色。在这些庞杂的碑志中，会馆碑志为中国移民在越南活动的重要文献。会馆作为海外移民、商客信仰与交谊的中心，反映了此活动的人群结构及生活情况。

　　《总集》收有阮朝时期河内粤东会馆与福建会馆的碑刻资料，山本达郎、于向东与谭志词等学者在其论文中皆有所关注与讨论。[②] 其中粤东会馆分别为阮朝嘉隆、明命与绍治年间所刊刻的记事碑，详细记录捐资修建者

---

　　*　作者刘怡青，闽南师范大学历史地理学院助理教授

　　　　本文为作者主持之国家社会科学基金一般项目"越南蒙学文献整理与研究"（项目编号：18BZS172）的阶段性成果。

　　①　〔越〕阮文原：《越南铭文及乡村碑文简介》，《成大中文学报》2007 年第 17 期。

　　②　〔日〕山本达郎《河内的华侨史料》针对其在 1936 年河内考察时，所见粤东会馆与福建会馆相关碑刻进行介绍。内容除记录两会馆碑刻所在位置外，亦由此文可知《总集》尚未收入粤东会馆与福建会馆民国纪年的碑刻，前者尚有两块民国十四年（1925）《重建粤东会馆碑记》，后者则有民国十五年（1926）《捐殖福建会馆公产芳名录》与《福建会馆重修碑记》。于向东《河内历史上的唐人街》在山本达郎的基础之上，介绍粤东会馆、福建会馆概况，并论及两个会馆碑志情况。谭志词写有《越南 （转下页注）

的题名，呈现了这批在河内的广东籍商客、移民的结构，加之《大南一统志》将粤东会馆归类于寺观，以记会馆中所供奉的神祇，亦是非常特殊的情况。

清代以降，旅居越南乃至东南亚的广东籍侨民，习惯上按方言、原乡分为广东（广府）、潮州、客家、海南等地域性民系商帮，广东帮指以广州府、肇庆府为主、操广府方言的人群，潮州帮指操潮州方言的潮汕地区人群，客家帮指操客家话的嘉应州、惠州府及韶州府客家方言人群，海南帮主要指操海南话的琼州府海南方言人群。如阮世祖庚戌十一年（1790）二月条称："令凡广东、福建、海南、潮州、上海各省唐人之寓属辖者，省置该府、记府各一"。① 明命七年（1826）七月，定《唐人税例》嘉定城臣奏言："前者唐人投居城辖、民间铺市，业令所在镇臣据福建、广东、潮州、海南等处人，各从其类，查着别簿置邦长，以统摄之。"② 这里的广东人，与福建、海南、潮州、上海等处并列，是指寓居越南操粤语的广州府、肇庆府等地人士，并非指全广东省（广东【广府】、潮州、客家、海南）的寓越人士。所以，本文所称广东人，一般是指操广府话的广东商民，除非有特别说明。

河内粤东会馆捐题碑记中，绝大部分的成员来自省城广州府南海、顺德两县，所操方言以粤语为主，粤东会馆实际上是以广州府移民为主的广东会馆。基于粤东会馆的特殊性，本文以粤东会馆碑志为中心，并参考河内相关之碑志，以了解河内以广州府为中心广东籍移民分布与活动的概况。

（接上页注②）河内历史上的关公庙与华侨华人》《17~19世纪的越南广东籍华侨华人》两文，前文主要讨论河内关公信仰，文末论及粤东会馆、福建会馆捐题所呈现的人数比例、金额的概况。后文则亦延续前文利用会馆捐题，比较广东、福建籍华人在河内的聚集情况。〔日〕山本达郎：《河内的华侨史料》，《东南亚研究》1984年第3期；于向东：《河内历史上的唐人街》，《东南亚纵横》2004年第7期；谭志词：《越南河内历史上的关公庙与华侨华人》，《南洋问题研究》2005年第2期；谭志词：《17~19世纪的越南广东籍华侨华人》，收于《互动与创新：多维视野下的华侨华人研究》，广西师范大学出版社，2011，第3~13页。

① 〔越〕阮朝国史馆编《大南寔録正编》（庆应义塾大学语学研究所，1961）第一纪，卷四十，庚戌十一年二月，第68~69页。

② 〔越〕阮朝国史馆编《大南寔録正编》（庆应义塾大学语学研究所，1961）第二纪，卷四十，明命七年七月，第97页。

一　关于粤东会馆与河内广东籍移民

《总集》收有七方粤东会馆拓片，透过山本达郎的考察报告，可知另有两方以民国纪年的《重建粤东会馆碑记》并未被收入。①《总集》所收粤东会馆拓片，相关讯息见表1：

表1　《总集》所收粤东会馆碑刻资料

刊刻时间	碑名	拓片编号	备注
嘉隆二年（1803）	鼎建会馆签题录	195	与196《粤东会馆碑记》同时刊刻，为粤东会馆兴建时的捐款题名。捐款者上皆以小字标注原乡讯息，人员分布情况可见图1
嘉隆二年（1803）	粤东会馆碑记	196	与195《鼎建会馆签题录》同时刊刻，内容主述粤东会馆兴建之由，碑记撰文者海南潘绍远，修订者南海关泽川，书者顺德梁廷记，镌刻者东岸县榆林社石工正局阮盛垣
明命元年（1820）	重修捐报录	194	为198《重修会馆碑记》重修粤东会馆捐题记录之一。在"兹将各号捐报银列后"记本次参与重修的商号与其捐款金额。除商号外，另有记区沛周、刘汉记、周泗记、萧瑨石、廖吉泰、关永发、冼胜源等认捐建材，与"宝泉局大使、钦差掌奇加一级、纪录一次铭德侯香资钱参百贯"等记录。未记录原乡讯息
明命元年（1820）	重修签题录	197	为198《重修会馆碑记》重修粤东会馆捐题记录之一。其捐款题名以个人为主，在题名之前记有"会长关天池""首事潘绍远、何敬和、谢鹏周、廖雄泰、周彦才、潘翰典、潘安昌、陈祥吉"，并以"喜题工金芳名列后"记捐题者姓名与其捐题金额。未记录原乡讯息

---

① 山本达郎《河内的华侨史料》记述粤东会馆各碑刻所在方位，两方民国纪年《重建粤东会馆碑记》主要位于会馆"大厅左面墙壁中部"，于民国十四年（1925）年刊刻。另，于向东《河内历史上的唐人街》言粤东会馆现为幼儿所，碑刻讯息与山本达郎所记相符。可惜二者对于此两方《重建粤东会馆碑记》相关记载内容未有着墨。在《孙文的越南情缘》（https://www.thinkingtaiwan.com/content/7325）的介绍中，摄有其中一方《重建粤东会馆碑记》，碑刻额题作"中华民国"，内容则以捐题为主。在其捐题人员归类上，区分12个区块，可辨识者分别为"云南河口埠缘部""富流埠缘部""海阳埠缘部""谅山埠缘部""北宁埠缘部""宣光埠缘部""兴安埠缘部""清化埠缘部""嘉林埠缘部"，另三个无法辨识。在捐助建材部分，有北宁中华会馆、莱州中华会馆、老街中华会馆、宣光中华会馆等记录，足见此次粤东会馆重建捐助者来源并不局限于河内当地，而是扩展到越南各省或周边等地。

续表

刊刻时间	碑名	拓片编号	备注
明命元年 （1820）	重修会馆碑记	198	主记粤东会馆明命元年重修之事，据内容所记可知粤东会馆恭奉神祇为关圣大帝、赞顺天后元君、三元三官大帝、伏波马大将军。碑记撰者、修订者与书者，分别为潘宪祖、关天池与杨蕃开，镌刻者同为嘉隆二年《粤东会馆碑记》中的阮盛垣
绍治四年 （1844）	重修会馆后座碑记	199	主记粤东会馆重修天后元君后殿，及于馆旁新建财帛星君楼，以此楼厅作为聚会之所之事。文末"重修后座首事芳名列"记有"大总理庸目陈宏宽、行长关元吉、通言李联芳"等18人姓名，又有"壮武将军、右军都统府都统、领兵部尚书兼都察院右都御史、总督河内、宁平等处地方提督军务兼理粮银饷，新禄男枚，捐银壹封"等记录。碑记修订者为"行长器菴关美材"，撰、书者"邑庠士复斋谢元"
绍治四年 （1844）	重修后座签题录	200	为199《重修会馆后座碑记》的捐题记录。于"兹将题银芳名列"记参与重修天后殿阁和新建财帛星君楼的商号或人员姓名，及其捐款金额。未记录原乡讯息

　　上表七方拓片，是粤东会馆于阮朝嘉隆二年、明命元年与绍治四年三次修建的记录。据嘉隆二年《粤东会馆碑记》所述，粤东会馆创建于此年，此时为阮世祖阮福映继位的第二年，而嘉隆元年（1802）阮朝始平定西山朝收复河内①，并设立北城总镇。② 粤东会馆的地址，拓片题签记"河口坊行帆庯"。据嗣德版《大南一统志·市庯》记载：

　　　　河口庯，在寿昌县地。商户清人间处，列卖书籍、北货、药材，一
　　名行帆，下同。
　　　　粤东庯，明乡客户旧处新居，殖货居奇。③

---

① 《大南寔录正编》第一纪，卷十七"（嘉隆元年，六月）庚申，驾至升龙城即今河内省，贼阮光缵先弃城走……西山贼悉平，尽有安南之地，得镇十四、府四十七、县一百五十七、州四十。"〔越〕阮朝国史馆《大南实录正编第一纪》，庆应义塾大学言语文化研究所，1961，第286页。

② 《（嗣德版）大南一统志》第一册《河内省·分野》："本朝嘉隆元年置北城总镇，统山南上下、山西、京北、海阳、宣光、兴化、高平、谅山、太原、广安十一镇。"〔越〕阮朝国史馆编《（嗣德版）大南一统志》，西南师范大学、人民出版社，2015，第8页。

③ 《（嗣德版）大南一统志》第一册《河内省·市庯》，第88~89页。

同处河口坊的白马祠，在后黎朝正和八年（1687）《重修汉伏波将军祠碑记》中的功德题名记有"江西、广东、福建、湖广、江南、云南等处"①，说明河口坊在粤东会馆设立之前，原为中国移民、商户的聚集处，嘉隆二年创建的粤东会馆，即成为广东商户、移民主要的信仰、交谊中心。因此，在粤东会馆的七方碑刻资料中，碑文内容与捐题记录，可一窥阮朝时期以粤东会馆为活动核心的河内广东籍商、民信仰与聚集情况。

（一）粤东会馆设立及其崇祀神祇

粤东会馆的设立，据嘉隆二年碑文称：

> 今夫升龙，南邦之都会也，亦东省之宝藏也，我客有历世以居，有新到以处，舟车之辏集，货殖之居奇，近古以来于今为盛。问其酬神恩、敦乡谊，未有咫尺之阶，每于岁时祭祀、公私燕会，尝集湫隘之家，无以尊瞻视也。②

碑文为"南海县香林潘绍远"撰、"南海县天池关泽川"订、"顺德县鲊州③梁廷记"书，镌石则为"东岸县榆林社石工正局阮盛垣"。由所署籍贯或地名来看，碑文撰、写者皆为广东省广州府人，刻工则为越南工匠。在庸老何昌辉、张成利、李胜合、何天盛等人倡议之下，会馆的设立目的有二：一是作为祭祀之所，二是"历世以居，有新到以处"的广东籍商民聚会之处。除碑文所述之目的外，《钦定大南会典·户部》记清人入越南后如要留居，"必须有现在投寓之明乡社及各帮长保结，仍照例登籍管税，方听留居"。④故粤东会馆或亦是因应此情况而设立，得以聚集同乡之人以办理各项手续。

---

① 〔越〕越南汉喃研究院、〔法〕法国远东学院主编《越南汉喃铭文拓片总集》（Tổng tập thác bản văn khắc Hán Nôm）第一册，汉喃研究院、法国远东学院，2005，拓片编号：192。

② 《越南汉喃碑铭拓片汇编》第一册，拓片编号：196。

③ 鲊州，查阮元、陈昌齐纂修（道光）《广州府志》（清道光二年刻本）卷九《地略》，顺德县有登洲，未见鲊州，而在卷一百十四《列传》记"欧适子，字正叔，南海人。幼爽迈，及长重厚寡言笑，以博学多闻称，从游者数百人"。

④ 〔越〕阮朝国史馆编《钦定大南会典事例》卷四十四《户部·清人》，越南国家图书馆藏编号 R.5892- R.5899，叶5。

嘉隆二年《粤东会馆碑记》以记载粤东会馆的创建为主，虽指明粤东会馆的功能在于"岁时祭祀、公私燕会"，但没有记述所祭祀神祇。而据明命元年《重修会馆碑记》所记，可知粤东会馆以侍奉关圣大帝、赞顺天后元君，三元三官大帝及伏波马大元帅为主神。碑文称粤东会馆设立后，广东来河内者"人之盛也，既逾于前"，在会长关天池的倡议下，重修并扩展会馆，崇祀之神祇分别如下：

> 崇祀　关圣大帝，以景仰其浩然之气，而道义知所配合也；
> 崇祀　赞顺天后元君，以佑波恬浪静，而履险如夷于终古也；
> 崇祀　三元三官大帝，以祈福禄攸同，而康强逢吉之永藉也；
> 崇祀　伏波马大元帅，以缅想其底定之勋，而升隆知所安享也。[①]

粤东会馆崇祀神祇中，关圣大帝与天后皆受清朝敕封。关圣大帝于清顺治元年（1644）定祭关帝之礼，顺治九年（1652）敕封"忠义神武关圣大帝"，雍正三年（1725）敕封关帝三代公爵，定春秋祭礼，并置五经博士以奉祀事。[②] 天妃信仰始于宋，至清乾隆二年（1737）加称天后，嘉庆五年（1800）加封为"护国庇民妙灵昭应宏仁普济福佑群生诚感咸孚显神赞顺垂慈笃祜天后之神"，[③] 粤东会馆所记之天后神位，即是遵照嘉庆五年的敕封。

粤东会馆崇祀关圣大帝与天后，前者取其浩然之气，在商者所重为道义，而天后则庇佑出海平顺。三官大帝为粤中常祀之神，清吴荣光撰《重修佛山三官庙碑记》称："道家言天官、地官、水官承天命以洞察人间善恶，动寂感应如粒在种，如影随形视昔视今，凛切森悚，故世人之祀三官，以求福者为多"。[④] 寓意与粤东会馆碑文所称"福禄攸同"一样。伏波将军为岭南最早出现的地方神灵之一，崇拜神灵有二：一为西汉路博德，二为东汉马援，两者皆因平岭南，尤其是马援平定交趾女子"二征之变"，立铜柱

---

① 《越南汉喃碑铭拓片汇编》第一册，拓片编号：199。
② （清）张廷玉等：《清文献通考》卷一百五《群祀考上》，台湾商务印书馆，1987，第5772页。
③ （清）刘锦藻：《清续文献通考》卷一百五十八《群祀考二》，台湾商务印书馆，1987，第9125~9126页。
④ （清）吴荣光：《石云山人集》卷二，清道光二十一年吴氏筠清馆刻本，1841，第四十三叶。

为界，立法约束越人，因此对于两广地区及越南影响甚大。①《广东新语》中将伏波视为海神，记载舟船往来时伏波将军神迹之事。② 粤东会馆崇祀伏波将军，除其在广东被视为海神外，亦取其在越事迹，故碑文称"以缅想其底定之勋，而升隆知所安享也"。

粤东会馆所供奉的神祇，除三官大帝外，其余在越南文献多见记录。关圣大帝与伏波将军于河内皆有香火，如忠烈祠、玉山祠即祀奉关圣大帝，而白马寺亦供奉伏波将军，天后则另多见于福建会馆。据《福建会馆兴创录》所记，创建于嘉隆十六年（1817）福建庯的福建会馆，因"商舶南来相就升隆城居住，岁时飨祀，轮次排设瞻拜荐献之仪，殊觉歉如，屡欲别建祠庙……且以庙外拜亭为本庯会谈之处，亦属妥便，名会馆云"③ 故福建会馆以建立天后庙为祭祀场所。

福建会馆与粤东会馆虽同为中国移民、商户在河内所建立，并供奉神祇，但《大南一统志》仅记粤东会馆，而没有记录福建会馆。嗣德《大南一统志》将粤东会馆归于"寺观"一类：

> 粤东会馆，在寿昌县河口坊。本朝嘉隆二年明乡客户各捐资建造，奉祀汉寿亭侯关公，左侍关平、右侍周昌；曷上元帅、中元、下元三官大帝，马伏波大元帅；阁上奉天后元君，侍顺风眼神将，右侍千里耳神将，④ 都天致富财帛星君。⑤

---

① 校合本《大越史记全书》记"汉建武十九年（公元43）正月，征女王及其妹贰与汉兵拒战，势孤遂皆陷没。马援追及其余众都阳等，至居封县，降之，乃立铜柱为汉极界。……援以西于县有户三万三千，因请分为封溪、望海二县，汉帝从之。援又筑茧江城于封溪，其城圆如茧，故以为名。我越遂属于汉。"〔越〕陈荆和编校《大越史记全书》（校合本），东京大学东洋文化研究所，1986，第127页；又《后汉书》卷二十四《马援列传》"又交阯女子征侧及女弟征贰反，攻没其郡，九真、日南、合浦蛮夷皆应之，寇略岭外六十余城，侧自立为王。于是玺书拜援伏波将军，以扶乐侯刘隆为副，督楼船将军段志等南击交阯。……十八年春，军至浪泊上，与贼战，破之，斩首数千级，降者万余人。援追征侧等至禁溪，数败之，贼遂散走。明年正月，斩征侧、征贰，传首洛阳。封援为新息侯，食邑三千户。……援所过辄为郡县治城郭，穿渠灌溉，以利其民。条奏越律与汉律驳者十余事，与越人申明旧制以约束之，自后骆越奉行马将军故事。"《后汉书》卷二十四《马援列传》，鼎文书局，1981，第838～839页。
② （清）屈大均：《广东新语》卷六《神语·伏波神》，中华书局，1997，第210～211页。
③ 《越南汉喃碑铭拓片总集》第一册，拓片编号：277。
④ 应为"千里眼""顺风耳"，如《正统道藏·太上老君说天妃救苦灵验经》称"千里眼之察奸，顺风耳之报事"，《大南一统志》可能是错记，抑或越南天后信仰有所不同，待核实。
⑤ 《（嗣德版）大南一统志》第一册，第136页。

除粤东会馆外，馆使寺原为会馆，因有祭祀也被归为寺观。[①] 嗣德《大南一统志》所记粤东会馆供奉的神祇，与明命元年《重修粤东会馆碑记》所记大致一致。除关帝左右增加关平、周昌陪侍，天后陪侍顺风耳、千里眼外，财帛星君见于绍治四年《重修会馆后座碑记》，该年，粤东会馆将恭祀天后的后阁"易后阁为宫廷"，还"于馆旁废地新建财帛星君楼，楼下厅所以便乡里同人聚晤"[②]。可知嗣德《大南一统志》所记粤东会馆，最晚在绍治四年将财帛星君纳入祭祀。

河口坊本身为华人聚集的要区，《大南一统志》将粤东会馆纳入"寺观"，可推测粤东会馆在河内香火鼎盛。张德彝《航海述奇》记述了广州人在越南南方西贡所建的穗城会馆，谓"入内过穿堂，后殿内供奉天后娘娘神像，倒拜默祝神佑一路平安。……转东关帝庙一座，再东一带街市铺户多是粤人开设，虽不华丽，亦颇整齐。"[③] 西贡穗城会馆规格与河内粤东会馆类同，亦可想见河内广东籍的商、民围绕在会馆、信仰中心开设店铺的情况。

（二）聚居河内的广东各府县移民、商户

粤东会馆经历三次修建，除立碑记事外，对参与修建捐款者，特立捐题碑。在四方以捐题为主的拓片中，嘉隆二年题签录注明参与者所属原乡，为了解此时期广东各府县人士聚集于河内的情况提供了翔实资料。

嘉隆二年《鼎建会馆签题录》所录捐款人员或商号题名共计 197 个，其中商号 45 个，捐款人 152 名。在商号或人名之上以小字署明其原乡，除22 笔未有记录外，其余题名所属区域分布与数量见图 1。

如图 1 所示，参与粤东会馆兴建者所属原籍，顺德、南海、新会、三水、番禺、增城、东莞属广州府，鹤山、阳江、高要属肇庆府。广州府总计166 笔，占 84%；肇庆府仅 9 笔，占 5%；未见原籍的 22 笔，占 15%。如此悬殊的比例，显示了参与会馆建设的粤人以广州府、肇庆府人士为主。在广州府各县中，又以顺德、南海者为多，两地人数相加约 142 人，约占整体的

---

① （嗣德版）《大南一统志》记"在寿昌县安集村。黎初占城、万象、南掌诸国来贡者馆于此，盖诸国俗皆尚佛，故为寺以馆之，故以为名。"第 130 页。

② 《越南汉喃碑铭拓片总集》第一册，拓片编号：199。

③ （清）张德彝：《航海述奇》卷一，光绪丁丑年（1877）至丁酉年（1897）上海著易堂排印本，第 63 页。

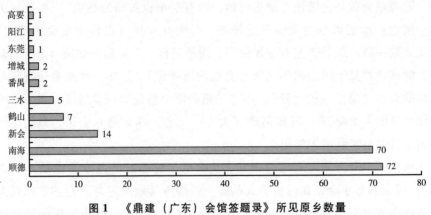

图1 《鼎建（广东）会馆签题录》所见原乡数量

72%。在倡议建立粤东会馆的"庸老"中，除何昌辉、李胜合、陆世昌、周仲广等人，未有捐题记录无法得知原籍，其余张成利、何天盛、主导建粤东会馆并撰文的潘绍远、碑文校订关泽川为南海县人，陈登辉与书碑梁廷记则为顺德县人。故粤东会馆的设立主要由南海、顺德人士所主导。配合捐题记录，更可细致地观察到，河内河口庸或粤东庸，主要为广州府顺德、南海两县商民主要聚集地。

以行政区划与地理方位来看，广州作为广东省会，是广东省政治、经济、文化中心，而且是清代对外交往、海上贸易门户，海路与越南相通，海上联系与交往密切。据《广东新语》"地语·海门"称广州海路有三，其起点分别为广州、东莞、新安、新宁、潮阳、澄海、新会、顺德、香山等。[①]光绪《广州府志·建置略》描述了广州各县在海外交通上各具特色，[②]"起自西南直达于东北，万里长风，往来迅驶，外列大小西洋，占城、暹逻、噶啰哩、安南、吕宋、琉球、日本诸国"，[③]故广州商户得以通过海运向外发

---

① （清）屈大均：《广东新语》卷二《地语·海门》，第33页。

② （光绪）《广州府志》卷六十三《建置略六》记"郡中南海、番禺附郭辅车相依，位置左右各其十二邑，或百里而近，或三百里而遥，棋布星罗，四面环拱。顺德、香山、新安、东莞，地近海壖，沃野平原，阡陌连顷，鱼盐之利，贫民是赖，然为长鲸怖鳄出入之乡，洵属海疆重地。海宁、新会、三水、清远，山围水匝，帆樯络绎，地尽要冲。花县、龙门、从化为郡城之屏倚，冈峦绵亘，壤地相交，而山深丛密，每易藏奸。增城、则当循水下流，为广州东陲之关隘。"（清）（光绪）《广州府志》卷六十三《建置略六》，光绪五年刊本，1879，第八—九叶。

③ （乾隆）《广州府志》卷二《广州海防图说》，广州道署乾隆戊寅年藏版，1758，第四十二叶。

展，向海外移民。明命十四年（1833）新镌《皇越地舆志》称河内"其地西界沿山，东畔临海。京北、海阳在东北，清华在其南，地势广袤，人景繁昌"。① 维新三年（1909）《大南一统志》所绘《全圻图》，② 明确标示出广东→海阳→河内的海上航线。

明命元年、绍治四年重修粤东会馆碑，虽未标示参与者的籍贯，但记载有参与者的相关职称。明命元年《重修签题录》中"会长"为关天池，又有"首事"潘绍远等八人。绍治四年《重修会馆后座碑记》"重修后座首事芳名列"中"大总理"下标示"庸目"陈宏宽，"行长"关元吉，"通言"李联芳，可见粤东会馆成立之后，会馆组织已有新的发展。

值得注意的是，明命元年《重修捐报录》特别标记"宝泉局大使、钦差掌奇加一级、纪录一次铭德侯香资钱参百贯"，绍治四年《重修会馆后座碑记》记录"壮武将军、右军都统府都统、领兵部尚书兼都察院右都御史，总督河内、宁平等处地方提督军务兼理粮饷，新禄男枚捐银壹封"，说明在粤东会馆两次重修中，越南阮朝"总督河内、宁平等处地方提督军务"等高官亦参与其中，足见粤东商民在河内拥有相当势力和影响力。

二　河内其他寺庙碑记中所见广府人士

除粤东会馆碑志外，《总集》所收河内其他寺庙碑志题名，有些出现在粤东会馆碑铭题名之中，有些未见题名，但标注原籍广东。由这些碑铭记录，可进一步观察粤人活动的范围（见表2）。

表2　河内其他寺庙碑记中所见广府人士

刊刻时间	碑名	编号	地点	备要
正和八年（1687）	重修汉伏波将军祠碑记	192	行帆庯白马寺	记"江西、广东、福建、湖广、江南、云南等处"。此处"广东"指广东省
嘉隆十四年（1815）	重建关圣庙碑记	172/173/174	行帆庯关圣庙	倡议重修耆老中有粤东会馆相关人员

① 〔越〕潘辉注：《皇越地舆志》，越南国家图书馆藏书号 R2212，明命十四年新镌，1833，第十八叶。

② 〔越〕高春育等：《大南一统志》，印度支那研究会，1941，第38页。

续表

刊刻时间	碑名	编号	地点	备要
嘉隆十四年 （1815）	重建关圣庙签题录	175/ 167	行帆庸关圣庙	为《重建关圣庙碑记》捐题记录。编号175为"河口坊各甲诸员"捐题；编号167为"广福二庙与诸贵客"捐题
嘉隆十四年 （1815）	再造镇北寺碑	243/ 244	安阜坊镇北寺	题签有中三条与华人有关
明命元年 （1820）	重修白马庙碑	190	行帆庸白马寺	主记"河口坊密泰、北上、北下三甲"捐题
明命元年 （1820）	重修白马庙签题录	189	行帆庸白马寺	主记"广东、福建、潮州三庸诸贵号乐助工金芳名"
明命七年 （1826）	关圣庙朱漆碑记	176	行帆庸关圣庙	捐题中包含粤东会馆潘绍远等人
明命二十年 （1839）	建造方亭碑记	182	行帆庸白马寺	捐题中包含粤东会馆人员、商号
明命二十一年 （1840）	雕漆方亭碑记	183	行帆庸白马寺	捐题中包含粤东会馆人员、商号
嗣德元年 （1848）	重修河口坊亭门碑记	185	行帆庸白马寺	捐题中包含粤东会馆人员、商号
嗣德元年 （1848）	香火屋碑	187	行帆庸白马寺	乡老成员中有粤东会关"潘勋业"
成泰十五年 （1903）	成泰癸卯年修葺捐银芳名碑记	067	还剑湖玉山祠文昌庙	捐题中"朱大宅"据拓片编号150《朱大宅后碑》，可知为广州府南海县人
成泰十五年 （1903）	修补玉山祠碑记	117	还剑湖玉山祠文昌庙	题签有记明乡、南海、行帆
未注明	重修捐资姓氏右碑记	120	还剑湖玉山祠文昌庙	碑文未纪年，拓片题签"还剑湖玉山文昌庙内左边第二碑"。拓片前后，编号119、121拓片，皆与玉山祠无关，故无法得知此捐题记录为何年
未注明	合资姓氏碑记	062	还剑湖玉山祠文昌庙	编号061为绍治三年《玉山帝君祠记》，此拓片是否为《玉山帝君祠记》捐题记录未有明确线索，故时间标注"未注明"

表2 15笔题名中，刊刻时间，除未纪年的2笔，以后黎朝正和八年《重修汉伏波将军祠碑记》年代最早，其余皆在粤东会馆建立之后。在数量上，白马寺7笔、玉山祠4笔、关圣庙3笔、镇北寺1笔。以区域来

看，白马寺与关圣庙所在的行帆庸有 10 笔，还剑湖玉山祠 4 笔，安阜坊镇北寺仅有 1 笔。与粤东会馆距离来看，白马寺、关圣庙所在的行帆庸即为河口坊（庸），还剑湖玉山祠在香茗村，镇北寺最远（详情请见结语附图）。寺庙供奉的神祇，为广东籍商、民参拜的主因。通过地缘因素及参与上述寺庙修建、捐献等活动中捐题署名方式的讨论，可一窥其生活范围扩展的情况。

（一）河口坊白马寺、关圣庙题记中之广府人士

据《大南一统志》所记，白马寺所供奉的主神为龙肚神，《越甸英灵集》称白马寺设于唐高骈筑大罗城时。不论真实与否，可知白马寺在河内历史悠久。[①] 白马寺碑记有两方，均为正和八年，即上表中之《重修汉伏波将军祠碑记》及《白马神祠碑记》。两碑捐题记录分列出不同族群的信众及其所崇信的神祇，《白马神祠碑记》以后黎朝皇亲贵族、官员为主，[②] 而《重修汉伏波将军祠碑记》则记"江西、广东、福建、湖广、江南、云南等处"以及记各方功德信士题名；《白马神祠碑记》言"力扶皇家长久，福护王业永绵。国势尊严，凛若太阿之出匣；天下盘固，屹然泰山之具觇"，而《重修汉伏波将军祠碑记》则言"第京都之东，有白马祠，其来远矣，神威赫奕，而仰之弥高；佑商庇民，则祷之必应"。族群信众不同，亦呈现出不同的祈愿与取向。

透过正和年白马寺碑记，可见白马寺本身的独特地位。明命元年《重修白马庙碑》称"其在河口密泰、北上、北下三甲者，香火为最盛"、"北客列庸诸号及商舶北来者多于祠祈祷"，说明白马寺参拜者包含越人与"北客"，为河口坊重要的信仰中心。与正和八年碑刻所示不同，明命元年碑文并未明确指称信众与崇信神祇之间的关系，不过在白马寺重修捐款题名上，亦将信众分作两部分：一为《重修白马庙碑》中的"河口坊密泰、北上、北下三甲"，所录是以白马寺周边本地居民为主；值得注意的是，明命元年《粤东会馆重修签题录》所记关富利、潘嘉业、潘建业等人，亦见于在此题名中。二为《重修白马庙签题录》所记"广东、福建、潮州三庸诸贵号乐

①　（嗣德版）《大南一统志》第一册《河内·祠庙》，第 112~114 页。

②　碑文中除有记"皇上御敂古钱三贯，太长、燕郡主古钱一贯，永郡主使钱一贯，少尉□郡公使钱一贯，郑氏玉尧古钱五贯，郑□古钱二贯"外，另有礼部、刑部、地方知县、举人、生徒等参与。《越南汉喃碑铭拓片汇编》第一册，拓片编号：193。

助工金芳名"，以中国商民为主，题名中人名或商号特别标注广东、福建、潮州。在人数上属广东者 105 笔、福建 20 笔及潮州 14 笔。广东题名中，部分人员亦见于粤东会馆捐题，如《重修题签录》会长关天池、首事周彦才、潘翰典、潘安昌等。经过比对，约 41 名与粤东会馆重合。以此言之，白马寺碑铭所谓"北客列庙诸号及商舶北来者"，仍是以广东，特别是广州府人士为主。

《重修白马庙签题录》题名标示"广东、福建、潮州三庙"，代表着河内广东广府人、潮州人与福建人以各自方言而自成聚落，其题名方式与《重修白马庙碑》一样，是以居住区域作为分类。同样情况亦见于河口坊关圣庙。嘉隆十四年《重建关圣庙碑记》称河口坊关圣庙"创自黎朝，经今殆百年矣"，河内坊"耆长"潘绍远、潘济业、黄廷宰等人主持此次重修活动，亦见于粤东会馆捐题，潘绍远、王焕文"以告广、福、明香诸贵号"，说明此次重修活动动员了河内坊的广东人、福建人与明乡人，耆长潘绍远、王焕文起到了重要作用，前者为《粤东会馆碑记》撰文者，明命元年《粤东会馆重修签题录》首事，明命七年《关圣庙朱漆碑记》碑文亦出自其手。后者王焕文，则见于《福建会馆兴创录》捐题，为福建晋江人。《重建关圣庙碑记》特记此二人，可见潘绍远、王焕文在各自群体中具备号召力。

在《重建关圣庙签题录》捐题记录中，亦分作"河口坊各甲诸员""广福二庙与诸贵客"两个部分，在《重修白马庙签题录》所题"广东、福建、潮州三庙诸贵号乐助工金芳名"潘绍远、潘济业、潘荣业等人，于此被归为"河口坊各甲诸员"。在"广福二庙与诸贵客"中，捐款人姓名上分别有记广东、福建、潮州与船户。124 笔资料中，扣除 4 笔未标注所属外，其余以广东 88 笔为最多，后则为福建 12 笔、潮州 5 笔，船户 15 笔。

以时间来看，刊刻于嘉隆十四年的《重建关圣庙签题录》，早于明命元年《重修白马庙碑》《重修白马庙签题录》，所记"广、福二庙与诸贵客"实际包括潮州与船户，船户似以"职业"为区分，在粤东会馆相关碑记或《重修白马庙签题录》未见重合者，故其所属区域或身份，还需其他材料以兹比对、讨论。

白马寺与关圣庙明命元年以后相关碑刻，不再区分"北客列庙诸号及商舶北来者"。明命七年《关圣庙朱漆碑记》撰文者潘绍远署"宪亭潘绍远香林氏"，其余捐题者以录姓名、商号为主。题名中除潘绍远、潘荣业、潘勋业、关富利、潘建业、潘进、冼友记、潘廷典等人外，其余亦见于粤东会馆诸碑与《重修白马庙签题录》。白马寺明命二十年、二十一年方亭碑记，嗣德元年《重修河口坊亭门碑记》《香火屋碑记》等亦有同样情况。

透过白马寺、关圣庙在"三甲居民"捐题，粤东会馆相关人员被视为"坊民"而归类，特别是潘绍远、潘勋业等，担任耆老、执事或乡老，参与或号召河口坊相关活动，证明这批广府人士已经逐渐融入当地。

（二）河口坊之外玉山祠、镇北寺题记中的广府人士

河口坊白马祠与关圣庙因地缘、供奉神祇等原因，可以发现于此定居、经商的广府商民参与相关活动，此外还剑湖玉山祠与安阜坊镇北寺亦有零星的题记，嗣德《大南一统志》"祠庙""寺观"条记载：

> 玉山祠，在寿昌县左望湖中土山。祠二座，后奉祀汉寿亭侯，前奉祀文昌帝君，有碑记。土山可四十丈，相传黎末钓台处。
>
> 镇北寺，原名镇国寺，在永顺县安阜坊西湖之侧。黎弘定间建，永祚重修，制度渐豁，景致亦佳。状元阮春正碑记存焉。①

据绍治三年《玉山帝君祠记》及未注明年代的《重修玉山寺文昌祠碑记》所记，玉山祠（寺）为嘉隆年间依关武帝庙扩建，绍治三年时撤下钟阁部分而改建为文昌祠。② 镇北寺，《再造镇北寺碑》则称"镇国，西湖上古寺也，属永顺之安阜。永顺，古广德也。其寺初在河洲，弘定间始移于此。永祚后，日加营葺，遂为都城大名蓝。"③ 可见玉山祠、镇北寺历史悠久，前者主祀关圣帝君、文昌，后者则为佛寺。

与《重建关圣庙签题录》同时的《再造镇北寺》以《俸福本坊十方功

---

① （嗣德版）《大南一统志》，"祠庙"，第 116 页；"寺观"，第 125 页。
② 《玉山帝君祠记》："湖面之北，土山浮出，可三四高，相传是黎末钓台处，曩者蕊溪信斋翁因有关帝祠而加葺之，名玉山寺。……近日向善会有由科目中人者结会之，初以勉行方便为主，原奉文昌帝君而未有祠，信斋翁诸子颇与会相善，情愿让焉。……全会仍修补关帝祠，撤下钟阁，改造文昌帝君祠。"（拓片编号：61）；《重修玉山寺文昌祠碑记》："嘉隆初始有关武帝庙，绍治间又别构奉文昌帝君。"（拓片编号：119）
③ 《越南汉喃碑铭拓片汇编》第一册，拓片编号：243。

德》记录了捐款人员所在处、姓名与金额，以已婚妇女为主。捐款者除安阜坊居民，亦有其他村、坊者，如河口坊、竹帛村、延兴坊等，其中有"行帆庸梁怡记妻阮氏古""大清国广东府南海县河清乡□□河口坊北上甲潘亮典妻黄氏昭"及"福建省南海县黄金发妻阮氏甋"。① 梁怡记见于《重建关圣庙签题录》、粤东会馆《重修后座题签录》，潘亮典则见于明命元年《重修白马庙签题录》，黄金发见于《重建关圣庙签题录》。镇北寺捐题与华人相关的题记仅有此三条，由嫁与华人的越南妇女为主，不同于白马寺、关圣庙的直接参与。

玉山祠四方捐题记录，两方未见刊刻时间，两方刊刻于成泰十五年。未刊刻时间的《合资姓氏碑记》《重修捐资姓氏右碑记》，前者记关炳利、潘美源、关永利，后者商号泗成、金昌，人名洗友记、潘隆盛、朱廷记，见于明命元年、绍治四年粤东会馆捐题。以此来看，这两方捐题碑记刊刻时间在绍治四年前后。

成泰十五年《成泰癸卯年修葺捐银芳名碑记》与《成泰癸卯年修葺捐银芳名碑记》，为本文讨论的碑刻资料中时间最晚者。以嘉隆二年粤东会馆创建算起，至成泰十五年，恰好一百年，成员线索较难有对比的材料。《成泰癸卯年修葺捐银芳名碑记》以标示职务为主，如北宁都督杜文心、北宁布政郑光昭，其余捐款者只记姓名或商号。其中"朱大宅"，透过《河口坊朱大宅祭忌碑记》记其为"大清国广东省广州府南海县九江乡"人，得以明确身份外，其余题名则难以了解其所属。《成泰癸卯年修葺捐银芳名碑记》刻于成泰十五年七月，《修补玉山祠碑记》则在同年十月，与前者不同的是，捐题记录除捐资者官衔，其余均加所属区域，如南海陈念□、关发祯、洗文森、关明辉、陈念鸿、关明佛，明乡王育才、行帆杜文陆，以南海县人为多。

玉山祠邻近河口坊，亦恭奉关圣帝君，且文昌帝君亦为中国信仰神祇之一，但在捐题记录中，相较于河口坊白马寺、关圣庙中"广东"商民比例甚高，属于生活圈外围的玉山祠则显得很少。安阜坊镇北寺相关记录亦以越南妇女为主，与这批广府商民并没无直接的关系，可见河口坊粤东会馆相关人员，生活圈以河口坊为核心，部分在地化纳入到"河口坊各甲"中，甚

---

① 查福建省未有南海县，而黄金发于《重建关圣庙签题录》亦标注为"福建"，故《再造镇北寺》捐题非将广东误植为福建，为何记为"福建省南海县"，尚待考证。

至成为耆老、乡老有其社会影响力。宗教活动的参与，亦是代表着生活圈的扩展，玉山祠记录虽然零星，但仍可作为河内广府人士生活圈辐射出去的证明。

三　碑刻所见历世以居的河内广府移民——
顺德刘氏、南海朱氏

《粤东会馆碑记》所记"我客有历世以居"，河内慈恩寺相关碑记中此类广府移民资料丰富，可作典型个案研究。据同庆元年（1886）《慈恩寺潘门刘氏祭忌碑记》所述，[①] 慈恩寺建于绍治三年（1843），此时粤东会馆成立已逾40年。立寺者为"广东省广州府顺德县江村司马宁都龙江堡忠义儒林乡会龙社长路坊彭城刘燕华堂"一族，刘氏十八世女孙因慈恩寺年久失修，故捐资修此寺庙，相关碑刻见表3。

表3　慈恩寺碑志

标题名	刊刻时间	编号	备注
慈恩寺朱氏后佛碑记	嗣德二十五年（1872）	149	何启恩为其堂姊何门朱氏寄祭
慈恩寺忏碑	同庆元年（1886）	142	范氏康为慈恩寺住持僧修造佛堂，并为该氏夫妻、□景福、范三郎寄祭
慈恩寺后碑	同庆元年（1886）	143	武氏轩为其夫，及内外家先灵寄忌
慈恩寺潘门刘氏祭忌碑记	同庆元年（1886）	144	刘燕华十八世女孙为刘姓及夫族潘姓寄忌
慈恩寺陈门刘氏暨彭门刘氏祭忌碑记	同庆元年（1886）	145	刘燕华十八世女孙为陈门刘氏仕、彭仕锟与彭门刘氏讳罥寄忌
慈恩寺关门刘氏祭忌碑记	同庆元年（1886）	148	刘氏十八代女孙刘全嗣子关遇登为其伯父、伯母、刘氏全与刘姓十九世女孙刘媄婷寄祭
刘门历代祖先灵位	清光绪丁亥年（十三年，1887）阮景宗同庆二年	146	顺德龙江乡长路坊刘氏十八世孙等记其先祖及家族成员灵位
刘、黎、邓三门历代先祖神位	未注明	147	刘显贵之妻为其夫刘氏，以及娘家黎氏、外祖邓氏先祖设立灵位

---

① 《越南汉喃碑铭拓片汇编》第一册，拓片编号：144。

以上八方碑志中，《慈恩寺朱氏后佛碑记》《慈恩寺忏碑》《慈恩寺后碑》与顺德刘氏无关。《慈恩寺朱氏后佛碑记》为何启恩寄祭其堂姊朱氏于慈恩寺的记录，称其"原籍大清国广东省人，来南生业，居河内怀德寿昌之延兴坊"。《慈恩寺忏碑》《慈恩寺后碑》则分别为"河内省怀德府寿昌县顺美总仁内村东中甲信主范氏康""贯海阳省平江府平安县【王示】玤总除溪社寓河内省怀德府寿昌县东寿总勇寿村信主武氏轩"捐款修寺而寄祭立碑。此三方碑志显示慈恩寺虽为顺德刘氏所立，但入寺捐献或寄忌者并没有限制，特别是何启恩碑记，显示迟至嗣德二十五年，广东移民进入河内，但不一定居住于河口坊。

其余五方碑志记载了刘氏族系与其他姓氏如陈、彭、潘、邓、关等的婚姻关系。《刘门历代祖先灵位》列出刘氏十九代世系，由这六方碑志可建构河内顺德刘氏世系与婚姻关系。

（一）河内顺德刘氏世系与婚姻关系

慈恩寺建于绍治三年，刘氏灵位相关碑记皆立于同庆元年，中间间隔40余年。《刘门历代祖先灵位》记录十五世祖刘宗成以下，详记十六世至十九世各辈，包含外嫁刘氏女及其婿，皆有记录。可见刘燕华堂一系，应于十五世即刘宗成一代定居于越南河内，至十六世以下刘和贵兄弟五人在越南开枝散叶。

十六世刘显贵另出现于《刘、黎、邓三门历代先祖神位》，此碑为刘显贵妻所立，刊刻时间不详。刘显贵妻出自"北江天德顺安嘉林邓舍礼村黎门"。《刘门历代祖先灵位》列刘显贵妻室有"妣蔡氏、萧氏"，亦记"十六世祖妣刘门黎氏浩，号妙仁"，此处"刘门黎氏"即立《刘、黎、邓三门历代先祖神位》之黎氏浩。

《刘、黎、邓三门历代先祖神位》所记人员，刘门部分始自《刘门历代祖先灵位》十三世刘俊臣，终于十七世刘显贵逝子刘永昌，[①] 逝女刘氏妹、氏珍、氏官、氏荷、氏意、氏定，以及婿何允龄（延光）、潘廷典，侄刘绍蕃。比对《刘门历代祖先灵位》所记世系与人名，可以推断《刘、黎、邓三门历代先祖神位》早于《刘门历代祖先灵位》。与刘氏有婚姻关系的黎

---

① 《刘、黎、邓三门历代先祖神位》记"逝子刘永昌，字慧长，号受清"，《刘门历代祖先灵位》则作"十七世祖讳永昌，字寿济，号慧长"，略有出入，但可判断为同一人。

门，始自黎氏浩曾祖考黎登铨，终于子侄辈，邓门则以记黎氏浩外祖父母为主。透过此碑，可见作为外来移民的顺德刘氏已与越南本地家族通婚，建立婚姻关系。

《刘门历代祖先灵位》记述十五世之前的刘氏先祖，先妣以"某氏"呈现，至十五世之后，则详记各世家族成员，似乎说明刘氏至十五世以下已定居于河内，所记家族成员不再以单系为主。又记载女性成员姓名，不论是出嫁者，或是刘氏媳，皆一并录入祭祀，如"十七世女孙何门刘氏讳荷，号淑芳"，"十七世祖妣刘门张氏讳月仙"。在女性取名部分，除上所举刘显贵逝女外，偏向于"某氏某"，这与十八世中越南女性多以喃字如仚、圌、呸为名颇相吻合，耿慧玲教授认为，这反映了刘氏家族与越南人融合的现象。

《刘门历代祖先灵位》十七世女孙下列有"婿等卢以仁、何延光、潘廷典、何炳才、关彤光、陈贵谦、潘纯亨、彭仕锟"等八人。卢以仁、何炳才、陈贵谦三人不见于其他碑记，《刘、黎、邓三门历代先祖神位》何允龄（延光）、潘廷典明确为十七世婿。《刘门历代祖先灵位》十七世女孙刘氏荷、刘氏莲，特称为"十七世女孙何门刘氏讳荷""十七世女孙潘门刘氏讳莲"，故可知其夫婿分别为何允龄、潘廷典。

由刘氏十八世孙女有关的《慈恩寺潘门刘氏祭忌碑记》《慈恩寺陈门刘氏暨彭门刘氏祭忌碑记》《慈恩寺关门刘氏祭忌碑记》，可知潘纯亨、关昆培、彭仕锟皆为十八世婿。以《慈恩寺关门刘氏祭忌碑记》为例，此碑文言"关姓关遇登乃刘氏之姨甥，承继刘姓十八世女孙刘氏讳全之嗣子也……祈荐伯父、伯母之灵，承祀于本寺"，所记人员则分别为关门老氏万、关昆培（字彤光）与刘氏十八世孙女刘氏全，故可以推断刘氏全其夫为关昆培。以此来看陈贵谦、潘纯亨、彭仕锟在《刘门历代祖先灵位》皆排于关昆培之后，故应同属十八世婿。

综上所述，以《刘门历代祖先灵位》为中心，顺德刘氏世系以及婚姻关系如图2所示。

（二）顺德刘氏定居河内的时间

《慈恩寺潘门刘氏祭忌碑记》等三碑在寄祭对象部分，皆记有所属世系、生卒年月等。碑刻所记以干支为主，如以立碑年即同庆元年（丙戌年，1886）为基准往前推，相关人员生卒年大致时间、年岁见表4。

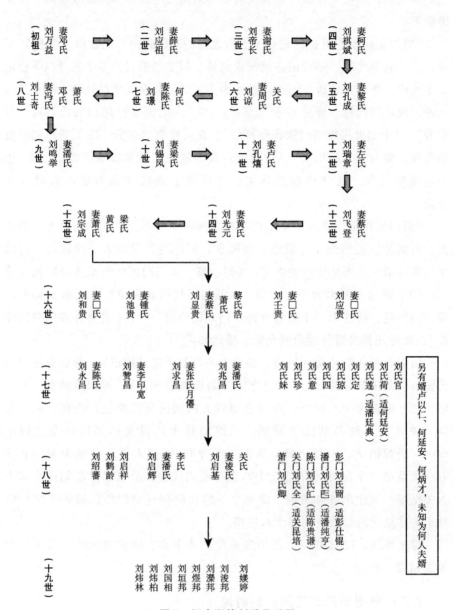

图 2　河内顺德刘氏世系图

表4　潘纯亨等生卒年推算

碑名	姓名	生年	卒年	年龄	身份
《慈恩寺潘门刘氏祭忌碑记》	潘纯亨	后黎朝景兴三十九年（1778）	阮朝绍治元年（1841）	64	应为十八世刘氏匹夫
《慈恩寺陈门刘氏暨彭门刘氏祭忌碑记》	彭仕锟	后黎朝景兴三十年（1769）	阮朝明命七年（1826）	58	为十八世刘氏罟夫
	刘氏罟	后黎朝景兴四十年（1779）	阮朝嘉隆十六年（1779）	39	为彭仕锟妻
	刘氏仝	后黎朝景兴三十五年（1774）	阮朝明命十八年（1837）	64	嫁与陈门，其夫应为陈贵谦
《慈恩寺关门刘氏祭忌碑记》	关昆培	后黎朝景兴三十年（1769）	阮朝嗣德五年（1852）	84	为刘氏全夫
	刘氏全	后黎朝景兴三十二年（1771）	阮朝明命四年（1823）	53	嫁与关门
	刘媄婷	阮朝嘉隆六年（1807）	阮朝嘉隆十一年（1812）	6	缘其年少幼故

　　表中顺德刘氏十八世女孙刘氏罟等三人及其夫婿，约出生于景兴三十年以后，即清乾隆三十四年。以卒年看，除关昆培卒于慈恩寺建寺之后，其余六人皆卒于建寺之前。《慈恩寺潘门刘氏祭忌碑记》与《慈恩寺陈门刘氏暨彭门刘氏祭忌碑记》皆记载"今住持僧叶与本族谋图复旧，刘姓十八世女孙谓其此可述前人之事也"，分别乐出铅钱肆百贯与贰百贯以助成之，《慈恩寺关门刘氏祭忌碑记》关遇登则"乐出铅钱肆百贯"。以上三碑同立于同庆元年五月五日，并与外嫁十八世女孙有关，可知为后人或在世家人，借同庆元年捐款修寺，为已亡故之先人寄祭于慈恩寺。

　　潘纯亨等人大约出生于后黎朝景兴三十年，以一代三十年计，向上推算至十六世刘显贵等人，时间约为正和十八年（清康熙三十六年，1697）前后。此时间接近正和八年（1687）中国移民、商户所立《重修汉伏波将军祠碑记》。借此推估，刘氏燕华堂一族定居河内最迟也是这个时候，于十七、十八两代深耕河内，并建慈恩寺以供奉历代祖先。

（三）长庆寺碑刻所见南海朱大宅一系的婚姻关系

　　慈恩寺碑记反映了广府顺德人士定居河内的情况，长庆寺碑记则揭示了广府南海人士的情况。长庆寺成泰六年（1890）《朱大宅后碑》中，碑文记：

> 大清国广东省广州府南海县九江乡，屋居在河内省怀德府寿昌县第
> 三户河口坊行帆庯朱大宅。外先祖前有土园一区在本县金莲总复古坊地
> 分，起造长庆寺，遗来朱大宅敬奉。①

朱大宅因长庆寺毁坏，故捐资修建并修造佛像，并为朱瑞会及其亡夫陈瑞朝
寄祭于长庆寺。朱大宅外先祖的讯息，见于嗣德二十三年（1870）《寄祭先
灵碑记》②与《长庆寺碑记》，③两碑由"举人梁文栢、秀才陈文仪"撰、
"赐壬戌科同进士出身、翰林侍读学士、充内阁参办兼育德堂钦派河内试场
副主考阮拙夫为"润色，"士人陈德馨"奉写。《长庆寺碑记》记载长庆寺
为"山西白贺定香寓河清庯妇人阮氏使号妙严，与其妹阮氏所号妙依"捐
钱修建，而在《寄祭先灵碑记》则是寄祭阮氏姊妹与其家人，寄祭对象
记有：

> 张门堂上历代家先
>
> 夫君张公字□□
>
> 菩萨□阮氏使号妙严
>
> 菩萨□号妙依
>
> 逝子张成业，字辉庸，号清勤；逝孙张文本附配
>
> 阮门堂上历代家先
>
> 显考阮公字进品，号忠道、显妣郭氏缘

---

① 《越南汉喃碑铭拓片汇编》第一册，拓片编号：150。
② 《越南汉喃碑铭拓片汇编》第一册，拓片编号：151。
③ 《越南汉喃碑铭拓片汇编》第一册，拓片编号：152。

以上讯息揭示出阮氏姊妹同嫁于张氏，故朱大宅所称之外祖即为张门阮氏姊妹。虽无法进一步显示张氏本贯，但朱大宅为"南海县九江乡"人，其外祖母阮氏为"山西白贺定香"人，可知朱大宅祖辈已从广东移居到河内。长兴寺诸碑说明，无论外祖张氏本贯在哪里，南海朱氏定居河内与当地联姻，可以作为越南华侨在地化过程中与本地家族婚姻的实例。

结　语

作为山水相连的近邻，广东与越南在地理、历史、种族等方面都有非同寻常的紧密关系。明清时期广东各地商民大批下海通番，在越南河内等等地经商居留，并逐渐融入越南社会，河内为广东省内操广府方言的广州府、肇庆府等地华侨的主要聚居地。这些来自省城及临近地区外乡人，被称为"广东人"，在居住地建立起有别于广东省内其他地区如客家人、潮州人、海南人的乡帮组织。

河内遗存下来的有关广东人碑记，包括后黎朝正和八年白马祠《重修汉伏波将军祠碑记》，阮朝嘉隆二年粤东会馆《粤东会馆碑记》，到绍治三年刘氏建慈恩寺碑记等，内容十分丰富，可以窥见定居于河内的广府人士，或清人、明乡人，其生活空间以河口坊为中心，逐渐向周边发展。河口坊的粤东会馆、白马祠、关圣庙，到还剑湖玉山祠，及安阜坊镇北寺，以及金莲坊教坊村慈恩寺、金莲总复古坊长庆寺，在《同庆地舆志》"寿昌、永顺二县图"中都可以找到明确标示。

解读这些碑铭和历史地图，可以发现广东人自嘉隆二年粤东会馆建立之后，呈现集体性与在地化的趋势。虽然碑志所记多与宗族信俗活动有关，但是借由这些宗族忆记、民间信仰活动的记载，可视作中国移民融入当地社会生活的指标。在此过程中，从乡帮壁垒分明的捐款题签，到不记籍贯并同记录，以及与当地妇女通婚，皆是中国海外移民逐步扎根越地、繁衍发展的证明，包括广府人在内的广东全省、国内各地商民，为越南经济开发和社会进步做出了积极的贡献。

Hanoi's Cantonese Migrants in Inscriptions from Vietnam

Liu Yi-Qing

Abstract: This paper focuses on inscriptions from Hanoi's Yuedong Guild Hall from the Gia Long, Minh Mang, and Thieu Tri periods, using the inscriptions' titular information to analyze the pattern of movement generated by Hanoi's Cantonese migrants and merchants. The research found that Hanoi's Cantonese migrants were mostly from Guangdong's Shunde, Hainan counties, indicating that convenience to maritime access provided them with the prospect of outward expansion. The Yuedong Guild Hall served as the center of migrant interaction and ritual performances. It is sacred to Guansheng dadi, Shuenzan tianhou, Sanguan dadi, and Fupo jiangjun. From the inscriptions surveyed, donations from other sacred establishments to the Yuedong Guild Hall were also memorialized, including the Guansheng miao and the Baima si at Phuong Hạ Khau, the Yushan Ci at Ho Hoan Kiem, and the Zhengbei si at Phuong Yen Phu. The record of participation in religious activities demonstrates how migrants gradually broadened their living sphere. Inscriptions related to the Liu clan of Yianhuatang found in Cien si further show that Cantonese migrants established themselves and blended into the local community.

Keywords: Yuedong Guild Hall; Inscriptions from Vietnam; Hanoi; Cantonese Migrants

（执行编辑：彭崇超）

海洋史研究（第二十辑）

2022 年 12 月　第 179～195 页

陈贞詥《明乡事迹述言》及其文献价值

平兆龙[*]

　　"明乡人"是越南华侨华人中特殊的群体，一般包含两层含义：狭义上是指越南京族内的一群华人后裔；广义上是指明清以来华人与越南人通婚所形成的混血儿。[①] 明乡人在明清易代时期形成，其后长期存在于越南社会之中，与越南政府互动，推动当地社会经济发展，又对中越邦交关系产生巨大影响，亦影响到越南与柬埔寨、泰国等国的关系。自明清鼎革之后，部分明朝遗民既不愿剃发易服，又不甘做"贰臣"，因而选择流亡域外。越南是其主要流寓之地，到达越南之后，与当地政权合作是其能立足当地的不二选择，否则只能像大儒朱舜水一般，即便在会安寓居 12 年之久还要再次迁徙。早期明乡人的构成，除了明朝遗民，还包括明朝年间就已经在越经商的华人。这些华商善于经商贸易，阮主都利用他们发展对外贸易，在广南国的外贸、航运、翻译等多个领域之中，都由华商主管。[②] 阮主允许他们寓居，成立村社，后世普遍称为明乡社。这种村社并不封闭，而是和越南人相互杂居。尤其是 18 世纪以后，这种特殊的"融合"政策促使明乡人在越南人村社中安居，并迅速自然地融合于当地社会，而非被迫融入。[③] 由于该群体的

---

　　*　作者平兆龙，暨南大学文学院博士研究生、澳门研究院助理研究员。

　　　本文系 2021 年暨南大学博士研究生拔尖创新人才项目"19 至 20 世纪中叶越南明乡人史料整理与研究"（2021CXB026）阶段性成果。

　　①　平兆龙：《越南史籍中华侨华人的称谓与界定》，《华侨华人历史研究》2021 年第 3 期。

　　②　陈荆和：《承天明乡社与清河庯——顺化华侨史之一页》，《新亚学报》1959 年第 4 卷第 1 期。

　　③　Trần Văn An, Nguyễn Chí Trung, Trần Ánh, Tống Quốc Hưng, *Xã Minh Hương vơi Thương Cảng Hội An thế kỷ XVII-XIX*, Hội An: Di tích Quảng Nam Trung tâm Bảo tồn Di Sản, 2005, tr. 30-31.

特殊性，学界也很重视对该群体的研究，但一直以来都是以官方记载来研究明乡人，较为忽视对该群体自撰文献等的挖掘与运用。

2012 年日本关西大学《周边文化交涉丛书》第 7 卷《顺化地区的历史与文化——周边村庄与外部视角》中影印收录了陈贞詥（Trần Trinh Cáp）所著《明乡事迹述言》（以下简称《述言》）一书，原文用汉语文言文书写，日本学者井上充幸将其翻译为日语，越南学者陈文眷（Trần Văn Quyến）将其翻译为越南语，一并收录出版。《述言》为写本，全文均用古汉语书写，由"正文"和"便览各条"两大部分组成。正文 14 页，每页 6 列。"便览各条"共计 9 条，每条起始部分为大字书写，解释部分为小字书写，一般大字一列可写两列小字。最后一页落款日期为保大十三年三月二十三日，落款人为御前撰译侍郎致事陈贞詥敬述，最后落印"陈贞詥明洲"。

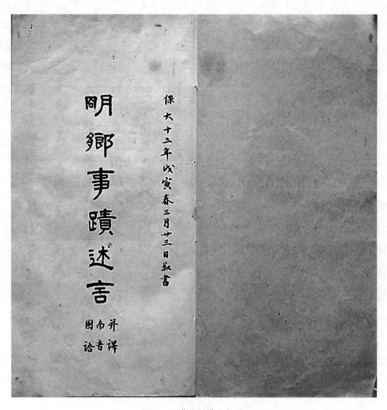

图 1 　《述言》扉页

　　这是目前发现的唯一一部明乡人自撰史书，它的发现在一定程度上弥补了明乡自述视角下的文献缺失。其核心内容叙述了明末至民国年间顺化地区明乡人的历史，可补相关记载之缺。加上陈贞詥为官员出身，地位重要，对越南华侨华人研究有着重要意义。目前学术界较为重视明乡社、明乡文书、家谱、碑刻等方面的研究。① 越南著名学者陶维英（Đào Duy Anh）的《崩铺——华人在承天的首个定居点》②、我国著名学者陈荆和在《承天明乡社与清河庙——顺化华侨史之一页》③ 等文章中数次征引《述言》。还有一些越南学者对此有所涉猎。④ 但并未见学者们就该文献自身价值展开研究。鉴于此，笔者拟就《述言》文献价值及其相关问题进行初步考察。

一　陈贞詥其人与《明乡事迹述言》

　　陈贞詥生于嗣德三十二年（1879），卒年不详，承天府香茶县永治总明乡社（今属承天顺化省香茶市社香荣社明乡村）人，其父是陈止信。陈止

---

① 陈荆和：《承天明乡社与清河庙——顺化华侨史之一页》，《新亚学报》1959 年第 4 卷第 1 期；陈荆和：《关于"明乡"的几个问题》，《新亚生活双周刊》1965 年第 8 卷第 12 期；又收入包遵彭主编《明史论丛》之七《明代国际关系》，台湾学生书局，1968，第 145～156 页；藤原利一郎：《廣南王阮氏ご華僑——特に阮氏の對華僑方針について》，《東洋史研究》1949 年第 10 卷第 5 期；藤原利一郎：《安南阮朝治下の明郷の問題：とくに税例について》，《東洋史研究》1951 年第 11 卷 2 期；李庆新：《越南明香与明乡社》，《中国社会历史评论》2009 年第 10 卷；蒋为文：《越南的明乡人与华人移民的族群认同与本土化差异》，《台湾国际研究季刊》2013 年第 9 卷第 4 期；Charles James Wheeler, "Identity and Function in Sino-Vietnamese Piracy：Where Are the Minh H ương?" *Journal of Early Modern History* , vol. 16, 2012, pp. 503-521；Nguyen Thi Thanh Ha：《ベトナムにおける"明郷"の家譜と社會組織に関する人類學的研究：クアンナム省・ホイアンの事例から》，広島大学博士学位论文，2017；Nguyễn Ngọc Thơ, *Người Hoa, Người Minh Hương với Văn Hóa Hội An*, Tp. HồChí Minh：Nhà xuất bản Văn Hóa-Văn Nghệ, 2018。

② Đào Duy Anh, "Phồ Lờ：Première colonie Chinoise du Th ừa Thiên", *Bulletin des Amix du Vieux Hué*, tome3, 1943, pp. 249-265. Đào Duy Anh, Phô Lờ-Khu định cư đình cư đâu tiên cua người Tàu o Thùa Thiên, Bằng Trình dịch, *Nghiên cứu Lịch sử*, sô1, 2009, tr. 50-62. 该文最早是用法文发表，后由越南学者翻译为越语，本文引用的是越语翻译版本。

③ 陈荆和：《承天明乡社与清河庙——顺化华侨史之一页》，《新亚学报》1959 年第 4 卷第 1 期。

④ Tần Văn Quyến, Tờ thuận định của dòng họ Trần Tiền, làng Minh H ương, xã Hương Vinh, Hương Trà, Thừa Thiên Huế, *Thông báo Hán Nôm học*, 2012, tr. 613-620；Dương Thị Hải vân, The cult of Tian Hou of Chinese people in Thua Thien Hue province, *Tạp chí Khoa học - Đại học Huế*, số 6A, 2018, tr. 5-20.

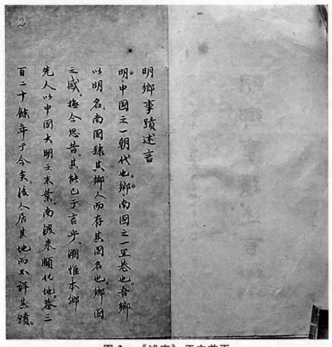

图 2　《述言》正文首页

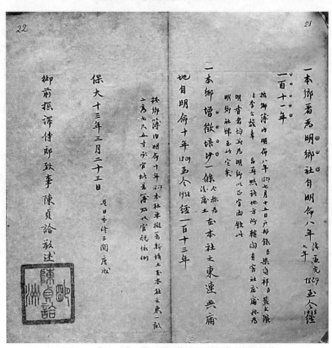

图 3　《述言》尾页与落印"陈贞诒明洲"

信于嗣德二十一年获得戊辰科乡试承天场第十一名，后任侍郎，加参知衔。① 陈贞詥从小就生长于官宦之家，成泰十八年（1906）丙午科乡试，获得承天场第一名，② 亦经科举入仕。历任机密院行走、御前撰译等职。保大（Bảo Đại，1926~1945 年在位）后期，以侍郎衔致事，成为保大帝的御前撰译。据《述言》最后的落款"御前撰译侍郎致事"，保大十三年（1938）时陈贞詥还在顺化朝廷担任此职。除《述言》外，陈贞詥还编纂了《内阁守册》。③ 可见陈贞詥出身官宦家庭，在首都顺化所在的承天场乡试中取得乡试第一的好成绩，应有不错的学识。他所任的官职使其能接触到皇家藏书，为其撰写本群体的历史奠定了一定的史料基础。

　　陈贞詥所在的明乡社位于顺化以北的香江河畔，距顺化约 3 公里，地处阮氏王朝及阮朝的统治腹心地区，是越南最早建立的明乡社之一。最初称为"大明客庸"或"大明客庸清河庸"，当地人称其为"Phô Lờ"，意为"崩塌的街铺"，这是由于此处河岸受到香江多次冲击、塌陷，故而有此命名。④ 该社早期以商业贸易闻名，阮朝以后文风昌盛，涌现了大量科榜人才，据《国朝乡科录》（Quốc Triều Hương Khoa Lục）统计，在阮朝乡试科就出现过 15 位举人，是为全越各地明乡社之最。⑤ 该社还有另一个著名的陈氏家族，即陈践诚家族。陈践诚（Trần Tiễn Thành，1813—1883）的父亲是新平知府陈伯亮，陈践诚 21 岁时就入国子监读书，并于明命十八年（1837）丁酉科乡试承天场获得第十四名，次年获得戊戌科庭试三甲第五名，后历任翰林院编修、嘉定布政使、户部尚书、兵部尚书、协办大学士、文明殿大学士、辅政大臣等职衔。⑥ 其

①　高春育：《国朝乡科录》卷三，越南国家图书馆藏，编号 R. 4，第 93 页。

②　Cao Xuân Dục, *Quốc Triều Hương Khoa Lục*, Hà Nội：Nhà xuất bản Lao Động, 2011, tr. 605-606.

③　《内阁守册》（Nội Các Thủ Sách），陈贞詥编辑于维新八年（1914），本书目不分部类，以嗣德、绍治诗文冠首，其后大致以史经子集排列，亦收《荡寇志》《白眉仙现》《西游记》《唐征西传现》《西厢记》等小说戏剧作品，列于最后。见刘春银、王小盾、陈义主编《越南汉喃文献目录提要》，台湾"中研院"文哲所，2002，第 327~328 页。

④　Đào Duy Viết, Bằng Trình dịch, Phô Lờ-Khu định cư đầu tiên của người Tàu ở Thừa Thiên, *Nghiên cứu Lịch sử*, số1, 2009, tr. 54.

⑤　高春育：《国朝乡科录》卷一、卷二、卷三、卷四，越南国家图书馆藏，编号分别为 R. 2、R. 3、R. 4、R. 1551。Cao Xuân Dục, *Quốc Triều Hương Khoa Lục*, Hà Nội：Nhà xuất bản Lao Động, 2011。

⑥　阮朝国史馆编《大南正编列传二集》卷三十二，庆应义塾大学言语文化研究所，1981，第 7951~7957 页；陈元烁编辑、陈荆和撰《承天明乡陈氏正谱》，香港中文大学新亚研究所，1964，第 83~85 页。

子陈践誠①于成泰三年（1891）获得辛卯科乡试承天场第一名。还有陈践谈于成泰十五年获得癸卯科乡试承天场第十九名。②《述言》称赞陈践诚为乡中表率，"吾乡先正文明陈相公，其表表者。（公之前亦有科官，惟平常耳。至公科登进士，官至文明殿大学士，居首相三十余年，功业彪炳。）前进后继，冠盖相望，为顺京中一名乡也。"③ 肯定了陈践诚对此后该社士人源源不断地上榜的积极影响。这些走上仕途的明乡人比较重视编纂族谱，如陈践诚家族的《承天明乡社陈氏正谱》，以及撰写社内天后宫的相关史料，而这些资料都成为陈贞詥撰写《述言》的重要史料来源。

《述言》撰成之后一直保存在社内，陈荆和、陶维英等中外学者都曾查阅过此书，但未予全文公布，直至2012年日、越学者合作将之公之于众。2008年至2010年，日本学者冈本弘道率队三次前往顺化明乡村调查，《述言》是在他们第三次考察时发现的。④ 根据冈本弘道所述，2010年他们访问村子里的陈元登（Trần Nguyên Đăng）老人时，听说陈践达（Trần Tiến Đặt）先生将这些资料托付给他保管，里面包含法属时期重修天后宫的设计图和1934年的地契。冈本弘道将这些资料数码化，因时间关系，把里面最重要的《述言》复刻版委托井上充幸和陈文眷两位学者翻译出来，在《周边文化交涉丛书》中刊发。该资料作者陈贞詥所属的一族于1945年已经离开该村落。为了让越南的研究人员也能使用本资料，特由陈文眷翻译成越南语。⑤ 从冈本弘道的记述可知，该社的珍贵资料先由陈践达保存，后交由陈元登保存，他们获取的资料就是从陈元登老人手中所得。从陈践达、陈元登

---

① 陈践誠，谱名陈怀溥，字践誠，又字践海，小字汝忠，号梅隐（1869—1919），历任清化省按察使、清化省布政使、广平布政使、广义省巡抚、安静总督、文明殿大学士。元示烁编辑、陈荆和撰《承天明乡陈氏正谱》，第111~112页；高春育：《国朝乡科录》卷四，第81页。

② Cao Xuân Dục, *Quốc Triều Hương Khoa Lục*, tr. 590.

③ 陈贞詥：《明乡事迹述言》，第15页。本文引用该文献时使用其影印原本，页码亦是，下同，不再赘述。井上充幸、陈文眷：《〈明乡事蹟述言〉翻刻ならびにベトナム語訳》，西村昌也［ほか］编《フエ地域の歴史と文化：周辺集落と外からの視点》，関西大学文化交渉学教育研究拠点，2012，第361页。越南河内国家大学壬氏青李老师也向笔者提供其在顺化复印的《明乡事迹述言》，与日本方面公布的原本一致，在此表示感谢。

④ 冈本弘道：《バオヴィン・ディアリン両村における歴史文献調査の概要》，西村昌也［ほか］编《フエ地域の歴史と文化：周辺集落と外からの視点》，関西大学文化交渉学教育研究拠点，2012，第321~331页。

⑤ 冈本弘道：《編集者付記》，井上充幸、陈文眷：《〈明乡事迹述言〉翻刻ならびにベトナム語訳》，第358~359页。

等人的姓名可知，应是陈践诚家族的后裔。① 由此可见，《述言》在撰成之后，由陈践诚家族的陈践达、陈元登等人保存。

二　史料来源与文本特征

陈贞誌认为本社先祖到此居住已有 300 多年的历史，"后人居其地而不详其迹，论其世而不详其事。籍谈忘祖之诮，其能免乎"。所以他明确指出撰写《述言》主要想告知后世子孙本社的历史，以免忘记先祖的历史。说明此时以陈贞誌为代表的明乡士大夫非常关心自身群体的历史，并极力促成修史之事。另外，他还考虑到"今遗文已阙，故老已稀。闻者久而失真，恐年愈久而迹愈湮，文献无从而征也"②。修史就涉及史料来源问题，在"遗文已阙，故老已稀"的条件下，如果再不修撰本社历史，恐怕以后修撰工作就会更难。因此，上述诸多因素促成陈贞誌撰写《述言》。

（一）史料来源

史料来源关乎史书内容的可信度，陈贞誌亦非常重视，在《述言》起始部分就交代了史料的来源：

> 甲戌之秋九月，恭值天后祭礼，礼成，谈及吾乡事迹。因乡会恭检乡簿函中所藏旧文书，搜览，择其有关切于编辑者，抄出以备稽考。遗纸不无散漫，而事迹大略犹可据也。③

甲戌年即保大九年（1934），在该社祭祀天后活动结束之后，陈贞誌搜检出"旧文书"，再根据这些"旧文书"的相关内容抄录编辑而成。此处并无说明"旧文书"包括哪些文献，而在《述言》正文尾部陈氏曰："爰取旧文之所见，与平日之所闻，参以国史、会典、东西历"等，指明国史、会

① 陈氏家族的字辈为养、怀、迎、元、士、朝，从第七代开始再重复使用前六代的字辈。但自第七代陈养钝于嗣德六年（1853）奉赐名为"践诚"，此后第八代以下嫡派男系均用"践"字作为"派名"（Chu dem）。陈荆和：《承天明乡社陈氏正谱考略》，见陈元烁编辑，陈荆和撰《承天明乡陈氏正谱》，第 29~30 页。
② 陈贞誌：《明乡事迹述言》，第 5~6 页。
③ 陈贞誌：《明乡事迹述言》，第 6~7 页。

典是史料的来源。说明陈贞詥日常听闻的本族群历史，亦可称为口述史的部分也很重要。口耳相传的历史，佐以官修史书，可以复原其群体的历史。比勘官修史书《大南寔录》《钦定大南会典事例》等与《述言》中有关明命八年修改明乡称号，嘉隆四年、明命元年明乡税例等重要事件，二者记录并无出入，由此可以肯定《述言》所载部分内容的史料源自阮朝官修史书，如表 1 所示：

表 1　《述言》与官修史书记载对比

序号	《述言》	官修史书
1	嘉隆四年，着明乡税例，纳搜布二疋并身缙钱	嘉隆四年，奏准广南营明乡社每名全年受纳搜布二匹，准免兵徭，存身缙钱，依例收纳。又奏准承天府乡社依广南营明乡社税例。《钦定大南会典事例》卷四十四
2	明命元年，例男壮纳银二两，未及壮与老疾者半之（一两），士人中课酌免有差	明命元年，奏准广南营明乡社每名全年受纳中平银二两，准免身缙、搜布诸务。原受通言、秤斤、值价依例办理。又奏准承天府明乡社依如广南营明乡社税例。《钦定大南会典事例》卷四十四
3	明命八年，奉旨明香改为明乡，以正字面	明命八年七月，改诸地方明香社为明乡社。《大南寔录正编第二纪》卷四十七

从表 1 对比可知，《述言》部分史料首先源自官修正史部分，主要内容一致，但比官修史书记载更为简略。

其次，来自陈践诚家族的族谱《承天明乡陈氏正谱》。《述言》追溯该社先人最早南渡的时间和建社时间均来自该族谱的记载，详见下文文献价值部分，兹不赘述。

最后，申官文书等也是《述言》的重要史料来源。诸如《述言》中明确列举的永盛十五年、光中四年、嘉隆九年、明命八年、明命十六年等年份的申官文书，举凡涉及明乡社名称变易，就现存史料而言，非申官文书不可。① 与申官文书相似的其社内耕簿、乡簿等也是重要的史料来源。

---

① 目前尚未见顺化地区的申官文书影印出版，与其邻近的会安已有申官文书出版，可参见 *Di Sản Hán Nôm Hội An*, tập 3, *Tư Liệu Xã Minh Hương*, Hội An: Trung tâm Quản lý bảo tồn di sản văn hóa Hội An, 2016。

除了上述确凿的史料来源外，陈贞詥长期担任御前撰译一职，可以非常便利地使用皇家藏书。由此可见，《述言》的史料源自三大部分：一是越南官修正史，二是档案文书，三是社内家谱等，可以确定《述言》所载内容大体是真实可靠的。因陈氏公务繁忙，大约经历 4 年时间，至保大十三年才撰成此书。

（二）文本特征

《述言》产生于越南，由已经在地化的明乡人所撰，故而兼具越南文献的特点。其一，短小精悍，但重要事件均一一列举。全文仅三千余字，文字十分简练，没有冗余赘述。有关顺化明乡社的重要事件均有着墨，如建立时间、名称的变异、明乡政策、天后信仰等，可补明乡史料之不足。其二，以时系事，编年时序，附加"便览各条"解释。正文基本以时间为纲，罗列各个重大事件，形成完整系统的记载。对于正文无法详细展开叙述的重要事件，在"便览各条"之中展开并增加记述。在一定程度上融合了编年体和纪传体史书的优点。如天后宫的历史，在"便览各条"之中有着非常清晰的发展脉络。其三，文本书写由大字和双行小字夹注组成。《述言》主体由大字组成，但在关键的时间、事件等后面均有双行小字夹注，主要解释年号的时间、事件的详细经过。夹注的存在既保证了正文行文的顺畅，又进一步阐明了相关时间、事件，使读者一目了然。其四，文中纪年主要使用越南王朝的年号，辅以中国明清王朝的年号，附有公元纪年。正文中出现 5 种后黎朝年号，3 种西山朝年号，6 种阮朝年号，还有明朝、清朝各 1 种。"便览各条"之中出现 7 种后黎朝年号，1 种西山朝年号，4 种阮朝年号，1 种宋朝年号，5 种清朝年号。王朝年号后一般附有公元纪年。全书没有出现东南亚地区明朝遗民惯用的"龙飞"[①] 等纪年方式，说明此时的明乡人已经完全融入越南社会之中。陈贞詥在撰写《述言》时引用阮朝官修史书，将之称为"参以国史、会典"。正文开头、最后落款为"保大十三年三月二十三日"，以及正文之中主要使用越南王朝年号，也可以看出陈贞詥在政治上认同越南阮朝。

---

① 有关"龙飞"纪年问题，可参见饶宗颐《龙飞与张琏问题辩证》，《南洋学报》1974 年第 29 卷第 1、2 期；阮湧俰《东南亚明朝遗民使用"龙飞"之动机考证》，《马来西亚人文与社会科学学报》2017 年第 6 卷第 1、2 期合辑；黄文斌《明末清初马六甲华人甲必丹事迹探析》，《南洋问题研究》2018 年第 2 期。

三　《述言》的文献价值

《述言》成书至今已有八十多年，该书仅用三千余字就较为完整地叙述了顺化明乡人的发展历程，并极为简要地介绍涉及越南的重大历史事件与明乡政策，其中不乏珍贵史料。冈本弘道评价此书是"研究明乡周边历史文化的宝贵基础文献"。① 它所具有的文献价值，有助于廓清顺化明乡社，乃至整个越南明乡历史的诸多问题，主要体现在以下三个方面。

第一，为"明乡"一词提供确切的释义。以往学者比较关注"明香"一词的含义，却鲜见对"明乡"一词进行释义，《述言》中的相关解释可补史籍阙载之憾，亦可明确"明乡"一词的含义。《述言》开篇即称："明，中国之一朝代也；乡，南国之一里巷也。吾乡以明名，南国隶其乡人而存其国名也。"② 这是目前唯一所见明乡人自撰史书对自己族称的释义，其中包涵两层含义：一是"明"字指代中国明朝，"乡"字是越南的行政区划层级，"明乡"是由前述二者合并而成；二是越南政府允许其保存国名，即保留明朝的"明"字。③ 会安萃先堂内有一通维新二年（1908）的碑文记载："吾乡祠奉祀魏、庄、吴、邵、许、伍，十大老者，前明旧臣也。明祚即迁，心不肯二，遂隐官衔、名字，避地而南，至则会唐人在南者，冠明字，存国号也。"④ 这通碑文比《述言》早30年而成，对"明乡"一词中"明"字的解释如出一辙，说明在20世纪初越南各地明乡人的认知中，"明乡"的"明"字就是明朝之意。20世纪40年代越南华裔学者李文雄（Lý Văn Hùng，1913—1978）认为，"明乡"可溯源于阮主时代对于"明香"人的

---

① 冈本弘道：《编集者付记》，载井上充幸、陈文睿《〈明郷事蹟述言〉翻刻ならびにベトナム語訳》，第358页。
② 陈贞詥：《明乡事迹述言》，第5页。
③ 越南北部宪庸（Phố Hiến）明乡人温氏宗祠《保大甲申温谱碑记》载："兴安城庸北和明乡会，原前明乡也。宪南繁盛之时，明人经商到此，五府会馆聚众族以成，故曰明乡也。我温氏即明乡中一家族也。"［丁克顺：《越南兴安宪庸华人汉喃碑文》，《汉字研究》（釜山）2021年第29期］该碑文只说明了明乡人的来源是明人，但没有解释明乡的含义，存在一定的问题。
④ Trịnh Khắc Mạnh, Nguyễn Văn Nguyên, Philippe Papin, *Tổng tập thác bản văn khắc Hán Nôm*, tạp 20, Hà Nội: Nhà xuất bản Văn Hóa-Thông Tin, 2009, tr. 322; Tâng Xuyên, Pham Thúc Hơng, *Đình Tiên Hiền Minh Hương Hội An*, Đà Nẵng: Nhà xuất bản Đà Nẵng, 2010, tr. 39. 2019年7月笔者在会安田野考察时，在萃先堂见到该碑文，目前保存较为完好。

安置，意思是指明人所居住的乡村，而明人的寓居是不忘本，并有同乡互助之意。① 李氏的说法进一步完善了"明乡"的含义。确如李氏所言，"明乡"最初称为"明香"，最早于 1650 年前后在会安建立明香社。目前学界普遍认为"明香"一词带有继承明朝香火之意。② "明香"一词在使用一百多年后，至明命八年（1827）七月，阮廷"改诸地方明香社为明乡社"③。此后"明乡"便取代"明香"成为越南官私文献的规定用词。"便览各条"第八条保存了更为详细的记载："明命八年七月十五日，户部录臣梁进祥、臣黄文演、臣李文馥奉旨，准照诸地方所辖间有客社、庄、庸称为明香者，均着为明乡，以正字面，钦此。明乡社号至此定矣。"④ 这条史料还把参与的大臣姓名也记录下来，其中梁进祥的庶女梁瑞为陈践诚的元配夫人，明命十六年嫁入陈家，为陈氏生 1 子 9 女⑤；李文馥是河内怀德府永顺县湖口坊的明乡人⑥，曾多次奉命出使中国，也是明乡人中的杰出代表。梁进祥、李文馥等人的参与不能不让人联想到该政策的出台与之有莫大的关系。从"明香"到"明乡"，不仅体现为称谓的转变，更重要的是越南政府将之视同越人，亦促进该群体进一步在地化。

除了明乡人的称谓之外，其聚居的地方被称为"大明客庸""大明客庸清河庸""明香清河庸""明乡客庸""明香社"等，因名号混乱、税例不一而产生诸多问题，至阮朝明命时期对此进行改革。1827 年以后统称为"明乡社"，此后又将征税标准统一为"有物力者照依别纳，明乡社壮民岁纳人各白金二两，民丁一两；无物力者减半，限满三年，一例全征。其明乡及清人如有情愿代纳钱者，并听"⑦。明命帝先后改定明乡称号及税例，在

---

① 李文雄编著，崔潇然校订《越南杂纪》，堤岸万国公司，1948，第 47 页。

② Alfred Schreiner, *Les Institutions Annamites en Basse-Cochinchine avant la conquête française*, tome II, Saigon：Claude, 1901, pp. 66-69；藤原利一郎：《安南の"明郷"の意義及び明郷社の起源について》，《文化史學》1952 年第 5 期；李庆新：《越南明香与明乡社》，《中国社会历史评论》2009 年第 10 卷。

③ 阮朝国史馆编《大南寔录正编第二纪》卷四十七，庆应义塾大学言语文化研究所，1972，第 2041 页。

④ 陈贞詥：《明乡事迹述言》，第 24 页。

⑤ 陈元烁编辑、陈荆和撰《承天明乡陈氏正谱》，第 97~99 页。

⑥ 阮朝国史馆编《大南寔录正编列传二集》卷二十五，第 7862 页；李文馥：《李氏家谱》，汉喃研究院藏，编号 A1057，第 1~6 页。

⑦ 阮朝国史馆编《大南正编第二纪》卷一百九十五，庆应义塾大学言语文化研究所，1975，第 4326 页。

一定程度上整合了该群体，改变了长期混乱的名号和税例，使之规范统一，更便于政府管理。

　　第二，系统梳理了顺化明乡社的发展演变历程及历代明乡政策。有关顺化明乡社的历史，陈荆和、陶维英等学者亦有论述，从相关学者的论著中可以看到《述言》在此问题上是为重要的基础文献。关于建庙时间。《述言》曰："我先人自大明万历四十一年，即黎弘定十一年（1610），渡海南迁于顺化之清河、地灵（即今濯灵）二社地，构庙营业。"① 万历四十一年即1613年，黎弘定十一年即1610年，前后相左。为何产生如此矛盾的记载呢？"便览各条"第一条说明黎弘定十一年是根据嘉隆九年（1810）明香清河庙申官单逆推所得，陈荆和就认为"殊不可置信"。② 又据《承天明乡社陈氏正谱》记其南来始祖陈养纯是1610年生，"原籍大明国福建省漳州府龙溪县二十八都四鄙玉洲上社人也。避乱南来生理，衣服仍存明制"③。在其家谱之中也并未言明具体南来的时间，可能是由于年代久远后人误将陈养纯的出生日期1610年认为是南来的最早日期。如若是1610年或1613年都距离明朝亡国有一段时间，说明该庙最早的先人们并非是因为明清朝代鼎革而来到此地，但是这样就与家谱之中"避乱南来"大相径庭。根据其他史料断定大明客庙最早的建立年代是1636年。④ 不管陈氏先祖是在1610年代还是1630年代迁入越南，都是在明清更替之前发生的事情。即使明末北方农民起义、满洲动乱，对于偏安的福建影响不会很大，其"避乱南来"都不是避"清"。明朝隆庆元年（1567）解除海禁、1600年起越南南阮北郑对峙、1633年起日本德川幕府开始闭关等一系列因素促成了越南港口转口贸易的兴起，其中闽籍商人占据主导地位。⑤ 随着海外贸易的发展，闽南人也大量移居域外，在东南亚很多地区都建立了闽侨社区，其中会安、顺化也

① 陈贞詥：《明乡事迹述言》，第7页。

② 陈荆和：《承天明乡社与清河庙——顺化华侨史之一页》，《新亚学报》1959年第4卷第1期。

③ 陈元烁编辑、陈荆和撰《承天明乡陈氏正谱》，第41页。

④ Đào Duy Anh, Phô Lờ-Khu định cư đầu tiên của người Tàu ở Thừa Thiên, Bằng Trình dịch, Nghiên cứu Lịch sử, sô1, 2009, tr. 51~52；陈荆和：《承天明乡社与清河庙——顺化华侨史之一页》，《新亚学报》1959年第4卷第1期。

⑤ 陈荆和：《清初华舶之长崎贸易及日南航运》，《南洋学报》1957年第13卷第1辑；李塔娜：《越南阮氏王朝社会经济史》，李亚舒等译，文津出版社，2000，第73~78页；杨宏云、曹常青、蒋国学：《闽商在越南南河的贸易及闽文化的传播》，《南洋问题研究》2014年第2期。

是如此。陈氏先祖就是在上述背景之下移居越南的，可能主要是出于经济因素的考量。

而为保存明朝香火的说法或目的，可能是在已定居的华侨与陆续南来的明朝遗民的接触中产生的。明清鼎革之际，大约有 10 万人南渡越南，被学者们称为"集团式"移民①，亦被认为是中国人移民越南的嚆矢。② 从明朝败亡而来的军队，如杨彦迪、陈上川等集团拥有较强的武装力量，在边和、美湫等地立足，为阮氏王朝开疆拓土。③ 明朝遗民及其后裔在阮氏王朝乃至阮朝时期拥有较高的社会地位，名人辈出，越南政府对其政策也相对优渥。一般华人也可以加入明乡社，如遇六年一次的人口普查时，则可把户籍转入明乡社。④ 他们加入明乡社之后，长期浸润于明朝遗民之中，其后裔也有可能逐渐认同明朝遗民有关明清鼎革的历史记忆。现存明乡人的家谱在追溯其北国祖先时，大都会言及他们的先祖在明朝时期的显赫履历，为了报明朝的知遇之恩他们不愿剃发易服、逃避战乱才移居越南，如李文馥家谱等。毫无疑问明清鼎革对东亚地区产生了重大影响，明乡人家谱尝试建构"尊明贬清"的历史叙述，如攀附明朝高官，与明朝建立关系，不愿剃发易服等。在长期的接触之中，陈贞詥家族等明乡人接受了上述"历史"。

该社先人南来所构之庯即大明客庯。何谓庯？"有商买处称庯"。⑤ 盛德六年（1658）首获阮主阮福濒（Nguyễn Phúc Tân，1648～1687 年在位）的认可。其后，不断购地增建商铺，大明客庯面积也略有增加。永盛十五年（1719）的申官文书中已经着清河庯之号。至西山光中四年（1791）的申官文书中皆称明香清河庯。阮朝嘉隆十二年（1813）只称明香社，不再加清河庯。明命八年（1827）明香社改为明乡社。⑥ 此后明乡社的名称一直延续至今。由此可知，顺化明乡社的名号先后经历了大明客庯、清河庯、明香清河庯、明香社、明乡社，直到今日的明乡村。此外，陈荆和根据《述言》

①　刘笑盈、于向东：《战后越南华人四十年历史之变迁》，《华侨华人历史研究》1993 年第 1 期。

②　杨建成主编《法属中南半岛之华侨》，中华学术院南洋研究所，1986，第 3 页。

③　Charles Wheeler, "Buddhism in the Re-ordering of an Early Modern World: Chinese Missions to Cochinchina in the Seventeenth Century," *Journal of Global History*, vol. 2, 2007, pp. 303~324.

④　蒋国学：《论越南南河阮氏政权的华侨华人政策——兼论北河黎郑政权的华侨华人政策》，《华侨华人历史研究》2007 年第 1 期。

⑤　蔡廷兰：《海南杂著》，台湾银行经济研究室，1959，第 9 页。

⑥　陈贞詥：《明乡事迹述言》，第 8~11 页。

所载内容认为，"大明客庸""清河庸"等时期，一直附属于广南会安庸，直到西山占据时期（1786~1802）才成为独立的行政单位，称为明香社清河庸。[①]

有关明乡政策的文献主要都依赖官修正史之中的零碎记录，一直以来并无完整系统的叙述。《述言》却用极为简练的语言较为系统地描绘了越南王朝的历代明乡政策。1636 年，阮主阮福澜（Nguyễn Phúc Lan，1635~1648 年在位）允准"买地立庸连居"建立大明客庸，并让明乡人"抬受醴务，通言剪书，作宴品诸官役"[②]，表明阮主允许明乡人居住贸易，建立自治的行政单位，同时也借助明乡人的经商优势管理海外贸易。其后，历经阮主时期、西山时期、阮朝等不同政权，几经改变社名，更定税例，但始终允许明乡人拥有一定的自治权。尤其是西山时期的明乡政策，现存史料几无记载，但《述言》却保留了这一时期的诸多史料。

还有，就是对于清人后裔的政策。清人后裔是明乡人重要的来源，《述言》载："我先人自明迄清而后，涞相继来顺化者，号为四帮人。福建帮、广东帮、潮州帮与琼州（海南）帮是也。然在中国则二省人也。生下子孙，有仍着帮籍者为帮人，有着乡籍者为乡人。"[③] 清代越南华侨主要由上述四帮组成，至晚清时期，新增客家帮或称嘉应帮，成为五帮华侨。旅越出生的清人后裔可以加入某帮或明乡社，直至绍治二年（1842）阮廷明确规定清人后裔年满十八岁不得剃发垂辫，要报官着明乡籍，不得加入清人籍。[④] 着入乡籍直接影响其所享有的权利和义务，以纳税为例，"系乡人从嘉隆四年着明乡税例，纳搜布二疋并身缗钱。迨至明命元年例，男壮纳银二两，未及壮与老疾者半之（一两），士人中课酌免有差。此本乡税与诸他社有别。（诸社税身缗钱一贯五陌）至成泰十年，申定税例，均纳丁税二元二毫，始与诸他社同也"[⑤]。长期以来明乡人所纳之税比清人、越人要高，直到成泰十年（1898）始与越人一致。征税是越南政府统治所辖民众的重要方式，明乡税例从绍治二年在全越范围的统一，再到成泰十年与越人一致，一步步

---

① 陈荆和：《承天明乡社与清河庸——顺化华侨史之一页》，《新亚学报》1959 年第 4 卷第 1 期。

② 陈贞詥：《明乡事迹述言》，第 8~9 页。

③ 陈贞詥：《明乡事迹述言》，第 11 页。

④ 阮朝国史馆编《钦定大南会典事例》正编卷四十四，西南师范大学出版社、人民出版社，2015，第 680 页。

⑤ 陈贞詥：《明乡事迹述言》，第 11~12 页。

加深了明乡人在地化的程度。

第三，保留了丰富的天后信仰史料。天后或称妈祖，广泛流行于福建、广东等省及海外华侨社区，但是很少能有系统的文献记载海外某地天后信仰的发展历史。但《述言》之中完整地记述了顺化明乡天后宫的历代大事，为今人研究当地天后信仰奠定文献基础。《述言》能够撰写成功，也是得益于保存在天后宫之内的旧文书。1685年，明乡社请风水师相地建立天后宫，"东向前临大江，宫之规制伟大。正殿一，前堂一，两边左右长廊，（今右边为先贤祀所，左边为会乡修所）前有三关。（成泰甲辰年，飓风盛发，前堂材料损朽。至维新六年，本乡大重修正殿，省前堂留其基面为拜庭。外砌作柱表。）"①"便览各条"第二、三条更为详细地将修建时间、重修时间、政府颁给祀器、祠夫、宫内匾额等进行记述。特别记述了天后宫内最古老的祀器，雍正元年（1723）的白色磁质香炉，内刻"南昌府新达县信士冯高华敬奉清河庙天后娘娘殿前，永远供奉。雍正元年仲秋谷旦立"等字样。上述详细的记述为复原当地天后信仰发展历程提供了可能。

四　结语

《述言》是目前发现的唯一一部明乡人自撰史书，其重要性不言而喻。从书籍交流史来看，《述言》是在越南用汉字书写的典籍，可称为域外汉籍。其产生于越南，长期保存于顺化明乡社内，但不断有学者前往查阅、引证。该书也在越南国内其他地方流传，笔者曾获得河内国家大学壬氏青李（Nhâm Thị Lý）老师赠予的《述言》复刻本。此外，该书也传播至日本、中国等地。2012年由日本、越南学者合作公开刊发，使该书更为便利地被学者所用，从而使更多人认识到该书的文献价值。

尽管该书作者陈贞诒已经深度在地化，《述言》内容与越南官方的相关记载趋同，但亦可表明明乡群体的构建需要通过对历史的重新书写来证明其自身存在、发展的必然性。经过200多年的发展，至20世纪30年代，明乡人几乎全部融入当地社会之中，这是多重合力作用的必然结果。加上顺化明乡社历来文风昌盛，不断涌现科榜人才，又保留了许多"旧文书"，《述言》即在此大背景下撰成。因缘际会，加之陈贞诒这位乐于撰写自己本群体历史

---

① 陈贞诒：《明乡事迹述言》，第13~14页。

的士人，最终《述言》得以问世，为后世研究该群体的历史增添了重要史料。

　　《述言》记录了明末至民国时期 300 余年明乡人发展演变的重要政策与事件。第一，最早解释了"明乡"一词的"明"字指代中国明朝，"乡"字是越南的行政区划层级，"明乡"是由前述二者合并而成。第二，系统梳理了 1636 年至 1938 年顺化明乡社的发展演变历程及历代明乡政策。正是《述言》的记载使今人得以了解顺化明乡社经历了大明客庙、清河庙、明香清河庙、明乡社等阶段。越南历代政权的明乡政策主要措施也可大体勾画出来，如明乡税例、清人后裔加入明乡社的规定等。第三，保留了丰富的天后信仰史料。该书的发现，一方面弥补了目前学界有关明乡人私家撰述历史研究的空缺，生动地展示了明乡人在顺化地区演进的历程；另一方面，也为研究明乡人在越发展的特点和具体形制提供了原本，有助于廓清明乡人的历史发展脉络。同时亦便于我们从整体上把握明乡人形成的特点和发展脉络，因此《述言》是非常珍贵的史料，具有重要的史料价值和学术意义。

Trần Trinh Cáp's *Minh Hương Sự Tích Thuật Ngôn* and their literature value

Ping Zhaolong

Abstract：*Minh Hương Sự Tích Thuật Ngôn* written by Trần Trinh Cáp, is the only history book that has been self-written by Minh Hương at present and an important document for the study of issues like the history of overseas Chinese in Vietnam, the Vietnamese government's policy of Minh Hương. It can be seen that the historical materials are pretty credible by proving and expounding things like the author's life, sources of historical materials and text features, providing a new angle of view for studying issues like the meaning of Minh Hương, the evolution course of Xã Minh Hương, Huế, the policy throughout the ages and the belief in Tianhou. On the one hand, the book makes up for the current academic vacancy about Người Minh Hương's personally writing history, vividly showing the evolution of Người Minh Hương in the Huế area. On the other hand, it also provides the original manuscript for the study of the characteristics and concrete forms of the development of Người Minh Hương in Vietnam, contributing to clearing up the characteristics and the development of the formation of Người Minh Hương on the whole. In conclusion, it has important historical value and academic significance.

Keywords: *Minh Hương Sự Tích Thuật Ngôn*; Xã Minh Hương, Huế; Trần Trinh Cáp; Người Minh Hương

（执行编辑：杨芹）

海洋史研究（第二十辑）

2022 年 12 月　第 196~220 页

忒拜称霸与东地中海国际体系的变迁

曾紫来[*]

在古代希腊历史上，忒拜[①]这个城邦地位相当重要。远在希腊神话和史诗之中，忒拜就享有盛名，被称为"七门之城"，著名的"俄狄浦斯王"等故事就以它为背景。此后直至古典时代，忒拜也一直举足轻重。在本文研究的公元前 4 世纪，在伯罗奔尼撒战争后雅典陷入衰落的大背景下，忒拜在战争中重创了斯巴达，并摧毁了其复兴的基础，一度主导了希腊世界秩序，史称"忒拜称霸"。忒拜称霸之时，正介于伯罗奔尼撒战争结束和马其顿王国成为希腊世界霸主（前 404~前 338 年）之间，是希腊古典时代晚期和古希腊城邦外交史上一个历史转折期。在这一时期中，希波战争后一度极盛的希腊世界逐渐走向衰落，希腊城邦由独立自主沦为被外族统治，波斯帝国对希腊世界的影响力也逐渐达到了顶点。这一阶段希腊世界的几次和平均是在波斯帝国的影响下达成的。一方面波斯需要代理人帮助统治希腊世界，另一方面希腊城邦中的强大者也渴望得到波斯的认可与帮助，以巩固其霸权，因此这一时期最主要的三大希腊城邦——斯巴达、雅典与忒拜——均在不同时期、不同程度上与波斯有过合作，这使得整个东地中海地区国家间的互动更加紧密。而忒拜由于实力较弱，与波斯既往关系较好，所以在其掌握霸权期间一直与波斯保持良好的合作关系。同时，忒拜重创了斯巴达并削弱了雅

---

[*]　作者曾紫来，南开大学历史学院博士研究生。

[①]　忒拜，或译作"底比斯"，但其古希腊文原文名为"Θῆβαι"，根据音译应直译为"忒拜"，"底比斯"一词译自英语。

典，客观上反而清除了马其顿统治希腊的障碍。总而言之，忒拜在这一阶段所扮演的角色至关重要。此前的研究大都立足于希腊本土和忒拜本身来看待这一问题，但是如果站在整个东地中海国际体系的角度，忒拜称霸又具有何种意义？这是本文要回答的问题。

什么是国际体系？简单地说，就是一种国家共存的环境，也就是由两个或两个以上的国家通过各种联系和互动形成的一个国家的集合体。[①] 东部地中海地区存在不同类型的政治实体——希腊城邦，马其顿王国和波斯帝国等，三者差异很大。但是，它们明显存在"家族相似"（Family resemblance）。马克斯·韦伯有一个很宽泛的定义：国家是一个在一定领土之内拥有合法使用暴力的垄断地位的人类共同体。[②] 从这个意义上说，东部地中海地区同时存在若干国家，而且它们之间也存在明显的联系和互动。因此，这一地区的国际体系已经形成。不可否认，希腊世界内部也是一个国际体系，传统上我们正是从这个体系的视角来看待忒拜称霸的。但是，如果放眼东部地中海地区，就可以把忒拜称霸放到更大的一个国际体系中去考虑，这正是本文的主要思路。

忒拜霸权相关史料匮乏而且争议较多。这一时期希腊史最重要的基本史料是色诺芬的《希腊志》，[③] 但正如前人指出的，它对忒拜存在严重偏见，对斯巴达曲意维护，以致故意遗漏了很多重要史实，给研究造成严重影响。其余的史料如狄奥多罗斯的《历史丛书》[④]、普鲁塔克的《名人传》[⑤] 等也各自存在许多问题和限制，这都使研究难度大大增加。在此基础上，国外历史学者已有部分高水平研究，涵盖了忒拜建立霸权前后的很多方面。[⑥] 其中

[①]　高尚涛：《国际关系理论基础》，时事出版社，2009，第62~63页。

[②]　马克斯·韦伯著，拉斯曼等编《韦伯政治著作选》，阎克文译，东方出版社，2009，第247~252页。

[③]　Xenophon, *Hellenica*, trans. Carleton L. Brownson, Cambridge, Massachusetts: Harvard University Press, 1985.

[④]　Diodorus Siculus, *Library of History*, trans. C. H. Oldfather, Cambridge, Massachusetts: Harvard University Press, 1989.

[⑤]　Plutarch, *Lives*, trans. Bernadotte Perrin, Cambridge, Massachusetts: Harvard University Press, 1917.

[⑥]　相关论著如 John Buckler, *The Theban Hegemony*, Cambridge, Massachusetts: Harvard University Press, 1980; Robert J. Buck, *Boiotia and the Boiotian League*, 423–371 B. C., Alberta: The University of Alberta Press, 1994; Robert J. Buck, *A History of Boeotia*, Alberta: The University of Alberta Press, 1979; G. L. Cawkwell, "Epaminondas and Thebes," *The Classical Quarterly*, vol. 22, No. 2（November 1972）, pp. 254–278。

约翰·巴克勒（John Buckler）的《前371~前362年的忒拜霸权》，加拿大学者布克（R. J. Buck）的《玻俄提亚与玻俄提亚同盟》两书是比较有代表性的专著。巴克勒的著作在吸收前人学术成果、有技巧地处理史料上颇为见长，尤其精于对忒拜相关的军事问题的分析，但是该书的视角也存在不足。忒拜对公元前4世纪的历史应当说影响深远，虽然作者对忒拜称霸的背景和霸权短暂的原因等着墨甚多，研究深入，但对忒拜称霸的影响则分析较少，仅仅简略提及了忒拜称霸与斯巴达衰落和马其顿崛起之间的联系，至于忒拜对更大的范围即整个希腊世界乃至东地中海外交格局的影响则几乎未作分析，不得不说是一大遗憾。布克的著作由于成书时间较晚，综合了一些更新的学术成果，整体上，全书显得结构清晰、立论有据，为进一步分析和解读忒拜霸权中忒拜城邦面临的局势和其战略选择提供了更为全面的基础。不过，布克更加关注的是忒拜城邦的内部事务以及其在玻俄提亚同盟中的关系和影响，对忒拜在当时面临的外交局面和忒拜对东地中海范围内的国际体系的影响则几乎没作任何分析。此外，从外交史角度，弗兰克·阿德科克爵士等的《古代希腊外交》进行了比较全面的分析。① 作者对古代希腊世界与相邻的波斯、埃及、迦太基和罗马等的外交概况进行了整体性梳理和总结，其中很多观点和分析对本文均有启发。但具体到忒拜称霸相关问题，由于该书仍主要聚焦在希腊世界内部，对忒拜称霸时期的外交及其影响的分析基本集中于忒拜与斯巴达、雅典之间的关系，对这一时期马其顿和波斯的内部情况以及马其顿和波斯与希腊的互动则分析较少，对部分问题的分析也没有整合。总体而言，国外学者的研究多着重于细节，对于忒拜所处的历史格局和影响刻画略有不足。而国内学界对本问题研究则较为薄弱，以硕博论文为主，多为对西方学者观点的介绍。②

本文拟从分析忒拜称霸前后的东地中海国际体系入手，试图揭示忒拜在公元前4世纪中期的重要地位，展现希腊古典时期除了雅典、斯巴达两强之外还存在多个势力中心的事实，以期引起学术界对这一重要转折时期及同时

---

① Sir Frank Adcock and D. J. Mosley, *Diplomacy in Ancient Greece*, New York: St. Martin's Press, 1975.

② 张玉：《底比斯称霸前后的内政外交》，硕士学位论文，南京师范大学，2010年；赵云龙：《公元前4世纪底比斯与斯巴达关系述论（迄前362年）》，硕士学位论文，西南大学，2015年；褚衍爱：《试论公元前447~前386年的彼奥提亚同盟》，硕士学位论文，东北师范大学，2011年。

期东地中海国际体系变化的关注，也希望有助于深化关于古代东地中海区域历史的研究。

一 忒拜称霸前夕东地中海地区的国际体系

从伯罗奔尼撒战争结束到公元前 379 年，忒拜民众派通过政变再次掌握城邦政权这 20 多年（前 404~前 379 年），东地中海地区国际体系发生了重大变化。战前希腊世界内部的两强对峙，以及东地中海地区希腊世界与波斯之间的地区性均势被打破，雅典主导的提洛同盟土崩瓦解，希腊在短期内形成斯巴达独霸局面。同时，小亚细亚的希腊城邦落入波斯的控制，小亚细亚各行省的波斯总督，运用大量金钱开始对希腊世界施加巨大影响。公元前 5 世纪末，在波斯发生了小居鲁士试图争夺王位的大规模内乱，埃及趁机再次取得独立，波斯在很长时间内无力收复埃及。

具体而言，通过伯罗奔尼撒战争，斯巴达确立了对除小亚细亚之外的希腊世界的控制，但其霸权并不稳固，其之前的很多盟友在战争后不久便站到了斯巴达的对立面。同时，在斯巴达内部，公民短缺的问题日益严峻。人力资源不足，不仅限制了其对外势力范围的扩张，而且严重威胁着内部稳定。① 本来斯巴达霸权还不至于迅速崩溃，但其统治集团却从色诺芬等人率领万人雇佣军穿越波斯帝国的万里远征中看到了波斯的衰落，便决定进攻波斯，以夺回对小亚细亚希腊城邦的控制权。事实上，埃及得以保持独立并恢复了一些元气，也得益于这段时间的斯波战争。② 由此，不难看出，当时东地中海地区已存在一个初步具备相互联系的国际体系。交战初期，斯巴达人占据优势，但很快波斯人便以黄金为武器，促使本就对斯巴达不满的忒拜、科林斯和雅典等希腊城邦联合发动反斯巴达战争，也就是科林斯战争（前 395~前 387 年），斯巴达人在本土自顾不暇，只好停止了对波斯的进攻。③ 在科林斯战争中，雅典的海军实力得以复兴，夺回了制海权。斯巴达在联军

① Xenophon, *Hellenica*, 3. 3. 4–11；John Boardman, et al. eds., *The Cambridge History*, vol. 6, 2nd ed., Cambridge: Cambridge University Press, 1994, pp. 43–44.

② A. T. 奥姆斯特德：《波斯帝国史》，李铁匠、顾雪梅译，上海三联书店，2017，第 454~460 页。

③ Xenophon, *Hellenica*, 3. 5. 1–25；John Boardman, et al. eds., *The Cambridge History*, vol. 6, pp. 97–119.

的攻势下一度陷入困境。① 但雅典等反斯巴达同盟实力的增强，马上引起波斯的高度警惕，促使其最终改变立场，转而支持斯巴达。公元前387年，波斯以国王的名义，迫使反斯巴达同盟各邦接受共同和平（Common Peace）条约，史称"大王和约"（King's Peace）。该和约使城邦自治原则得到各方公认，事实上从整体上削弱了希腊世界的实力。②

"大王和约"明确了波斯对小亚细亚希腊城邦的统治权，同时也为斯巴达提供了发动侵略战争的托词。以和约保护者的名义，斯巴达借口维护自治悍然发动战争，先后迫使科林斯等多个城邦屈服。损失最大的则是忒拜，因为斯巴达借口城邦自治原则迫使忒拜解散玻俄提亚同盟。到公元前382年，斯巴达的倒行逆施达到极点。在斯巴达的支持下，忒拜亲斯巴达派系发动政变，建立极端寡头派的亲斯巴达傀儡政府，大量反斯巴达派人士出逃到雅典。这种公开违反"大王和约"和城邦自治原则的行为激起众多希腊人的反对，但斯巴达人却依然我行我素。③ 但斯巴达人的暴虐统治显然不能持久，雅典人也不甘心成为一个二流城邦。此时从忒拜流亡到雅典的反斯巴达派人士，很多受到雅典民主政体的影响，逐渐成为民主制度支持者。公元前379年，这些流亡者在雅典人半公开的支持下，发动武装政变，推翻了亲斯巴达的傀儡政府，建立民主制的忒拜城邦，并着手重建新的民主制的玻俄提亚同盟。④ 之后的公元前378年，雅典与最初一批成员组成了后来第二次雅典同盟的核心，并成立同盟大会，在其中确立雅典为霸主（hegemon）和"大王和约"原则的捍卫者的地位，针对斯巴达的意图已经很明显。同时，斯巴达一方面安抚盟邦，为避免盟邦投向雅典做最后的努力；另一方面则着手准备战争。雅典和斯巴达的关系日趋紧张，忒拜则在稍后正式加入第二次同盟，⑤

---

① Xenophon, *Hellenica*, 4.2.9-23；A. T. 奥姆斯特德：《波斯帝国史》，第465~466页。

② 亦称"安塔尔喀达斯和约"（Peace of Antalcidas），参见 Xenophon, *Hellenica*, 4.2.9-23；John Boardman, et al. eds., *The Cambridge History*, vol. 6, pp. 117-119。

③ Xenophon, *Hellenica*, 5.2.1-4.1；Plutarch, *Lives*, *Agesilaus*, 23.3-4, 24.1；Diodorus Siculus, *Library of History*, 15.19.4, 20.2；John Boardman, et al. eds., *The Cambridge History*, vol. 6, pp. 156-163.

④ 关于雅典人在公元前379年忒拜民众派政变中扮演的重要角色，参见 G. L. Cawkwell, "The Foundation of the Second Athenian Confederacy," *The Classical Quarterly*, vol. 23, No. 1 (May 1973), pp. 47-60；Robert Morstein Kallet-Marx, "Athens, Thebes, and the Foundation of the Second Athenian League," *Classical Antiquity*, vol. 4, No. 2 (October 1985), pp. 127-151。

⑤ 关于忒拜加入第二次雅典同盟，参见铭文 *Inscriptiones Graecae* II² 40。

外交环境得到改善，雅典和斯巴达也正式进入敌对状态。①

此后，第二次雅典同盟迅速吸引了更多城邦加入，在短期内同盟卓有成效，成功地阻止了斯巴达的侵袭。斯巴达国王阿格西劳斯在公元前 377 年进攻忒拜时身负重伤，长达七年时间无法指挥作战，到公元前 373 年忒拜在陆上基本重新控制大半个玻俄提亚地区。② 雅典在海上，于公元前 376 年那克索斯海战（Battle of Naxos）中大败斯巴达舰队，重新掌握希腊世界的制海权，色诺芬记载称"雅典人可以得到谷物供应了"③，由此可见，雅典的生命线，通往黑海的粮食运输线，也得到了安全保障，消除了斯巴达再次通过切断粮道逼雅典投降的可能，并成功吸纳 70 多个城邦加入新同盟。一时间，斯巴达在希腊世界的霸权，已经摇摇欲坠。但其中也存在一些隐患，尤其是雅典与忒拜的矛盾日益激化，而雅典比起公元前 5 世纪经济实力明显不足，无力扩大来之不易的战果。④

同一时期，马其顿还处于内乱和十分虚弱的状态。

公元前 5 世纪末马其顿一度兴盛，但未能持久。⑤ 此后总体上马其顿人除骑兵战斗力较强外，军事力量仍然很虚弱。⑥ 之后几十年直到公元前 370 年，马其顿一直危机四伏。其邻邦俄吕恩托斯（Olynthus）建立以其为首的卡尔喀斯（Chalcis）同盟，并与雅典保持良好关系，实力强劲，马其顿国王一度被其驱逐。同时北方的游牧部族往南移动，马其顿人也无力对抗。实力恢复的雅典致力于收复安庇波利斯，对马其顿威胁也不小。简而言之，此时的马其顿不仅不能称霸一方，反而十分虚弱，在东地中海地区没有发言权。就整个东地中海国际体系而言，马其顿当时更多的是一个势力有限的旁观者而非重要参与者。⑦

---

① Diodorus Siculus, *Library of History*, 15. 28. 2-29. 5.

② Pausanias, *Description of Greece*, trans. W. H. S. Jones & H. A. Ormerod , Cambridge, Massachusetts：Harvard University Press, 1926, 9. 1. 4-8; Xenophon, *Hellenica*, 5. 4. 47, 6. 4. 10; Diodorus Siculus, *Library of History*, 15. 34. 1, 15. 46. 6.

③ Xenophon, *Hellenica*, 5. 4. 61.

④ Xenophon, *Hellenica*, 5. 4. 60, 64; Diodorus Siculus, *Library of History*, 15. 34. 3-35. 2; Sir Frank Adcock and D. J. Mosley, *Diplomacy in Ancient Greece*, pp. 71-78.

⑤ Thucydides, *History of the Pelopennesian War*, trans. C. F. Smith, Cambridge, Massachusetts：Harvard University Press, 1919, 2. 100. 1. 本文所引用《伯罗奔尼撒战争史》译文均根据何元国译《伯罗奔尼撒战争史》（中国社会科学出版社，2017）。

⑥ Thucydides, *History of the Pelopennesian War*, 2. 100; Xenophon, *Hellenica*, 5. 2. 13; John Boardman, et al. eds. , *The Cambridge History*, vol. 6, p. 726.

⑦ Xenophon, *Hellenica*, 5. 2. 11; Diodorus Siculus, *Library of History*, 14. 92. 3, 15. 19. 2; John Boardman, et al. eds. , *The Cambridge History*, vol. 6, pp. 726-727.

关于这一时期的波斯帝国的相关情况，从公元前 449 年雅典和波斯签订
和约开始，波斯进入一段较长的和平时期。在伯罗奔尼撒战争后期，波斯人
以黄金为武器，最终左右了战局，但却因承平日久而缺乏战斗力。边境地区
的离心倾向也日益严重。公元前 405 年，埃及发生起义，此后进入一段受希
腊影响的稳定上升的独立时期。① 埃及重新独立之后，由于埃及非常富庶，
是波斯统治的核心地区，公元前 4 世纪波斯多次进攻埃及。战争中攻守双方
均大量使用希腊雇佣兵，埃及与希腊世界和波斯之间的紧密互动由此可见一
斑。大约在公元前 404 年，波斯国王大流士二世（Darius II）去世，其子阿
尔塔薛西斯二世（Artaxerxes II）继位，但深受父母宠爱的次子小居鲁士
（Cyrus the Younger）却不甘心在兄长麾下做一名普通的总督。因此，在公元
前 401 年，他率领多达一万多人的希腊雇佣兵和其手下的其他波斯军队发动
大规模叛乱，一直攻到幼发拉底河畔。不料，小居鲁士在战斗中身亡。接
着，希腊雇佣军首领被波斯人诱杀，群龙无首的希腊人推举色诺芬为统帅，
穿越波斯帝国腹地，长途跋涉回到希腊。小居鲁士的叛军居然能一路畅通进
军到幼发拉底河这样的腹地，充分说明波斯帝国的外强中干和衰弱不堪。②
小居鲁士叛乱也开启了希腊雇佣兵在波斯帝国内部事务中扮演重要角色的新
时代，此后的多次波斯帝国内乱中，希腊雇佣兵都被多方所倚重。

之后，波斯通过黄金和外交手段，成功挑起了科林斯战争并迫使斯巴达
人从小亚细亚撤军。波斯立场的转变既因为雅典势力复兴威胁波斯，也因为
雅典与波斯在塞浦路斯的叛乱者以及埃及结盟。公元前 386 年，在波斯授意
下希腊城邦结成了所谓"大王和约"，而波斯有权干涉欧罗巴事务也得到了
确认，阿尔塔薛西斯二世取得了很大的外交成功。③ 在此之后，小亚细亚获
得了和平，并得以在一定程度上恢复繁荣。公元前 378 年，埃及最后一个
独立王朝，也是很久以来最强大的王朝第三十王朝，由奈赫特内贝夫（前
378～前 360）建立。一个强大的埃及显然成了波斯的眼中钉，而同一时
期，尽管波斯的亚洲属地离心趋势加强，已经濒临解体，但短期内还没有

---

① A. T. 奥姆斯特德：《波斯帝国史》，第 451～452 页；阿卜杜·扎林库伯：《波斯帝国史》，
　张鸿年译，复旦大学出版社，2011，第 142～145 页。
② 色诺芬：《长征记》，崔金戎译，商务印书馆，1952；A. T. 奥姆斯特德：《波斯帝国史》，
　第 449～458 页。
③ John Boardman, et al. eds., *The Cambridge History*, vol. 6, pp. 69-82；A. T. 奥姆斯特德：
　《波斯帝国史》，第 465～474 页。

发生大的叛乱，从而对帝国构成直接威胁。因此，与镇压内乱相比，这一时期波斯的当务之急是远征埃及。公元前373年波斯派希腊雇佣兵等大军远征埃及，但行动迟缓，进展不顺，加上夏季洪水泛滥，最终惨败，埃及得以保全。[①] 波斯在忒拜崛起过程中的公元前370年代对希腊事务干涉相对较少，原因大概就是：波斯国王忙于对付野心勃勃的总督和讨伐埃及，自顾不暇。由于第二次雅典同盟中包含一些离小亚细亚较近的岛邦，使波斯尤其是其西部总督倾向于对雅典的势力加以遏制。[②] 由此可见，东地中海地区的政治实体之间存在联系和互动。但是，也不能将这种古代地区国际体系与近现代相提并论，由于交通的不便与距离的遥远，当时从波斯帝国的统治中心到希腊需要相当长的时间，这使得波斯国王不可能完全掌控对希腊世界的外交。更何况，如前文所述，对波斯而言，相比富庶的埃及和两河流域，希腊事务并不特别重要。因此，这一时期的波斯与希腊间的外交很多是由波斯西部行省总督所主导，不一定都能代表波斯国王的意图。同时，波斯方面之所以有时会显得外交方针反复多变，很大程度上也是由于外交事务是出自不同的领导人的意志，国王与不同的总督们各有各的利益立场和考虑。

由此观之，在忒拜民众派政变的公元前379年，东地中海地区整体上可以说是一片混沌却又危机四伏，处于危险的平衡中。公元前5世纪末就已经重获独立的埃及正处在其最后一位强有力的法老的统治下，其与波斯的冲突吸引了很多希腊人前往充当雇佣兵；波斯帝国老迈的国王一方面日益失去对西部边境各省总督的控制力，叛乱风险日益增加，另一方面还要与埃及敌对，因此自顾不暇，对希腊世界的干涉减少；在希腊本土，将小亚细亚希腊城邦拱手让给波斯，实力不足却施行暴政的斯巴达日益成为希腊人的众矢之的，而其国内人力资源也已经濒临枯竭，依靠波斯支持勉强维持霸权；雅典休养生息已久，逐渐走向复兴；忒拜则迅速崛起。未来希腊化世界的统治者马其顿人此时正陷入内乱，在希腊北部沉睡。这时忒拜的政变以及后来的称霸，正如一声打破沉闷困局的惊雷，深远地改变了整个东地中海世界的国际体系。

---

① Diodorus Siculus, *Library of History*, 15. 29, 42; John Boardman, et al. eds., *The Cambridge History*, vol. 6, pp. 82-84; A. T. 奥姆斯特德：《波斯帝国史》，第479~480、485~491页。

② John Boardman, et al. eds., *The Cambridge History*, vol. 6, pp. 82-83.

二　忒拜称霸与旧秩序的终结

尽管忒拜称霸的时间非常短暂，却对希腊世界旧有联盟体系和霸权格局造成了颠覆性的影响。在希腊史上，早在公元前 6 世纪出现的斯巴达主导的伯罗奔尼撒同盟是最早且最有效的外交体系之一，也是希腊世界最令人生畏的力量。此外，尽管提洛同盟已经在伯罗奔尼撒战争后解体，但以雅典、斯巴达两强为中心的传统国际体系在很长一段时间里仍然主导着希腊世界，雅典在公元前 4 世纪几次反对斯巴达的联盟中均扮演重要角色。① 在这种状况下，忒拜却打破了这个局面，终结了以雅典和斯巴达为中心的希腊世界传统国际体系。

首先，忒拜所在的玻俄提亚地区地理位置十分重要，处于南北希腊的交通要道上。② 尤其对于缺乏强大舰队的陆上强国斯巴达而言，玻俄提亚可以说是其北上控制北希腊地区的重要通道，这是斯巴达人不惜代价也要控制该地区的重要原因。同时，尽管忒拜在玻俄提亚拥有举足轻重的地位，但是却远远达不到雅典在阿提卡或是斯巴达在拉哥尼亚的那种程度。在玻俄提亚地区还有其他几个实力不弱的大城邦，在本文所涉及的公元前 4 世纪，主要的大城邦是普拉泰亚（Plataea）、忒斯皮埃（Thespiae）和俄耳科墨诺斯（Orchomenus）。这三大城邦长期对于忒拜控制玻俄提亚联盟的局面十分不满。

伯罗奔尼撒战争中，忒拜在战争后期从雅典掠夺了很多财富，国力大为增强。③ 后来忒拜在战后帮助雅典民众派重新夺权，并参与联合反对斯巴达的科林斯战争，但最后玻俄提亚同盟在“大王和约”签订后被强制解散。公元前 379 年，忒拜民众派掌握政权，不久后便加入了第二次雅典同盟，并力图重建玻俄提亚同盟。斯巴达人在随后几年中大举进攻，忒拜人则坚决抵抗。④ 忒拜自从民众派夺权之后，持续秉持反对斯巴达的对外政策，先是挫败了斯巴达公元前 370 年代对玻俄提亚的多次进攻，客观上支援了雅典在爱琴海上重建同盟的行动。公元前 373 年忒拜抓住机会迅速对忒斯皮埃和普拉

① Sir Frank Adcock and D. J. Mosley, *Diplomacy in Ancient Greece*, pp. 231-243.

② Robert J. Buck, *Boiotia and the Boiotian League*, 423-371 B. C., p. 1.

③ Sir Frank Adcock and D. J. Mosley, *Diplomacy in Ancient Greece*, pp. 79-81; G. L. Cawkwell, "Epaminondas and Thebes," *The Classical Quarterly*, vol. 22, No. 2 (November 1972), p. 261.

④ Xenophon, *Hellenica*, 5. 4. 39-47.

泰亚采取行动。因此，除俄耳科墨诺斯之外的大部分玻俄提亚城邦均被纳入
新的民主制玻俄提亚同盟中，新玻俄提亚同盟完全形成。①

公元前 371 年波斯国王出面调停，有意让希腊各邦达成和议，这应当与
之前波斯远征埃及失败使其希望得到更充足的雇佣兵作为补充不无关系。斯
巴达此时已经无力继续同时与雅典、忒拜两大强邦为敌，雅典则对忒拜日益
增强的侵略性行为十分不满，加上面临财政困难，因此有意进行和谈。之后
在斯巴达的和会上，斯巴达为了解散玻俄提亚同盟，提出不能由忒拜代表全
体玻俄提亚人，而应由玻俄提亚地区各城邦分别进行宣誓。忒拜坚决反对，
和谈遂破裂，忒拜被排除在外。② 之后，由于伊帕密浓达的创新战术和珀罗
庇达斯 (Pelopidas) 指挥的圣队 (Sacred Band) 的奋战，忒拜军队在留克特
拉战役中大获全胜，斯巴达国王克勒翁布洛托斯一世 (Cleombrotus I) 战死。③
斯巴达从此以后几乎完全处于守势，再也没有发起主动进攻的能力了。

兴高采烈的忒拜人遣使雅典邀请其一起进一步打击斯巴达，本已对忒拜
深怀戒心的雅典闻讯更加不安，拒绝了忒拜的邀请。这时忒拜寄希望于忒萨
利亚雄心勃勃的塔戈斯 (Tagus) 珀赖俄斯的伊阿宋 (Jason of Pherae)。④ 关
于此人的史料十分有限，他当时基本控制了忒萨利亚全境，实力雄厚，无意
让忒拜过于强大，试图维持忒拜与斯巴达之间的均势，在斯巴达与忒拜之间
发挥了不小的作用，甚至有希望成为希腊世界的新霸主。但他突然被暗杀，
由于伊阿宋有组织反波斯远征的计划，有学者认为刺客是波斯国王所派
遣⑤，这也使中希腊顺理成章地落入忒拜的控制之下，而忒萨利亚地区再次
陷入动乱。⑥ 雅典在之后不久也试图举行由其主导的和会，但很多重要城邦
尤其是至关重要的忒拜、曼丁尼亚 (Mantinea) 及厄利斯 (Elis) 均未加

---

① Pausanias, *Description of Greece*, 9. 1. 4 – 8; Xenophon, *Hellenica*, 6. 4. 10; Diodorus Siculus, *Library of History*, 15. 46. 6.

② Xenophon, *Hellenica*, 6. 3. 18 – 20; Plutarch, *Lives*, *Agesilaus*, 27. 4 – 28. 5; Pausanias, *Description of Greece*, 9. 13. 2; John Boardman, et al. eds., *The Cambridge History*, vol. 6, pp. 179 – 181.

③ Xenophon, *Hellenica*, 6. 4. 1 – 12; Diodorus Siculus, *Library of History*, 15. 52 – 55; Plutarch, *Lives*, *Pelopidas*. 23; John Boardman, et al. eds., *The Cambridge History*, vol. 6, pp. 181 – 184.

④ 塔戈斯是忒萨利亚的军事领袖的头衔名，权力很大，有时也被称为国王 (Basileus) 或是执政官 (Archon)。

⑤ A. T. 奥姆斯特德:《波斯帝国史》，第 492 页。

⑥ Xenophon, *Hellenica*, 6. 4. 20; John Boardman, et al. eds., *The Cambridge History*, vol. 6, pp. 184 – 185; Sir Frank Adcock and D. J. Mosley, *Diplomacy in Ancient Greece*, p. 83.

盟，这说明忒拜已经掌握了希腊事务的主动权。①

此时，长期在斯巴达威慑下的伯罗奔尼撒半岛诸邦开始出现混乱，寡头派政权的地位摇摇欲坠，民众派势力抬头，很多城邦陷入内乱，同时对斯巴达长期霸权普遍不满。② 其中，阿耳卡狄亚（Arkadia）的动乱影响最为深远。本来，在伯罗奔尼撒半岛，阿尔哥斯（Argos）就一直与斯巴达处于敌对状态，而阿耳卡狄亚在公元前 5 世纪曾经与阿尔哥斯联合共同对抗斯巴达，后来在公元前 418～前 417 年才被斯巴达击败，但斯巴达对该地区的控制一直称不上稳固。③ 此时，阿耳卡狄亚内部经过斗争，其民众派先后在该地区最重要的两大城邦曼丁尼亚及忒革阿（Tegea）中掌握了政权，并在玻俄提亚方面的支持和帮助下，根据民主制原则组建了阿耳卡狄亚联盟。④ 然后，为了抗击斯巴达，阿耳卡狄亚、厄利斯和阿尔哥斯三城邦结成了针对斯巴达的三方联盟，并一度向雅典请求建立防御同盟，但未能达成协议。之后三方联盟转而向忒拜求助，忒拜方面在伊帕密浓达和珀罗庇达斯等人的坚持下，加上厄利斯人资助了 10 塔连特作为忒拜远征的军费，最终经过公民投票接受了联盟。其后，伊帕密浓达率军多次远征伯罗奔尼撒半岛，此时斯巴达公民人数越来越少，加上希洛特和边民（perioikoi）纷纷投奔忒拜军团，结果，忒拜大军兵临斯巴达城下，蹂躏了拉哥尼亚（Laconia），并解放美塞尼亚，彻底摧毁了斯巴达体制的经济基础，给予斯巴达致命打击。⑤ 斯巴达领土大为缩小，经济上一蹶不振，外部则陷入重重包围之中。斯巴达再也没能从这次打击中恢复过来。⑥ 然而，新近仿效玻俄提亚同盟成立的阿耳卡狄亚同盟却因过于追求自身利益而成为忒拜的麻烦，其与厄利斯之间的领土争端也日趋激化，

---

① Xenophon, *Hellenica*, 6. 5. 1-10; John Boardman, et al. eds., vol. 6, *The Cambridge History*, pp. 185-186; Sir Frank Adcock and D. J. Mosley, *Diplomacy in Ancient Greece*, p. 83; Paul Cartledge, *Agesilaos and the Crisis of Sparta*, London: Duckworth, 1987, pp. 309-310.

② John Buckler, *The Theban Hegemony*, pp. 70-73.

③ W. G. Forrest, *A History of Sparta*, 950-192 B. C., New York and London: W. W. Norton and Company, 1968; Thucydides, *History of the Peloponnesian War*, 5. 56-74.

④ Xenophon, *Hellenica*, 6. 5. 3-11; N. G. L. 哈蒙德：《希腊史——迄至公元前 322 年》，朱龙华译，商务印书馆，2016，第 795～796 页。

⑤ 美塞尼亚作为希洛特的主要来源地，是斯巴达经济的支柱和政治军事体制的基础，失去美塞尼亚，对斯巴达体制的打击可谓致命，使其几乎不可能再次崛起。

⑥ Xenophon, *Hellenica*, 6. 5. 3 - 32; Diodorus Siculus, *Library of History*, 15. 59 - 63; Plutarch, *Lives*, *Agesilaus*, 32. 6 - 12; John Buckler, *The Theban Hegemony*, pp. 70 - 90; Paul Cartledge, *Agesilaos and the Crisis of Sparta*, pp. 310-312.

这些都给忒拜霸权的发展投下了阴影。①

　　如前文所述，第二次雅典同盟的共同敌人是斯巴达，雅典一贯的立场也是支持民主制反对寡头制。但忒拜的强盛却促使雅典与斯巴达接近，早在留克特拉战役后雅典的和平尝试中，斯巴达便参与了。到了公元前369年，双方更建立了同盟关系，并轮流享有陆海军最高指挥权，但这也使第二次雅典同盟失去了共同目标，而且雅典也不得不放弃一贯的立场，一定程度上陷入尴尬的境地。② 忒拜与雅典关系的恶化也使得第二次雅典同盟失去了一个重要的盟友，之后伊帕密浓达对半岛发起第二次远征，这一次远征中，斯巴达避而不战，忒拜军迫使西库翁（Sikyon）投降，并蹂躏科林斯等邦土地，进一步打击了斯巴达的盟邦，使其更为孤立。③ 之后斯巴达虽然进行过反攻，但并不能扭转其整体上的颓势，后来伊帕密浓达对半岛进行第三次远征，这次远征成功使阿凯亚（Achaea）屈服，虽然其后来反水，但威慑作用不容忽视。公元前366年，以科林斯为首的斯巴达盟邦因战争已民穷财尽，最终在征得斯巴达许可的情况下接受承认美塞尼亚独立的条件，并与忒拜方面议和。这事实上也意味着忒拜的一个重要战略目标的实现，亦即成功终结了由斯巴达主导的伯罗奔尼撒同盟。毫无疑问，这意味着忒拜霸权达到一个高峰，斯巴达事实上输掉了对忒拜的战争，之后半岛的战事主要是围绕阿耳卡狄亚进行。应当说，伯罗奔尼撒同盟的终结对希腊世界乃至整个东地中海地区旧有联盟体系和外交格局都产生了重大的影响。④ 同时，考克维尔等学者认为，应如狄奥多罗斯所记载："波斯大王派出使者成功劝说希腊人结束他们的战争，并与彼此达成全面和平。因此，从留克特拉战役算起持续了五年之久的斯巴达——玻俄提亚战争结束了。"⑤ 公元前366年曾有过一次由忒拜主持的和会，且除斯巴达外的绝大多数希腊城邦均参与其中。从公元前

①　Xenophon, *Hellenica*, 7.1.26; Diodorus Siculus, *Library of History*, 15.77.2; John Buckler, *The Theban Hegemony*, pp. 104-106.

②　Xenophon, *Hellenica*, 7.1.1-14; Sir Frank Adcock and D. J. Mosley, *Diplomacy in Ancient Greece*, pp. 84-85; John Buckler, *The Theban Hegemony*, pp. 90-92.

③　Xenophon, *Hellenica*, 7.1.15-2.2; Diodorus Siculus, *Library of History*, 15.68-70; Pausanias, *Description of Greece*, 9.15.4.

④　Xenophon, *Hellenica*, 7.4.6-11; Diodorus Siculus, *Library of History*, 15.76.3; G. L. Cawkwell, "The Common Peace of 366-5 B. C.," *The Classical Quarterly*, vol. 11, No. 1 (May 1961), pp. 80-86; John Boardman, et al. eds., *The Cambridge History*, vol. 6, pp. 200-203; Paul Cartledge, *Agesilaos and the Crisis of Sparta*, p. 312.

⑤　Diodorus Siculus, *Library of History*, 15.76.3.

367 年在波斯首都苏萨和会前后雅典方面的强硬态度与后来的明显变化能看出，雅典内部在此间应当发生了较大的政局变更，亲斯巴达的一派失势而亲忒拜派掌握了政权，而为促使雅典加入和约，波斯国王也承认雅典方面对于安庇波利斯及科尔松两城的主权。① 无论雅典最终加入本次和约与否，忒拜在公元前 366 年和会中应当拥有斯巴达曾在"大王和约"中拥有的同等地位盖无疑义，公元前 366 年和约不失为一个外交上重要的成功案例，更是忒拜称霸的重要里程碑。但是，从结果来看，忒拜确立的和平并不稳定，更未能持久，不久后忒拜的盟友间的冲突便再次升级，并引起几乎使希腊世界分裂的大规模的曼丁尼亚战役，忒拜的霸权戛然而止。

不仅如此，忒拜还间接打击了第二次雅典同盟。忒拜本身原为第二次雅典同盟的重要成员和同盟在陆上最重要的力量，忒拜与雅典同盟关系破裂本身即已将雅典的势力赶出了陆地。如前文所述，玻俄提亚地处交通要道，又紧邻阿提卡地区，对雅典十分重要，雅典在历史上不只一次试图控制玻俄提亚地区，同时也多次扶持忒拜的宿敌普拉泰亚与忒拜敌对。但公元前 373 年普拉泰亚被忒拜彻底吞并，这使得雅典失去了干涉玻俄提亚的支点。随着忒拜实力的增强，雅典与忒拜的关系日益恶化，最终走向敌对，这使雅典同盟的陆上实力大损。由于在公元前 367 年促成共同和平的努力失败，忒拜认识到削弱雅典的最佳方式即摧毁其力量基础——第二次雅典海上同盟，对于希腊世界来说，要建立霸权必须有强大的海军，即使是陆军强国斯巴达，最终也是在波斯帮助下建立舰队并击败雅典人之后才取得了伯罗奔尼撒战争的胜利。忒拜要想压倒雅典，摧毁第二次雅典同盟，首先必须建立一支不输于雅典的强大舰队。关于忒拜海军建设计划的主要史料来自狄奥多罗斯的记载：

> 在其同胞中拥有最高地位的忒拜人伊帕密浓达，在公民大会上高谈阔论，力劝他们去谋求海上霸权。在演讲过程中，他指出他经过长久的考虑，认为建立海军这一尝试既便利而且可行。② 因此人民立即投票决定建造 100 艘三层桨战舰和相应数量的造船所，并要求拜占庭、喀俄斯和罗德岛的人民支持他们的计划。③

---

① G. L. Cawkwell, "The Common Peace of 366-5 B. C.," *The Classical Quarterly*, vol. 11, No. 1 (May 1961), pp. 80-86.

② Diodorus Siculus, *Library of History*, 15. 78. 4.

③ Diodorus Siculus, *Library of History*, 15. 79.

因此，在伊帕密浓达主导下，忒拜开始了建造 100 艘三层桨战舰的宏伟计划，该计划得到波斯和迦太基人的支持，迦太基是为了与叙拉古的僭主狄奥尼修斯（一直是斯巴达盟友）斗争而援助忒拜。① 该计划有一定效果，准备工作进行了两年，到公元前 364 年，伊帕密浓达已经做好了将舰队投入使用的准备。但伊帕密浓达并不打算过早在海上与雅典舰队发生直接冲突，他的计划是先诱使一些海上城邦叛离雅典，加入忒拜同盟，再寻找机会与雅典决战。其具体计划是通过与爱琴海东部的拜占庭、喀俄斯和罗德岛（Rhodes）等邦结盟，切断雅典从黑海运输粮食的重要线路，从而迫使雅典屈服或是主动进行决战。伊帕密浓达率舰队首先前往拜占庭，尽管拜占庭人对雅典很不满，但对于与没有海军传统的忒拜建立正式联盟还是心存疑虑，这反过来又给忒拜人说服另外两个城邦的工作增添了难度。最终，另外两个城邦也婉拒了忒拜人的同盟提案，伊帕密浓达几乎一无所获。不过，铭文也记录了忒拜如何鼓励刻俄斯（Keos）的反雅典派系，而离雅典更近的优卑亚（Euboea）的城邦也离开雅典投奔忒拜②，最终忒拜还是说服两个小城邦刻俄斯和伊乌利斯（Ioulis）从雅典同盟叛离，只是很快就被平息了。③ 此后，忒拜舰队再未有过大的行动，一方面由于波斯国王逐渐停止对忒拜的资助，另一方面由于从此之后忒拜在南北两面均面临较大挑战，已无暇再经营海上事业。从长远来看，公元前 357 年之后，雅典与其盟邦嫌隙越来越大，最后爆发了同盟者战争（Social War，前 357~前 355 年），雅典战败，第二次雅典同盟解体。这为马其顿的腓力（Philip II of Macedon）趁机扩充实力，崛起于北方提供了良机。无论如何，忒拜间接打击和削弱第二次雅典同盟的设想基本实现。④

在陆地上，尽管忒拜与科林斯等城邦成功议和，但从公元前 365 年开始的阿耳卡狄亚与厄利斯的战争旷日持久，并撕裂了忒拜为首的联盟，不仅厄利斯公开与斯巴达结盟，而且阿耳卡狄亚内部也分裂为以忒革阿为首的民众派和以曼丁尼亚为首的寡头派，民众派向忒拜求援，寡头派则与厄利斯及阿

① *Inscriptiones Graecae* VII 2408.

② *Inscriptiones Graecae* II² 111.

③ Diodorus Siculus, *Library of History*, 15. 79. 1-80. 2; John Boardman, et al. eds., *The Cambridge History*, vol. 6, pp. 200-203; John Buckler, *The Theban Hegemony*, pp. 169-175.

④ Diodorus Siculus, *Library of History*, 15. 78. 4-80. 2; Sir Frank Adcock and D. J. Mosley, *Diplomacy in Ancient Greece*, pp. 85, 91-92; John Boardman, et al. eds., *The Cambridge History*, vol. 6, pp. 200-203; John Buckler, *The Theban Hegemony*, pp. 161-175.

凯亚结盟，并派使者向雅典和斯巴达求援。① 因此，公元前 362 年，一场决定希腊未来的战役似乎已经迫在眉睫，玻俄提亚委任伊帕密浓达为统帅，率领大军再次远征伯罗奔尼撒半岛，以驰援阿耳卡狄亚民众派。② 在两军正式接触后，伊帕密浓达采取与留克特拉战役相似的战术，并突然发起进攻，打了联军一个措手不及。之后一如留克特拉，忒拜军团迅速压倒斯巴达军，但就在敌人崩溃——忒拜军正要开始追歼残敌之际，伊帕密浓达本人受了致命伤，忒拜军只好停止追击。这样，忒拜虽然取得了战术上的胜利，但失去伊帕密浓达的损失却完全抵消了一切。③

据色诺芬称，时人均希望能据此一战决出希腊世界的霸主，但事与愿违，伊帕密浓达在取得相当大的战果后战死，使这一切都成了泡影，他死后忒拜的势力范围只剩下中希腊地区。最后各城邦达成了共同和约，但这是一个各城邦精疲力竭状况下的共同和约。正如色诺芬在其《希腊志》最后绝望地感慨道："战后的希腊却比战前愈加混乱和无序了。"④ 到此时，各种联盟及传统势力做了种种努力，但收效甚微，只能等局外人来彻底改变希腊世界格局了。⑤

忒拜几乎摧毁了希腊世界旧有联盟体系，但未能成功建立新的稳定联盟体系。忒拜与伯罗奔尼撒半岛三城邦⑥的联盟中存在很多问题，如其中并未明确规定忒拜为霸主，伊帕密浓达能成为盟军总指挥也更多是出于其威望和能力，但并无条文依据。同时，也没有相应的联合指挥机构，而且，联盟除共同反对斯巴达外，并无长期性的共同目标。一旦斯巴达势力衰落之后，联盟内部矛盾便迅速上升为主要矛盾，而联盟又缺乏有足够威望或地位可作为仲裁人的领袖或相应章程⑦，后来阿耳卡狄亚与忒拜之间发生的种种矛盾，

①　Xenophon, *Hellenica*, 7. 5. 1-5; Diodorus Siculus, *Library of History*, 15. 82. 3-4; John Buckler, *The Theban Hegemony*, pp. 201-208; Paul Cartledge, *Agesilaos and the Crisis of Sparta*, pp. 257-262.

②　Xenophon, *Hellenica*, 7. 5. 9-14; Diodorus Siculus, *Library of History*, 15. 82. 6-84. 1; Plutarch, *Lives*, *Agesilaus*, 34. 5-11.

③　Xenophon, *Hellenica*, 7. 5. 15-25; Diodorus Siculus, *Library of History*, 15. 85-87; Pausanias, *Description of Greece*, 8. 1. 1-10.

④　Xenophon, *Hellenica*, 7. 5. 27.

⑤　Xenophon, *Hellenica*, 7. 5. 26-27; Diodorus Siculus, *Library of History*, 15. 88-89; Sir Frank Adcock and D. J. Mosley, *Diplomacy in Ancient Greece*, p. 87.

⑥　阿耳卡狄亚、厄利斯与阿尔哥斯。

⑦　一般而言，古典希腊外交中仲裁者的声望和实力就是结果的最佳保证，参见 Sir Frank Adcock and D. J. Mosley, *Diplomacy in Ancient Greece*, p. 214。

以及同盟最终在公元前 360 年代后期瓦解，其深层原因都在于此。此外在中希腊，在留克特拉战役之后，也形成了以忒拜为中心的同盟，其中包括俄耳科墨诺斯、波喀斯（Phokis）和优卑亚诸邦，由于中希腊是忒拜势力的中心地带，其盟约相对比较稳定，一方面，这使中希腊各邦在公元前 360 年代获得一定的安全保障，避免成为希腊各邦争霸的角力场①；另一方面，由于忒拜与波喀斯等邦订立的盟约是共同防御性质的，这导致在公元前 362 年伊帕密浓达出征曼丁尼亚时，波喀斯人拒绝出兵，后来更是离心离德，这显示出即使是对中希腊，忒拜也未能做到绝对的控制。② 此外，与同样建立在一系列双边条约基础上的伯罗奔尼撒同盟不同的是，忒拜并没有将其众多双边同盟整合为一个联盟体系，而更多着眼于当前局势，缺乏长远考虑。当然，我们不能过分苛责忒拜，无论是雅典还是斯巴达的联盟体系都不是一朝一夕形成的，反观忒拜，其兴也勃，其衰也忽，根本没有让盟邦充分认可其实力的时间。在这种状况下，忒拜想组建一个联盟体系并担任盟主显然是不太实际的。无论如何，忒拜破旧而未能立新的事实是不容否认的。

三　忒拜称霸与新秩序的萌生

尽管忒拜称霸的时间非常短暂，但忒拜摧毁希腊世界旧的国际体系，使整个希腊世界出现很大的权力真空，为马其顿提供了崛起的时机。同时，忒拜的亲波斯立场也使波斯帝国得以实现短暂复苏，并在忒拜称霸期间仍能主导希腊城邦外交。由此，忒拜为稍后东地中海地区以马其顿与波斯帝国为中心的新国际体系的萌生扫清了道路，从而对后来的历史发展产生了深远的影响。

马其顿征服希腊世界的主要障碍就是忒拜、斯巴达和雅典。曼丁尼亚战役之后，斯巴达已经衰落不堪；忒拜则局限于中希腊，影响有限；雅典忙于对付其同盟内部的内乱。希腊旧城邦体系土崩瓦解，整个希腊世界出现巨大的权力真空，而波斯内部叛乱四起，无暇他顾，为马其顿提供了趁势崛起的时机。除此之外，忒拜在经营北希腊的失策更在客观上为马其顿的兴起预留

①　John Boardman, et al. eds., *The Cambridge History*, vol. 6, pp. 188–189.

②　Xenophon, *Hellenica*, 7.5.4; Sir Frank Adcock and D. J. Mosley, *Diplomacy in Ancient Greece*, p. 191.

了空间。

玻俄提亚地处中希腊，其北方就是广阔的忒萨利亚，尽管忒萨利亚四周群山围绕，但有着众多的山谷和通道可以与周围联通，群山并不足以成为忒萨利亚与外界联系的重大阻碍。忒萨利亚属于大陆性气候，与南希腊差异较大，其土地肥沃，适宜于耕作，富产谷物、马匹和其他家畜。再往北更有马其顿和色雷斯等广大地区，正如后来马其顿的巨大成就所充分证明的，北方假如经营得当，应当拥有非常大的潜力。可对于忒拜人而言，北方事务的重要性永远是次于伯罗奔尼撒半岛的，仅仅因为珀罗庇达斯对北方事务的兴趣，在其带领下，忒拜人才对忒萨利亚采取了两次行动。如前文所述，忒萨利亚在公元前4世纪初一度被伊阿宋统一，实力强盛，但伊阿宋不久便被暗杀，忒萨利亚再次陷入内乱之中。公元前369年，反对珀赖俄斯僭主亚历山大（Alexander of Pherae）的忒萨利亚联邦向忒拜求助，这引起了忒拜对忒萨利亚的第一次干涉，在这次行动中，珀罗庇达斯与僭主亚历山大交战，迫使其签订休战和约，并成功加强忒萨利亚联邦的力量。但由于珀罗庇达斯所率兵力不足，未能彻底改变该地区的状况，只是暂时遏制僭主势力的扩张。① 此后，他着手处理马其顿事务。此时的马其顿正处于从北方南下的强势游牧部族和南方雅典以及卡尔喀斯同盟等的夹缝之中，只能通过退让和屈从来换取国家的生存。当时马其顿的国王是年轻的亚历山大二世（Alexander II），其不仅面临外部强大压力，国内贵族也跃跃欲试，可谓内外交困，因此亚历山大二世迅速同意与珀罗庇达斯达成由忒拜主导的同盟，国王还派其弟腓力（即后来著名的腓力二世）等贵族子弟到忒拜做人质。但因为珀罗庇达斯实力有限，他事实上未能完全改变当时马其顿内部混乱的局面，马其顿的王位之争仍在继续。② 公元前368年，忒萨利亚人再次遣使忒拜，指控僭主亚历山大故意煽动，使各城市产生内乱，这时忒拜并不想马上再对忒萨利亚发起远征。差不多同时，因国王被暗杀，马其顿再次陷入大乱之中，仓促之间，珀罗庇达斯只好雇佣兵马前往马其顿。但由于麾下的雇佣兵被马其顿弑君者托勒密买通，珀罗庇达斯不得不承认既成事实，认可其摄政身份，并与其达成与之前相似的和约。③ 此后珀罗庇达斯回到忒萨利

---

①　Diodorus Siculus, *Library of History*, 15. 67. 3-4; Plutarch, *Lives*, Pelopidas, 26.

②　John Boardman, et al. eds., *The Cambridge History*, vol. 6, pp. 194-195; John Buckler, *The Theban Hegemony*, pp. 110-119.

③　Plutarch, *Lives*, Pelopidas, 27. 2-3.

亚,但不慎被僭主所扣押。忒拜先后两次出兵忒萨利亚,第一次出师不利,第二次在伊帕密浓达的率领下最终击败了僭主亚历山大,救出了珀罗庇达斯等人,但未能彻底地摧毁僭主的势力。①

此后长达三年,忒拜人事实上放弃了对忒萨利亚的干预,这就给了僭主亚历山大充分休养生息的时间。直到公元前364年,僭主再次对忒萨利亚诸城邦发起进攻。这一年,忒拜派出珀罗庇达斯率军驰援,战斗中忒拜军虽占据优势,但珀罗庇达斯战死,沉重打击了忒拜的事业。之后,忒拜人报仇并击败僭主亚历山大,迫使其成为附属,并不再谋求做忒萨利亚的僭主。这在短期内确保了忒萨利亚服从玻俄提亚之领导,但并未摧毁僭主的权力基础,使其仍有卷土重来的可能。② 这种以忒拜为首的局面十分不稳定,曼丁尼亚战役后,忒萨利亚人在公元前361年便转而寻求雅典而不是忒拜的帮助来对抗僭主了。③

综上所述,忒拜对北希腊的经营存在很多问题。由于长期以来重视不够,大多是应急措施,缺乏长远的规划,政策也缺乏连续性,故不足以改变当地的力量对比格局。事实上,未来的大国马其顿在公元前360年代正处于其最低谷,国王更迭频繁,北面的游牧部族来势汹汹,雅典更因想收复安庇波利斯而与马其顿交恶,④ 此时的忒萨利亚又陷入一片混乱,实力不弱的波喀斯也成为忒拜的盟友,本来忒拜是有机会控制忒萨利亚并成功挤压马其顿未来崛起空间的。但事实上,直到公元前362年,忒萨利亚仍是一片混乱,忒拜对波喀斯的控制也很不成功,双方的矛盾最后还酿成了公元前356年开始的第三次神圣战争(Third Sacred War,前356~前346年)。⑤ 曾被送到忒拜做人质的腓力二世成功地学到了忒拜的新式军事战术,并对马其顿军队进行改革,还利用神圣战争的机会对忒萨利亚进行干涉,最终成功地控制广阔的忒萨利亚地区,使之成为其称霸希腊世界的重

---

① Diodorus Siculus, *Library of History*, 15. 71. 3-7; Plutarch, *Lives*, *Pelopidas*, 29.

② Diodorus Siculus, *Library of History*, 15. 80. 1-6; Plutarch, *Lives*, *Pelopidas*, 31-35; Nepos, *Pelopidas*, trans. John C Rolfe, Cambridge, Massachusetts: Harvard University Press, 1984, 5. 2-5.

③ John Boardman, et al. eds., *The Cambridge History*, vol. 6, pp. 207-208; Sir Frank Adcock and D. J. Mosley, *Diplomacy in Ancient Greece*, pp. 217, 224.

④ Diodorus Siculus, *Library of History*, 16. 2. 2-6; John Boardman, et al. eds., *The Cambridge History*, vol. 6, pp. 726-727.

⑤ Diodorus Siculus, *Library of History*, 16. 23-38; John Boardman, et al. eds., *The Cambridge History*, vol. 6, pp. 739-742.

要资本。① 忒拜却因为第三次神圣战争损失惨重，几乎一无所获。由此可见，正是忒拜对北希腊不成功的经营，为腓力二世留下势力真空。

忒拜和波斯之间的关系也值得分析。如前文所述，波斯在公元前373年远征埃及失败，因此公元前371年波斯虽出面倡议希腊各城邦议和，但事实上并无意也无力去给予某方以实质性的支持。② 更何况，波斯帝国因为拥有广大的国土，在当时的历史条件下，完全依靠国王自己实行直接统治显然是不可能的。因此，各行省的总督就被赋予相当大的权力，不仅掌握军政大权，还可以在很大程度上自己决定相关的外交事务。因此，公元前371年的这一倡议本身是否出自波斯国王就很难确定。忒萨利亚的塔戈斯——伊阿宋被暗杀与波斯方面也不无关系。此后，尽管事件的具体先后顺序不太清晰，但波斯麾下的将军和总督达塔墨斯（Datames）在公元前360年代初叛乱殆无疑问，这与公元前368年波斯国王和普律癸阿（Phrygia）总督阿里俄巴耳兹达涅斯（Ariobarzanes）派使者请希腊各城邦在德尔菲（Delphi）举行和会或许有一定联系。波斯国王应是想促使希腊和平以便获得充足的雇佣兵去镇压埃及和总督的叛乱。在这次和会上，除忒拜和斯巴达，各方都同意和平条款。它们的意见分歧过大，尤其是关于承认美塞尼亚问题，无法达成妥协。这次和会表面上毫无成果，实际上，总督成功得到雇佣兵并与斯巴达建立友好关系，从而拥有更多与国王对抗的资本。③ 此时波斯干涉希腊世界的主要目的是获得更多的希腊雇佣兵为其作战。此时波斯方面的注意力根本上还是集中在国内事务而非希腊。

公元前367年，忒拜得知斯巴达正遣使波斯以求获得国王的资助，或许出于对前一年和会中总督的亲斯巴达倾向的反制，也因为忒拜已经基本实现其战略目标，忒拜派出以珀罗庇达斯为首的代表团远赴苏萨，同行的还有忒拜盟邦的使者。雅典也急忙派出自己的使团。在苏萨，借助一名雅典使节的

---

① Diodorus Siculus, *Library of History*, 15. 67. 4; John Boardman, et al. eds., *The Cambridge History*, vol. 6, pp. 742-747; Sir Frank Adcock and D. J. Mosley, *Diplomacy in Ancient Greece*, pp. 90-93.

② Xenophon, *Hellenica*, 6. 3. 2-12; Diodorus Siculus, *Library of History*, 15. 50. 4; Plutarch, *Lives*, *Agesilaus*, 27. 5-28. 7.

③ Xenophon, *Hellenica*, 7. 1. 27; Diodorus Siculus, *Library of History*, 15. 70. 2; Nepos, *Datames*, trans. John C Rolfe, Cambridge, Massachusetts: Harvard University Press, 1984, 3. 5-5. 6; John Buckler, *The Theban Hegemony*, pp. 102-104; A. T. 奥姆斯特德：《波斯帝国史》，第492~493页。

帮助，"珀罗庇达斯被波斯人另眼相待"①，"珀罗庇达斯备受波斯人尊重，也得益于忒拜人在留克特拉战役中的全胜以及他们对拉刻代蒙国土的蹂躏"②。因此，珀罗庇达斯成功说服波斯国王，使波斯方面提出的和平提案完全满足忒拜方面的要求，其中特别承认美塞尼亚的独立地位，这对斯巴达是极大的打击。提案中也包含了打压雅典的内容，同时该提案将给予忒拜类似于公元前386年和约中斯巴达拥有的地位。在这次苏萨会议上，阿耳卡狄亚和厄利斯发生了领土争端，波斯大王选择支持厄利斯，这导致阿耳卡狄亚使团愤而回国，成为后来双方战争冲突的先兆。各城邦使者归国之后，雅典和斯巴达均十分不满，雅典更直接处决了亲忒拜的使者。③ 公元前366年春，忒拜人召集各城邦代表，当众宣读了波斯国王的敕令文书，准备重建和平。但部分使者拒绝宣誓接受新和约，借口称他们只是来聆听敕令而非宣誓的，这事实上构成了对忒拜权威的挑战。雪上加霜的是，阿耳卡狄亚人此时又以和会不应该在忒拜举行为借口，公开质疑忒拜举行和会的权力，并最终愤而离开。忒拜的和平努力与外交声望均遭沉重打击。"鉴于与会城邦都拒绝在忒拜宣誓，忒拜人不得不派使者前往各城邦，指令他们要立誓遵循波斯国王的命令"④，但均被拒绝。忒拜的这一次和平努力遂以失败告终。⑤ 但正如前文所述，忒拜却成功迫使伯罗奔尼撒同盟中的重要成员，如科林斯等，撕毁与斯巴达的盟约并主动求和。同时，在公元前366年稍晚，忒拜与除斯巴达外的绝大多数城邦达成以忒拜为核心的共同和约，甚至连雅典很有可能也加入其中并承认忒拜的霸权。这除了以忒拜本身的实力为后盾外，显然也与波斯国王对忒拜霸权的支持和认可有关。⑥

与这两次和会同时，波斯帝国的内乱进一步扩大。公元前367年，阿里俄巴耳兹达涅斯也举兵叛乱。斯巴达国王阿格西劳斯则作为雇佣兵首领帮助叛军，雅典人也以雇佣兵形式提供支持。但双方均不愿公开与波斯国王冲

① Xenophon, *Hellenica*, 7. 1. 34.

② Xenophon, *Hellenica*, 7. 1. 35.

③ Xenophon, *Hellenica*, 7. 1 . 33–38; Plutarch, *Lives*, *Pelopidas*, 30; A. T. 奥姆斯特德：《波斯帝国史》，第493~494页。

④ Xenophon, *Hellenica*, 7. 1. 40.

⑤ Xenophon, *Hellenica*, 7. 1. 39–40; John Boardman, et al. eds. , *The Cambridge History*, vol. 6, pp. 196–197; John Buckler, *The Theban Hegemony*, pp. 151–160; Sir Frank Adcock and D. J. Mosley, *Diplomacy in Ancient Greece*, p. 85.

⑥ G. L. Cawkwell, "The Common Peace of 366–5 B. C. ," *The Classical Quarterly*, vol. 11, No. 1 (May 1961), pp. 80–86.

突。之后亚美尼亚总督奥龙特斯（Orontes）也在公元前 363 年加入叛军，使叛乱达到高潮，如狄奥多罗斯所言："小亚细亚海岸的居民反叛了波斯，许多波斯的总督和将军们也发动叛乱并对阿尔塔薛西斯二世开战。"[①] 卡里亚（Caria）总督毛索罗斯（Mausolus）也加入了叛军，并趁机占领伊奥尼亚（Ionia）及吕基亚（Lycia）的大片土地。到此时，几乎整个波斯帝国西部都陷入叛乱之中。此时阿尔塔薛西斯二世已经老迈，宫廷中也充满阴谋和混乱，叛乱蜂起，波斯风雨飘摇。到公元前 358 年阿尔塔薛西斯二世在虚弱中去世时，帝国已处于解体和灭亡的边缘，这也是忒拜称霸期间波斯爱莫能助的另一个原因。[②]

尽管波斯陷入内乱之中，但忒拜并没有改变亲波斯的基本立场，也没有如雅典和斯巴达一样去变相援助叛乱的总督，以图火中取栗。总而言之，在忒拜称霸的几年间，忒拜领导层不仅没有把波斯当作一种外来的干涉和潜在的敌人，相反，还努力地借助忒拜与波斯的传统友谊，来寻求波斯国王的支持。这一方面是由于忒拜缺乏能服众的足够威望，也没有当年雅典和斯巴达所拥有的强大实力作支撑，因此从波斯处获得支持成为其争霸的一个重要策略。但这反过来也使已经陷入内乱的波斯在公元前 360 年代仍能继续影响希腊城邦的外交，而到公元前 350 年代，波斯更得以从总督叛乱中缓过来，先后平定西部总督的叛乱并在公元前 340 年代收复了埃及，波斯帝国出现短暂的回光返照似的复苏。[③] 客观上讲，亲波斯的忒拜在希腊世界长期与支持叛乱总督的雅典和斯巴达敌对，从而使希腊世界无法联合对抗波斯，这对于波斯后来的短暂复苏不无帮助。但是，忒拜霸主地位虽然得到波斯的认可，却无法顺利得到希腊城邦的承认，可见波斯的衰落也使其威信明显削弱。曼丁尼亚战役之后，希腊各城邦在没有波斯干涉的情况下达成共同和约，也显示了希腊人停止内斗并避免波斯人再进行干预的决心。[④] 同时，传统上被认为已陷入内乱、衰弱不堪的波斯在公元前 360 年代中期还能为忒拜海军建设计划提供切实的支持，这也可以证明波斯在公元前 4 世纪仍保留一定实力，总

① Diodorus Siculus, *Library of History*, 15. 90.

② Diodorus Siculus, *Library of History*, 15. 90. 1-3；A. T. 奥姆斯特德：《波斯帝国史》，第 495～499 页；阿卜杜·扎林库伯：《波斯帝国史》，第 151～152 页。

③ A. T. 奥姆斯特德：《波斯帝国史》，第 504～532 页；阿卜杜·扎林库伯：《波斯帝国史》，第 153～159 页。

④ Sir Frank Adcock and D. J. Mosley, *Diplomacy in Ancient Greece*, pp. 87-88.

督叛乱的规模看来被希腊史家夸大了。[①]

　　总而言之，东地中海地区在忒拜霸权因伊帕密浓达战死而衰落后的公元前362年后的局势大致如下：波斯帝国正处于总督叛乱的最高潮，表面上看，波斯统治似乎已经摇摇欲坠，但由于希腊世界的四分五裂，波斯最终成功平定总督叛乱，并在不久后收复埃及，出现了短暂的回光返照。此时，反观希腊世界，曼丁尼亚战役后交战各方勉强达成了一个共同和约，该和约反映了希腊世界已没有任何一个能掌控局势的强大城邦这一无奈事实。斯巴达从失去美塞尼亚之后元气大伤，在希腊世界的强权舞台上踪影难觅，不仅称不上是希腊世界的强权，连算作地区性的强国都很勉强。[②] 雅典也因为内部财政危机与外部与忒拜的斗争而头痛不已，煞费苦心所建立的第二次雅典同盟，最终也在同盟者战争之后土崩瓦解。忒拜本身也因此失去掌控整个希腊世界的能力，尽管中希腊仍然是其势力范围，但与波喀斯的矛盾更使其泥潭深陷。总之，整个东地中海世界似乎是一潭死水，无论希腊世界或是波斯，均失去了改变当前局势的能力。仅有依靠外来的势力，才有可能打破当前的困局。果然，稍后北方沉寂已久的马其顿在其深受希腊文明熏陶的领袖腓力二世的领导下，彻底改写了整个东地中海世界乃至整个欧亚大陆的历史。忒拜的短暂称霸，几乎成为古典希腊世界的一曲挽歌。

　　综上所述，转瞬即逝的忒拜称霸影响不可谓不深远。就希腊世界内部而言，忒拜直接摧毁了斯巴达主导的伯罗奔尼撒同盟，并对雅典主导的第二次雅典同盟造成间接打击，在雅典和斯巴达双雄之间摇摆的希腊世界传统霸权体系被终结。但是，忒拜破旧而未能立新，也未能成功建立新的稳定联盟体系。就忒拜与马其顿兴起的关系而言，忒拜摧毁旧的霸权体系，使整个希腊世界出现很大的权力真空，为马其顿提供了趁势崛起的时机。除此之外，忒拜在经营北希腊时的失策更在客观上为马其顿的兴起预留了空间，忒拜所进行的军事战术创新则成为马其顿效法的对象。就波斯帝国与整个东地中海的局势而言，忒拜的亲波斯立场一方面使波斯在忒拜称霸期间仍能主导希腊城邦外交，另一方面，也有助于风雨飘摇的波斯帝国挺过总督叛乱，并在后来收复埃及，实现短暂复苏。由于波斯的支持，实力不足的忒拜能在短期内成

---

① John Boardman, et al. eds., *The Cambridge History*, vol. 6, pp. 47-48.

② 参见 G. L. Cawkwell, "Agesilaus and Sparta," *The Classical Quarterly*, vol. 26, No. 1 (1976), pp. 62-84。

为主导希腊世界的霸主，但无法持久。总的来说，东地中海地区国际关系的旧秩序已经瓦解，而新秩序萌生的阻碍已经基本被扫清，只待新秩序建立者的到来。

结　语

公元前 4 世纪的地中海历史，长期以来被视作是以希腊与波斯的衰落和马其顿的崛起为主题。20 世纪后半期以来这幅图景日益受到挑战，学界认识到，公元前 4 世纪中前期波斯和希腊城邦仍然是东部地中海历史舞台的主导者。[①] 在重新评价公元前 4 世纪希腊史的情况下，就一度称霸希腊的忒拜对同时期东地中海国际体系的影响进行再认识应当说是相当必要的。但在本领域，此前的研究大都局限于希腊本土和忒拜本身，若从整个东地中海地区体系的角度来看待该问题，或将得到不同的结论。过去的研究者受视角所限，大多局限于希腊世界内部来看待忒拜称霸，由此往往把忒拜称霸视作一次短暂的权力转换，低估了其影响，最多也不过将忒拜称霸与斯巴达的衰落和马其顿的兴起相联系，而忽视了其背后整个东地中海地区的国际关系变迁。总体来说大多着重于细节，对于忒拜所处的地区整体历史格局和影响刻画略有不足。本文则试图从东地中海区域的国际体系变化的新视角来审视这一问题，尤其是通过把忒拜称霸前后东地中海地区的第一强国波斯以及重获独立的埃及这两个因素引入分析，可以发现忒拜称霸前后东地中海地区的国际局势发生了相当大的变化，而其背后的推动力相当复杂，远非希腊世界内部的城邦兴衰可以概括的。

忒拜称霸前后的东地中海局势变化不可谓不大，忒拜称霸前夕，处于外强中干的斯巴达和波斯所确立的《大王和约》外交体系支配下的希腊和整个东地中海世界表面平静，但其背后却是日渐复兴的雅典，迅速崛起的忒拜，重新独立的埃及和暂时蛰伏的马其顿，可谓山雨欲来风满楼。忒拜霸权终结后，斯巴达衰落不堪，雅典忙于平定内乱，波斯短暂回光返照，马其顿百废待兴，总体上旧秩序已经终结，时代呼唤新秩序建立者的到来。可以说，忒拜一方面是旧国际体系的掘墓人，终结了希腊世界传统霸权格局；另一方面是新霸权的清道夫，破旧而不能立新，为马其顿提供了趁势崛起的可

---

① 晏绍祥：《新形象的刻画：重构公元前四世纪的古典世界》，《历史研究》2015 年第 1 期。

能；同时也是波斯帝国的恩人，使其能继续主导希腊外交格局，更在客观上帮助其实现短暂的复兴。忒拜同时也受惠于波斯，得以短暂地主导希腊世界。当然，古代世界的国际联系紧密程度受限于遥远的距离和交通手段，远不能跟近现代相比。因此，也不能对忒拜与波斯的关系的影响作过高估计。总之，尽管忒拜称霸十分短暂，但其影响却非常深远。

笔者希望通过本文研究完善过去学界对公元前4世纪地中海历史研究的相对薄弱之处，以东地中海国际体系的角度为切入点，揭示出希腊古典时期雅典、斯巴达两强之外还存在多个势力中心的基本事实①，有助于重构一幅更为立体的公元前4世纪东地中海世界全景图，深化我们对波斯、马其顿与希腊世界的互动的认识。同时也希望本文能为研究古代世界区域性国际互动与联系提供一个案例，从而深化我们对古代国际关系性质的认识。

The Theban Hegemony and the Evolution of the Eastern Mediterranean International System

Zeng Zilai

Abstract：Thebes was an important city-state in ancient Greece. In the first half of the 4th century B. C. , after Sparta and Athens, Thebes once dominated the Greek world (371–362 B. C.). Although the Theban Hegemony has only lasted for nearly 10 years and then it was taken over by the power of Macedonia, which was risen in the north, the Theban Hegemony was also an important event in Greek history. Traditionally, researchers tended to search for the historical significance of the Theban Hegemony on the basis of Thebes itself and the Greek world. This article is trying to consider it in the view of the Eastern Mediterranean region, which was a larger international system. The situation in the Eastern Mediterranean before and after the Theban Hegemony has changed greatly. On the eve of the Theban Hegemony, the Eastern Mediterranean world were in the placid surface, but the undercurrent surged behind it. After the end of the Theban

---

① 关于希腊古典时代存在多个势力中心这一看法，参见晏绍祥：《雅典的崛起与斯巴达的"恐惧"：论"修昔底德陷阱"》，《历史研究》2017年第6期。

Hegemony, Sparta was in decline, Athens was busy calming the civil strife, Persia's national strength recovered briefly, and Macedonia was in her turning point, in a word, the old order was over, and the era called for the arrival of the builders of the new order. After the end of the Theban Hegemony, Sparta was in decline, Athens was busy calming the civil strife, Persia's national strength recovered briefly, and Macedonia was in her turning point, in a word, the old order was over, and the era called for the arrival of the builders of the new order. It can be said that the Theban Hegemony on the one hand ended the traditional international system of the Greek world; on the other hand, it only destroyed the old but rebuilt nothing new, which provided Macedonia with the opportunity to rise. In general, although the Theban Hegemony was very short-lived, its impact was very far-reaching.

Keywords: Thebes; Eastern Mediterranean; Greek World; Persia; Macedonia

（执行编辑：申斌）

海洋史研究（第二十辑）

2022 年 12 月　第 221~243 页

北方海航道开拓的历史进程

——以分段航行为视角

李志庆[*]

　　随着地理学、地图学、航海术与造船术的发展，15 世纪后期西欧国家开始寻找从海上前往印度和中国的航道。15 世纪末，葡萄牙率先打通经好望角前往印度的新航道，即"南方航道"。但这条航道要绕过漫长而炎热的非洲海岸线，是一条艰难的航线。受世界海洋一体理论、开放极地海等地理学说的影响，部分欧洲人相信存在一条从欧洲北方前往东方和新大陆的航道，即北极航道。[①] 由于葡萄牙和西班牙垄断了南方航道，加之本身地理位置比较偏北，后起的航海国家英国、荷兰于 15 世纪末开始将探索的目光转向北极航道。由此，开启了人类北极航道探索的漫长历程。根据地圆学说，无论向西航行，还是向东航行都可以到达印度和中国。因此，当时的北极航道探险同时向东西两个方向展开，其中从西欧向西北方向的航线被称为西北航道，从西欧向东北方向的航线被称为东北航道。[②] 东北航道中毗邻俄罗斯

---

　*　作者李志庆，黑龙江省社会科学院社会发展与地方治理研究院助理研究员。

　　本文为黑龙江省哲学社会科学研究规划青年项目"俄罗斯北方海航道开发与中俄北极合作研究"（批准号：19GJC137）的阶段性成果。

　①　参见 Small Margaret, "From Thought to Action: Gilbert, Davis, And Dee's Theories behind the Search for the Northwest Passage," *Sixteenth Century Journal the Journal of Early Modern Studies*, vol. 19, No. 4 (Winter 2013), pp. 1041 - 1058; Wright John K, "The Open Polar Sea," *Geographical Review*, vol. 43, No. 3 (July 1953), pp. 338 - 365.

　②　参见郭培清、管清蕾《东北航道的历史与现状》，《海洋世界》2008 年第 12 期。

海岸的部分被俄罗斯称为北方海航道（Северный морской путь）。由于翻译习惯的不同，有的学者也将其译为北方海路或北方航道。根据俄联邦现行法律规定，北方海航道被定义为"西起喀拉海峡、东至白令海峡之间的一系列海上航线的集合"[①]。但在俄国[②]学者的研究视域中，北方海航道的西部边界通常被延伸至巴伦支海或白海沿岸。遵照这一研究惯例和行文逻辑的需要，本文所指的北方海航道西起白海沿岸东至白令海峡。北方海航道地处高纬度严寒地带，自然气候恶劣，其开拓之路艰难而漫长。在数百年历史中，航海者通过分阶段航行的方式逐步完成了对北方海航道的开拓。

国外关于北方海航道历史的研究起步较早，成果较多。15 世纪末 16 世纪初，北方海航道构想在西欧地区产生。为了打通前往中国和印度的北方新航道，英国和荷兰等国早期探索产生了一些航行日志和口头传闻，构成了北方海航道历史研究的早期基础文献。自 16 世纪末开始，为了总结前人经验进而促进北方海航道的开拓，一些学者和航海家开始整理以往的历史资料，开启北方海航道历史的研究工作。[③] 这一时期的成果多建立在原始文献基础之上，并绘制了大量的航海图和地图，为北方海航道历史的后续研究奠定了坚实的基础。十月革命后，西方学者对北方海航道历史研究的热度下降，俄国学界的活跃度和影响力提升。苏联时期，随着政府开发和管控北方海航道政策的实施，苏联学者系统整理研究北方海航道的历史，以期为北方海航道的开发提供历史经验，为掌握北方海航道的控制权提供历史依据。这一时期出现了一些系统整理北方海航道开发历史的著作，比较著名的是 1956～1969 年出版的 М. И. 别洛夫等人编著的四卷本《北方海航道发现与开发史》，归纳整理了从石器时代到 1945 年间俄国北极地区和北方海航道开发的重要历史活动。这一时期的研究成果资料翔实丰富，但受政治因素的影响，部分观点并不客观公正。苏联解体后，俄罗斯学者的研究多集中于某个特定的

---

① 王洛、赵越、刘建民、韩淑琴：《中国船舶首航东北航道及其展望》，《极地研究》2014 年第 2 期。

② 本文中"俄国"一词为笼统概念，指历史上曾存在于今俄罗斯版图上的主权实体，包括但不限于诺夫哥罗德公国、莫斯科大公国、沙皇俄国、俄罗斯帝国、俄罗斯共和国、俄罗斯苏维埃社会主义共和国、苏联和俄罗斯联邦。

③ 参见 Richard Hakluyt, *The Principal Navigations*, *Voyages and Discoveries of the English Nation*, London：Thomas Dawson for T. Woodcocke, 1589；Hessel Gerritsz, *Beschryvinghe vander Samoyeden Landt in Tartarien*, Amsterdam, 1612.；Nils Adolf Erik Nordenskiold, *The Voyage of the Vega*, London：Macmillan and Co., 1881；А. А. Дунин‐Горкавич. Северный морской путь из Атлантического в Тихий океан. Санкт‐Петербург：тип. Усманова. 1909。

时间段或基于某个特定的研究视角，丰富了北方海航道历史研究的内容和维度。①

目前国内关于北方海航道的研究升温，多关注现实问题，主要为四种类型：一是以利益需求为导向，对历史上北方海航道航行和航运活动分阶段进行阐述，阐释各历史阶段的主要活动和国家政策；② 二是将北方海航道开发作为北极开发的一部分进行研究，从俄国史的角度阐述俄国北方海航道与北极开发的历史；③ 三是在俄国史视域下，从适航性探索、航运贸易政策变化和航道管辖主张等多维角度阐释北方海航道的开发历史；④ 四是围绕航道开发的起源、历史分期与连续性、苏联开发模式评价、航道的法律地位等问题，对国际北方海航道开发历史的研究状况进行梳理。⑤总的来说，现有研究基本厘清了北方海航道开发的历史脉络，建构了北方海航道开发历史的整体框架。存在的不足有：一是在研究视角上多局限于俄国史，欠缺世界史考察；二是在研究内容上多局限于国家政策等宏观层面，欠缺微观层面的阐释。基于此，本文在充分借鉴现有国内外研究成果基础上，尝试将北方海航道的开拓进程放入俄国史与世界史相结合的视域内进行探讨，注重从各区段的首次个案航行探索，揭示北方海航道开拓的整体历史进程及各阶段之间的联系，以期丰富我国北方海航道历史研究的内容。

① 参见 А. И. Тимошенко. Советский опыт мобилизационных решений в освоении Арктики и Северного морского пути в 1930—1950 - е гг // Арктика и Север. 2013. №13. ; Ю. П. Шабаев. 《 Русский Север 》 и Поморье: символическое пространство в культурном и политическом контексте // Вестник Сыктывкарского университета. Серия гуманитарных наук. 2014. №3. ; А. Б. Широкорад. Арктика и Северный морской путь. Москва : Вече, cop. 2017. ; П. А. Филин, М. А. Емелина, М. А. Савинов. Военно - стратегическое значение Северного морского пути: исторический аспект // Военно-исторический журнал. 2019. №7。

② 郭培清、管清蕾：《东北航道的历史与现状》，《海洋世界》2008 年第 12 期；李志庆：《十月革命前俄国北方海航道政策的变迁》，《世界历史评论》2022 年第 1 期。

③ 叶艳华、刘星：《俄罗斯北极地区与北方海路开发历史浅析》，《西伯利亚研究》2015 年第 3 期；叶艳华：《苏联时期北极地区和北方航道开发的历史考察》，《俄罗斯东欧中亚研究》2019 年第 6 期。

④ 徐广森：《十月革命前俄国北方海航道开发历史探析》，《俄罗斯研究》2017 年第 5 期；徐广森：《苏联北方海航道开发历史探析》，《俄罗斯研究》2018 年第 4 期。

⑤ 徐广森：《19 世纪中叶以来俄罗斯北方海航道开发历史研究述评》，《福建师范大学学报》（哲学社会科学版）2021 年第 5 期。

一　"沿海居民"——波莫尔人与北方海航道西部区段的开拓

北方海航道毗邻俄罗斯领土，俄罗斯人开拓北方海航道有天然的优势。俄国学界一般认为"公元 11 世纪时，部分东斯拉夫人从诺夫哥罗德和大罗斯托夫迁至白海（Белое море）和巴伦支海（Баренцево море）沿岸，定居在北德维纳河（р. Северная Двина）、皮涅加河（р. Пинега）、梅津河（р. Мезень）、科拉河（р. Кола）等河流附近。"① 他们与当地的芬兰—乌戈尔人相互交往、通婚，逐渐演化成俄罗斯人中一个独特的民族社会群体，被称为"波莫尔人"（помор），意为"沿海居民"②。波莫尔人以捕鱼和捕猎海兽为生，常年在海上航行。因此波莫尔人积累了丰富的北极海域航行知识，并发明了一种名为"科契"的小船。这种船体积小、重量轻，船身呈半椭圆形，能够在碎裂的冰块中和连水陆路行使③，非常适宜北极地区的水上航行，是 19 世纪以前北极水域航行的主要船舶类型。波莫尔人以航海和造船技能见长，依托这两项技能他们在长期的捕鱼、狩猎海兽和海上贸易活动中完成了对北方海航道西部区段的开拓。

波莫尔人何时完成北方海航道西部区段的开拓，并没有准确的文字记载。意大利学者 G. P. 列特（Giulio Pomponio Leto）曾于 1479～1480 年造访罗斯南部地区。他在《维吉尔讲义》手稿中写道：有罗斯人告诉我"在非常靠北的地方，有一座距离陆地不太远的岛屿。这座岛屿很大，而且白天很短，有时甚至多日不见太阳。那里所有的动物都是白色的，其中就包括白色的熊"。④ 历史学家 B. 扎布金（Владимир Забугин）认为，这里提到的岛屿

---

①　Ю. П. Шабаев. 《Русский Север》 и Поморье: символическое пространство в культурном и политическом контексте. С. 251.

②　关于波莫尔人的民族属性问题，俄罗斯国内存有争议。传统观点认为其属于俄罗斯民族的一个独特分支，但也有学者认为其属于一个独立的民族。出于保护波莫尔人传统文化的考虑，俄罗斯国内将波莫尔人作为一个独立民族列入"人口较少原住民"的呼声越来越高。

③　Г. Е. Дубровин, А. В. Окороков, В. Ф. Старков, П. Ю. Черносвитов. История северорусского судостроения. СПБ.: Алетейя, 2001. С. 204.

④　Hain. *Pomponii Doctissimi viri interpretation in aeneide virgilii*: *Pomponii Grammatici eruditissimi in gulicem commentarium*. 1544. 转引自 Владимир Забугин. Юлий Помпоний Лэт: *Критическое исследование*. Санкт-Петербург: типография М. М. Стасюлевича, 1914. С. 80。

就是新地岛（o. Новая Земля）。① 此外，在 M. 奥尔比尼（Mauro Orbini）1601 年出版的《斯拉夫人的王国》一书中明确提到了新地岛。该书写道："约 107 年前，在北方海域航行的罗斯人发现了一座未知的岛屿。这座岛屿终年严寒，且已有斯拉夫人居住。岛屿的面积比塞浦路斯岛要大，在地图上被标注为新地岛。"② 据此，可以推测至少在 15 世纪末期时，罗斯人已经到新地岛航行。17 世纪以前，长期居于北极沿海附近并熟练掌握北极海域航海技能的罗斯人只有波莫尔人一支，因此可推定上述文献中的罗斯人应为波莫尔人。

然而，波莫尔人航行并没有局限于新地岛，他们在 16 世纪已经到达了鄂毕河（p. Обь）地区。随着毛皮贸易的兴盛，部分波莫尔人开始从事毛皮贸易活动，从北极地区的原住民手中收购毛皮，再转手卖给莫斯科或诺夫哥罗德等地的商人。在这种背景下，部分波莫尔人开始沿北方海域寻找野兽资源丰富的地区，并在"不晚于 15 世纪时，发现了一条通向西伯利亚北部的海上航路"③，也就是曼加泽亚航路。这条航路西起白海之滨的北德维纳河河口，穿过尤戈尔海峡（Югорский Шар）进入喀拉海，通过亚马尔半岛（п-ов Ямал）上的穆特娜亚河（p. Мутная）、绿河（p. Зелёная）及部分连水陆路进入鄂毕湾（Обская губа），然后进入塔兹湾（Тазовская губа），到达曼加泽亚河（p. Мангазея）与塔兹河交汇的地方。此地丛林密布、野兽成群，且原住民对毛皮的卖价极低，"一把盐就可以换得一打上等毛皮"④。波莫尔人在这里建立了毛皮收购点，每年冬季收购毛皮，夏季通过曼加泽亚航路将毛皮运往白海地区交易或转运。后来俄国政府在这个毛皮收购点的基础上建立了边防堡垒，这就是日后一度十分繁盛的曼加泽亚。

除曼加泽亚航路之外，波莫尔人还取道喀拉海峡、马托奇金海峡，并从海上绕过亚马尔半岛前往鄂毕河流域。英国航海家 S. 巴罗（Stephen Borough）曾于 1556 年前往鄂毕河流域探险。据他的航海日志记载，他们在新地岛南岸附近海域遇到了俄国人的小帆船，船上的舵手向他提供了"一

---

① Владимир Забугин. Юлий Помпоний Лэт: Критическое исследование. C. 80.

② Мавро Орбини. ［пер. с итал. Юрия Куприкова］. Славянское царство. Москва：ОЛМА Медиа Групп, 2010. C. 62.

③ 徐广森：《十月革命前俄国北方海航道开发历史探析》，《俄罗斯研究》2017 年第 5 期。

④ 马德义：《曼加泽亚航路与曼加泽亚城兴亡探析》，《西伯利亚研究》2005 第 2 期。

些去往鄂毕河航行的建议"①。"新地岛南岸附近海域"已经偏离了曼加泽亚航路的航线，在地理位置上更加接近喀拉海峡，据此可以推测这些俄国帆船应是从喀拉海峡前往鄂毕河的。另据记载，1584 年有俄国人向英国商人 C. 霍尔姆斯（Christopher Holmes）述说：

> 在向鄂毕河流域航行时我们不仅利用瓦伊加奇岛附近的海峡（喀拉海峡和尤戈尔海峡），有时还取道马托奇金海峡（Маточкин Шар），从马托奇金海峡到别雷岛（o. Белый，位于亚马尔半岛北部）只需要五天的航程②

由此可见，不晚于 16 世纪时俄国人已经完成了从新地岛到鄂毕河的海上航线开拓。如前所述，此处提及的俄国人应属于波莫尔人。

随着俄国向西伯利亚扩张，17 世纪初期部分波莫尔人加入了为俄国政府服务的行列，接受地方长官的指派，对从鄂毕河到皮亚西纳河（p. Пясина）区段的北方海航道进行了最早的探索。以叶尼塞河（p. Енисей）为界，从鄂毕河到皮亚西纳河的北方海航道可以分为两个区段。从鄂毕河到叶尼塞河区段，最初俄国人并不通过海上航行来连接，而是借助塔兹河与叶尼塞河之间的水系及连水陆路来连接。利用海上航路沟通鄂毕河与叶尼塞河的首次航行发生在 1605 年。这次航行记载于荷兰商人和外交官马萨（Isaac Massa）1612 年发布的一篇论文中。根据他的记载，1605 年西伯利亚军政长官任命一位名叫卢卡（Лука）的波莫尔人带队从海上前往叶尼塞河，仔细考察海岸及沿途发现的一切值得探索的地方。③ 当年春天，卢卡带领探险队驾船顺鄂毕河而下，进入鄂毕湾，然后向北进入大海。入海后，探险队向东

---

① 巴罗的航海日志原稿现已遗失，Richard Hakluyt 在自己的著作中对其进行了大量的摘录。参见 Richard Hakluyt, *The Principal Navigations, Voyages, Traffiques, and Discoveries of the English Nation.* 转引自 Барроу Христофор. [Пер. с англ. Ю. В. Готье]. Английские путешественники в Московском государстве в XVI веке. Л.: 2 - я типография ОГИЗа РСФСР треста《Полиграфкнига》《Печатный Двор》им. А. М. Горького, 1937. С. 107。

② Richard Hakluyt, *The Principal Navigations, Voyages, Traffiques, and Discoveries of the English Nation.* 转引自 В. Ю. Визе. Северный морской путь. Л.: Издательство Главсевморпути, 1940. С. 6。

③ М. П. Алексеев. Сибирь в известиях западно-европейских путешественников и писателей（其中收录了马萨论文的俄文译本）. Иркутск: Иркутское Областное Издательство, 1941. С. 268。

航行，经过格达湾（Гыданская губа）附近海域进入叶尼塞湾。探险队进入叶尼塞河河口地区停留了一段时间，然后又沿着海岸向东北航行了很远的距离。航行途中队长卢卡和部分队员因病逝世，剩余队员决定原路返回。返回驻地后，探险队向驻地的军政长官汇报了考察情况，并将考察报告提交给莫斯科当局。但由于当时莫斯科正处于"混乱时期"，这份报告后来遗失，至今杳无踪迹。因此，有些学者对这次考察的真实性持怀疑态度。① 然而，马萨随文公布了俄国北部海岸的地图，历史上首次比较准确地标注了从鄂毕河到叶尼塞河及皮亚西纳河的海岸及岛屿分布状况，若非经过专门考察很难绘制如此精度的地图。基于此，笔者认为马萨记载的这次航行应是真实的。

从叶尼塞河到皮亚西纳河区段，有文字记载的首次海上航行是来自北德维纳地区的另一位波莫尔人库罗奇金（Кондратий Курочкин）带领探险队完成的。1610 年 6 月，库罗奇金带领探险队从图鲁汉斯克（Туруханск）出发顺叶尼塞河而下到达河口地区。由于此时喀拉海域北风不止，致使叶尼塞河河口冰块堆积，船舶无法驶入大海，不得不在河口地区停留了五周。8 月初，南风骤起，河口地区的积冰被全部吹入大海。库罗奇金一行顺利地通过叶尼塞湾进入大海。之后船舶向东航行，沿着海岸走了两天，进入皮亚西纳河，返航后，库罗奇金向曼加泽亚军政长官递交了此次航行的报告。这次航行不仅对叶尼塞河与皮亚西纳河之间的海上航线进行了探索，而且对叶尼塞河及皮亚西纳河下游地区的自然地貌和人口分布状况进行了考察，为俄国向这些地区的殖民提供了条件。

综上所述，到 17 世纪初期，俄国人基本完成了北方海航道从白海到皮亚西纳河区段的探索和开拓。其中，最早在北极海域附近定居的波莫尔人是此一阶段俄国北方海航道探索的主力军。在长期的北极水域航行中，波莫尔人积累了丰富的北极航行经验，在北方海航道沿线设置了最早的导航标志，绘制了北方海航道部分区段最早的航海图，发明了适宜冰间航行的科契型船舶，并培养了大批优秀的北极航海人才，为北方海航道的后续探索和开拓奠定了基础。但是这一时期的航行以自发性为主，缺乏准确而详尽的文字描述，许多航行探索甚至都没有本国文字记载，只能从国外的文献中找到佐证。17 世纪初期卢卡和库罗奇金的航行因与官方有关联，有了航行报告，

① 如俄罗斯历史学者 М. И. 齐波鲁哈等。参见 М. И. Ципоруха. Моря российской Арктики. М. : Дрофа, 2009. С. 60。

但也仅限于对航行的笼统描述，对航行的具体日期、路线、航行情况等均未予详细记载。这也一定程度上说明当时俄国官方和学者对北极海域的航行和地理发现并未给予太多关注。

二　拓疆殖民运动与北方海航道中东部区段的开拓

1581 年，Т. А. 叶尔马克（Тимофей Афанасьевич Ермак）越过乌拉尔山东征西伯利亚汗国，开启了俄国向东拓疆殖民的进程。1598 年，西伯利亚汗国末代可汗库楚姆汗被杀身亡，西伯利亚汗国彻底灭亡。[①] 当时西伯利亚地区的原住民大多停留在部落状态，随着西伯利亚汗国这个西伯利亚地区唯一国家形态政权的覆亡，俄国侵占西伯利亚的进程很少再遇到大规模地抵抗。在后续征服西伯利亚地区的进程中，俄国中央政府通过任命官员、提供补给、发放奖励和收取毛皮税的方式居于征服活动幕后，新征服土地上任命的官员通过派遣探险队、发放通行证、提供补给、转运毛皮税的方式承担着征服活动组织者的角色，大量的哥萨克、商人、猎人和流浪者则通过参加探险队、征服原住民、收缴毛皮税等方式扮演着征服、殖民活动的主力角色。这些参与西伯利亚征服活动的哥萨克、商人、猎人和流浪者在俄语中被统称为"拓疆者"或"土地发现者"（землепроходец），以他们为主角的俄国西伯利亚征服活动是西方向世界扩张殖民活动的一部分，可称之为"拓疆殖民运动"。为了财富和荣誉，许多哥萨克、商人、猎人和流浪者参与到这场轰轰烈烈的拓殖运动之中。由于原住民大多依水而居，加之西伯利亚地域广袤，拓殖者通常优先选择水路向前探索。北极海域在东西方向上连接西伯利亚地区的主要河流，而这些主要河流又是西伯利亚地区南北交通的重要渠道，由北极海域、西伯利亚地区主要河流及其庞大支流构成的航运网可以将西伯利亚的绝大多数地区联通起来，因此北极海域成为拓疆殖民运动的重要通道之一。1632 年，俄国势力进入勒拿河（р. Лена）地区，在勒拿河中游建立雅库茨克（Якутск）。以雅库茨克为基地，俄国拓疆殖民运动在 17 世纪三四十年代进入一个高潮时期。在这一时期，部分拓殖者借助北极海域航行完成了拓疆，同时也完成了对北方海航道中东部区段（从奥列尼奥克河到白令海峡）的开拓。

---

① 　徐景学编著《俄国征服西伯利亚纪略》，黑龙江人民出版社，1984，第 65 页。

1633～1638 年拓殖者 И. 佩尔菲利耶夫（Илья Перфирьев）与 И. И. 列布罗夫（Иван Иванов Ребров）带领探险队完成了北方海航道从奥列尼奥克河（р. Оленёк）到因迪吉尔卡河（р. Индигирка）区段的开拓。1633年，叶尼塞斯克（Енисейск）的哥萨克五十人长佩尔菲利耶夫在勒拿河中游的日甘斯克组织了 100 多人的探险队伍。当年夏天，这支探险队乘船顺勒拿河而下。到达勒拿河三角洲地区后，探险队分成两队：一队由列布罗夫带领向西探险，一队由佩尔菲利耶夫本人带领向东探险。列布罗夫带领的探险分队顺奥列尼奥克斯卡亚支流（Оленёкская протока）向西航行进入奥列尼奥克湾（Оленёкский залив），进入奥列尼奥克河下游地区。此后，列布罗夫带领探险分队在奥列尼奥克河下游地区征服原住民、收缴毛皮税。1637年夏天，列布罗夫带领这支探险分队乘船从奥列尼奥克河下游地区出发，向东前往亚纳河地区（р. Яна）。当年在勒拿河三角洲地区分开后，佩尔菲利耶夫带领的探险分队顺贝科夫斯卡亚支流（Быковская протока）进入布奥尔哈亚湾（бухта Буор-Хая），然后绕过布奥尔哈亚海角（м. Буор-Хая）进入亚纳湾（Янский залив），抵达亚纳河河口。之后佩尔菲利耶夫一行溯亚纳河而上，进入亚纳河上游地区，建立了上扬斯克营地（Верхоянское зимовье），并开始征服当地的雅库特人和尤卡吉尔人。1637 年 9 月，列布罗夫一行来到亚纳河上游地区与佩尔菲利耶夫会合。1638 年夏天，合兵一处的整个探险队顺亚纳河而下。在河口地区，佩尔菲利耶夫带着收缴的毛皮税原路返回雅库茨克，列布罗夫则按照佩尔菲利耶夫的吩咐带队继续向东航行。列布罗夫一行沿海岸线向东航行，于 1638 年秋穿过拉普捷夫海峡（пролив Лаптева），进入东西伯利亚海（Восточно-Сибирское море）。之后探险队发现因迪吉尔卡河（р. Индигирка）河口，并溯该河而上航行了约600 千米，在乌扬迪那河（р. Уяндина）汇入因迪吉尔卡河的地方设立营地。为征服当地的埃文人和雅库特人，列布罗夫带领探险队在这里待了两年多，于 1641 年夏季乘船返回雅库茨克。

1642 年拓殖者 Д. М. 济良（Дмитрий Михайлович Зырян）与 И. Р. 叶拉斯托夫（Иван Родионович Ерастов）带领探险队完成了北方海航道从因迪吉尔卡河到阿拉泽亚河区段的开拓。发现亚纳河与因迪吉尔卡河地区后，许多哥萨克、商人、猎人和流浪者涌入这些地区，俄国政府也往这些地区派驻了官员。同时，亚纳河与因迪吉尔卡河地区成为俄国拓殖者继续向东前进的基地。1642 年，雅库特军政长官驻因迪吉尔卡河代表济良与哥萨克叶拉斯托夫在因迪吉尔卡河下游地区会合。此前，叶拉斯托夫从因迪吉尔卡河地区的原住民口中得知东部的阿拉泽亚河（р. Алазея）畔有尚未被征服的尤卡吉尔人居住。于是，当年夏天二人带领探险队驾船顺因迪吉尔卡河进入东西伯利亚海。入海后，探险队沿海岸向东航行两周抵达阿拉泽亚河河口，然后溯阿拉泽亚河而上征服沿岸原住民。探险队从当地的尤卡吉尔人和楚科奇人手中征收了大量的毛皮。1643 年，济良派遣叶拉斯托夫从陆上返回位于因迪吉尔卡河的营地寄出此次探险的报告。济良本人"虽有继续向东航行的愿望，但苦于探险队人员较少，而原住民又比较排斥他们这些异族人，于是准备带领探险队原路返回"[①]。

1643 年拓殖者济良与 М. В. 斯塔杜欣（Михаил Васильевич Стадухин）带领探险队完成了北方海航道从阿拉泽亚河到科雷马河（р. Колыма）区段的开拓。上文提及准备返回雅库茨克的济良一行，在阿拉泽亚河河口地区遇到了斯塔杜欣的探险队。两支探险队决定兵合一处，由斯塔杜欣带领继续向东航行。1643 年 7 月，探险队到达科雷马河河口，而后"进入科雷马河地区征收毛皮税，并建立下科雷姆斯克营地"[②]。1645 年，雅库特军政长官下令在下科雷姆斯克营地的基础上建立下科雷姆斯克堡垒，任命济良为该堡垒的地方官。此后，下科雷姆斯克（Нижнеколымск）成为俄国在亚洲东北部地区拓疆殖民运动的重要基地。

1646 年拓殖者 И. 伊格纳季耶夫（Исай Игнатьев）带领探险队走完了北方海航道从科雷马河到恰翁湾（Чаунская губа）区段。科雷马河探险成功之后，大批哥萨克、商人、猎人和流浪者涌入科雷马河流域，下科雷姆斯克成为西伯利亚地区新的毛皮贸易中心之一。科雷马河流域丰富的毛皮资源为俄国政府、拓殖者们带来了丰厚的收益，同时也激发了他们继续向东拓殖新疆域的热情。1646 年夏天，伊格纳季耶夫带领九名猎人从科雷马河河口出发驾船向东航行，沿着海岸在海冰之间的裂缝中航行，过了几天进入一个海湾。他们在海湾中遇到了楚科奇人，他们用手势进行交谈，交易取得了一些海象牙。据俄国学者考证，他们到达的海湾是位于东西伯利亚海东部地区

---

① М. П. Рощевский и др. Республика Коми: энциклопедия. Т. 1. Сыктывкар: Коми книжное издательство, 1997. С. 466.

② Кречмар Михаил Арсеньевич. Сибирская книга: история покорения земель и народов сибирских. М.: Издательство Бухгалтерия и банки, 2014. С. 165-166.

的恰翁湾（Чаунская губа）。① 之后，猎人们带着海象牙返回科雷马地区。当时俄国的海象牙比较昂贵，这次航行在科雷马地区引起轰动，燃起了拓殖者继续向东探险的渴望。

　　1648 年拓殖者 Ф. А. 波波夫（Федот Алексеев Попов）和 С. И. 杰日尼奥夫（Семён Иванович Дежнёв）带领探险队完成了北方海航道从恰翁湾到白令海峡区段的开拓。在阿拉泽亚河与科雷马河地区的殖民过程中，俄国人从原住民口中得知在亚洲东北地区的山脉后面有一片温暖的海域，一条大河（即阿纳德尔河）汇入那里，大河沿岸有丰富的银矿和黑貂等毛皮兽。为了抢占在阿纳德尔河（река Анадырь）开展贸易的先机，1647 年商人波波夫向下科雷姆斯克地方官申请前往阿纳德尔河，并请求派遣哥萨克随同出行。地方官批准了波波夫的申请，派遣航行经验丰富的杰日尼奥夫带领几名哥萨克随同前往。当年夏天，探险队启程。但由于这年冰情严峻，船只很难向东航行，不久便无功而返。第二年，探险队的规模得到扩充，除了波波夫与杰日尼奥夫的队伍外，还有另外两支队伍加入，分别是 А. 安德列耶夫（Афанасий Андреев）带领的商队以及 Г. 安库季诺夫（Герасим Анкудинов）带领的自由哥萨克和猎人。据俄国学者考证，"新的探险队由 7 艘海船组成，共 90 人"。② 探险队于 1648 年 6 月上旬离开下科雷姆斯克，6 月 20 日顺科雷马河进入大海，并沿海岸线向东航行。最初航行很顺利，海面上基本没有海冰，风向也非常有利，但不久遭遇了暴风雨，两艘海船沉没。9 月 20 日左右，探险队抵达亚洲东北端的海角（杰日尼奥夫海角），此时探险队仅剩三艘海船，其间另有两艘海船与船队离散，失去音讯。探险队向南进入白令海峡后，又遭遇了一次暴风雨，一艘海船沉没，探险队被迫靠岸休整。休整期间，探险队与附近的楚科奇人发生了战斗，情况很不利，未等暴风雨完全停歇即再次起航。不久，探险队穿过白令海峡进入太平洋，但仅存的两艘海船在暴风雨中失散。10 月 1 日前后，杰日尼奥夫乘坐的船在阿纳德尔河以南的奥柳托尔斯基半岛（Олюторский п-ов）附近登陆，改用雪橇和滑板向阿纳德尔河前进。10 周之后，杰日尼奥夫带领仅剩的 12 名探险队员到达阿纳德尔河河口。据俄国学者考证，由波波夫带领的另一艘失散海船在堪察

---

① М. И. Белов. Подвиг Семена Дежнева. М.：Мысль，1973. С. 76.

② Под ред. Б. А. Алмазова. Землепроходцы и путешественники. СПб.：Золотой век：Диамант，1999. онлайн чтение. https://www.booksite.ru/dejnev/03.html. 2022 年 5 月 2 日。

加海岸登陆，但在之后与原住民的冲突中几乎伤亡殆尽。[①] 探险队的目的在于探寻阿纳德尔河和附近区域，但并未意识到自己完成了穿越亚洲与美洲分界线的世界创举。因此波波夫和杰日尼奥夫的航行当时并未引起太大的影响，后被遗忘，以至于"彼得一世时期俄国尚不知亚洲和美洲之间是否相连"[②]。1736 年，北方大考察的科学院分队在雅库特州文书室档案中发现了杰日尼奥夫关于此次航行的呈文报告，这次航行才得以重新公之于世。[③]

综上所述，17 世纪三四十年代拓疆殖民运动繁盛期，以哥萨克、商人、猎人和流浪者为主体的拓殖者用 20 年左右的时间将北极海域沿线的大片土地纳入俄国版图，并完成了北方海航道东部区段（从奥列尼奥克河到白令海峡）的开拓航行，实现了对北极海域亚洲海岸线的初步了解。这一阶段北极海域航行的主要目的在于开拓疆土、征服原住民和收缴毛皮税，对航道和航行本身的关注并不多。因此，这些航行并没有规范的航行日志和考察报告留存，只是在哥萨克给地方长官和沙皇的相关呈文里以概括性描述的形式保留下来。从开拓进程来看，这一阶段的北方海航道开拓以勒拿河为起点，向东西两个方向延展，其中向东开拓逐步推进，一直穿过白令海峡拓展到太平洋沿岸。与此同时，从勒拿河向西的北方海航道拓展仅到达奥列尼奥克河附近，并未取得大的进展。其主要原因在于：第一，从拓殖疆土的视角来看，勒拿河以西的绝大部分领土已经被纳入俄国统治，向西探索的价值不大，与俄国拓殖的主要方向背离；第二，1619 年以后俄国中央政府和地方政府围绕曼加泽亚出台了一系列的航行禁令，从奥列尼奥克河往西的海上航行被纳入禁止之列。

三 "北方大考察"与泰梅尔半岛东部区段的开拓

1619 年，出于对西欧国家利用曼加泽亚航路向西伯利亚地区殖民和争

---

① М. И. Белов. Семен Дежнев. М.：Издательство Главсевморпути，1955. С. 112.

② И. Л. Экарева. Из истории колонизации России в Восточной Сибири и на Дальнем Востоке // Вестник Челябинского государственного университета，2009，№ 1. С. 96.

③ 参见 Под ред. М. И. Белова. Подлинные документы о плавании С. И. Дежнева // Русские арктические экспедиции XVII–XX вв. Вопросы истории изучения и освоения Арктики. Л. Гидрометеорологическое издательство. 1964. онлайн чтение. https：//www. vostlit. info/Texts/Dokumenty/Russ/XVII/1640–1660/Dezhnev_ S_ I/pred1. phtml. 2022 年 5 月 2 日。

夺毛皮贸易控制权的担心，俄国中央政府下令封锁了曼加泽亚航路，禁止从海上前往曼加泽亚，违者将被处死。与之相配套，俄国政府在亚马尔半岛（Ямал п-ов）、瓦伊加奇岛（о. Вайгач）和马特维耶夫岛（о. Матвеев）等地设立了关卡。[①] 自西向东进入喀拉海域的海上航行因此受到限制。17世纪40年代，雅库特军政长官 П. П. 戈洛温（Пётр Петрович Головин）借助俄国中央政府封锁曼加泽亚航路，出台了从奥列尼奥克河向西往阿纳巴尔河及哈坦加湾航行的禁令，以期将毛皮和海象牙贸易垄断在自己手中。这项禁令被之后继任的多位军政长官沿袭下来，一直实行了数十年，而且禁令后来被不断升级，从哈坦加湾（Хатангский залив）向东的航行也被禁止。因此，从皮亚西纳河向东北绕过泰梅尔半岛（Таймыр п-ов）到奥列尼奥克河之间的海上航行探索长期限入停滞状态。17世纪80年代，曼加泽亚航路禁令有所松动，托博尔斯克地方长官曾于1686年派遣探险队从叶尼塞河出发入海绕过泰梅尔半岛前往勒拿河。据记载，这支探险队由 И. 托尔斯托乌霍夫（Иван Толстоухов）带领，由60名队员和3艘科契型木船构成，从图鲁汉斯克出发，但无人生还。[②] 有学者考证，这次航行最远曾到达泰梅尔半岛西海岸。[③] 但由于缺乏充足的证据，这一观点并未得到广泛认可。此后，直到18世纪30年代，再无北方海航道从皮亚西纳河到奥列尼奥克河区段海上航行的记载。后来，该区段的开拓航行分两次完成，其中从奥列尼奥克河到泰梅尔半岛东部共青团真理报群岛（о-ва Комсомольской Правды）区段的首次航行于"北方大考察"期间完成。

"北方大考察"源起于彼得一世临终前的一份遗诏。彼得一世生前决定派遣海军军官 V. J. 白令（Vitus Jonassen Bering）带队"考察"亚欧大陆与美洲之间是否相连。遵从彼得一世的遗诏，俄国政府于1725~1730年派遣白令带队进行了第一次堪察加探险。这次探险确定了亚欧大陆与美洲之间是被海峡分割开的，并对堪察加半岛（Камчатка п-ов）和楚科奇半岛（Чукотка п-ов）的沿海地区进行了勘察，但结果未能令俄国海军委员会和枢密院满意。在这种背景下，白令提出再次探险的计划，并得到枢密院和沙

① П. А. Филин, М. А. Емелина, М. А. Савинов. Военно-стратегическое значение Северного морского пути: исторический аспект. С. 5.

② 参见 У. С. Серикова. История освоения Арктики // История и педагогика естествознания, 2016, №4. С. 36。

③ М. И. Белов. Мангазея. Ленинград: Гидрометеоиздат, 1969. С. 113-115.

皇的批准。再次探险的规模被大幅扩充，已经超出堪察加地区，范围涵盖了广阔的俄国北部地区，因此在得名"第二次堪察加探险"的同时，又被称为"北方大考察"。

俄国政府之所以批准并扩充白令的第二次考察计划主要出于两点考虑。首先，加强对西伯利亚的了解和控制。经过一百年左右的拓殖运动，到18世纪初期俄国基本攫取了整个西伯利亚地区，并纳入自己的版图。但拓殖运动是由无数独立的探险活动汇聚而成，俄国中央政府并未针对这一运动设立统一的计划和组织机制，因此俄国中央政府对新开拓的这片疆土仅有笼统的概念，对其边界和内部并无明确而细致的认识。为了加强对西伯利亚的了解，强化统治，俄国中央政府认为有必要对西伯利亚地区的海岸、边界、水文、地理、人口和资源分布状况开展一次系统调查。其次，抢占北方海航道探索的先机。关于亚欧大陆北部海域存在一条通往印度和中国的海上航路的想法在欧洲已争论多年。英国、荷兰、挪威等国在15~18世纪初期曾陆续派遣多个探险队在北部海域探险，以寻找通往印度和中国的航路，验证这一想法的真实性。17~18世纪，随着向西伯利亚的扩张和一系列地理发现、探险考察的进程，俄国对北方海航道的认识开始成形。① 为了防止他国在北方海航道的探索上捷足先登，俄国中央政府决定对这条海路是否存在进行考察。

在上述背景下，枢密院确定了这次考察的四项主要任务：第一，探寻从堪察加到美洲的航线，并对沿线海岸进行考察；第二，探索从堪察加到日本的航线；第三，查明欧亚大陆北部的北方海航道是否存在，并对北方海岸进行探察；第四，对西伯利亚地区的地理、资源、民族、经济、历史等情况进行全面的摸察。② 按照枢密院的批复，这次考察由海军委员会担任指挥机构，科学院提供科学技术支持，白令为考察队的总队长，并严令"各地方政府全力支持考察"③ 为保证取得预期成果，俄国政府组织了一支多元化的考察队伍，成员除了海军军官之外，还有航海员、士兵、水手、木匠、医生、制图员、测量员、测验分析员、采矿专

① 徐广森：《19世纪中叶以来俄罗斯北方海航道开发历史研究述评》，《福建师范大学学报》（哲学社会科学版）2021年第5期。

② 参见 И. П. Магидович, В. И. Магидович. Географические открытия и исследования нового времени（середина ⅩⅦ-ⅩⅧ в.）. М.：Просвещение, 1984. С. 100。

③ 徐景学主编《西伯利亚史》，黑龙江教育出版社，1991，第202页。

家、地理学家、动植物学家、历史学家等，共 977 人。① 考察采取多组并进的形式，共划分为七个分队。② 两个分队在毗邻太平洋的海域考察，其中白令与 А. И. 奇利科夫（Алексей Ильич Чириков）带领的分队负责寻找北美洲和考察沿线海岸，М. П. 什潘贝格（Мартын Петрович Шпанберг）带领的分队负责考察千岛群岛、鄂霍茨克海岸，并尽可能到达日本。四个分队在亚欧大陆北部海域开展考察，负责考察从白海到楚科奇海（Чукотское море）之间的西伯利亚海岸，并沿西伯利亚北部海岸进行海上航行。它们以主要河流为界限划分考察范围，因此也分别被称为德维纳—鄂毕分队、鄂毕—叶尼塞分队、勒拿—叶尼塞分队、勒拿—科雷马分队。科学院分队采取陆上考察的方式，负责西伯利亚内地的综合性考察。"北方大考察"从 1733 年启动到 1743 年终结，历时 10 年之久，取得了一系列成果，其中之一即是完成了北方海航道从奥列尼奥克河到共青团真理报群岛区段的开拓航行。

这一时期，从皮亚西纳河向东北绕过泰梅尔半岛到奥列尼奥克河是整个北方海航道中唯一一段罕为人知的区段。能否从海上绕过泰梅尔半岛决定着北方海航道能否贯通航行，因此从海上绕过泰梅尔半岛被列为重要任务之一。在北部海域执行任务的鄂毕—叶尼塞分队和勒拿—叶尼塞分队都曾尝试航行。1737 年，鄂毕—叶尼塞分队队长 Д. Л. 奥夫岑（Дмитрий Леонтьевич Овцын）派遣 Ф. А. 米宁（Фёдор Алексеевич Минин）带队向叶尼塞河以东航行，并尝试自西向东绕过泰梅尔半岛。1738 年、1739 年和 1740 年米宁带队进行了三次尝试，最远到达北纬 75°15′的地方（皮亚西纳河河口附近），最后均因密布的海冰和恶劣的天气被迫折返。勒拿—叶尼塞分队从东部方向也进行了多次绕过泰梅尔半岛的航行，均以失败告终。勒拿—叶尼塞分队虽然也未能完成从海上绕过泰梅尔半岛的航行，但完成泰梅尔半岛东部海域从奥列尼奥克河到"共青团真理报群岛"区段的首次航行。

勒拿—叶尼塞分队在 В. В. 普隆奇谢夫（Василий Васильевич Прончищев）的带领下，于 1735 年 6 月 29 日驾驶"雅库茨克"号帆桨兼用船从雅库茨克

---

① Я. Я. Гаккель, А. П. Окладников, М. Б. Черненко. Арктическое мореплавание с древнейших времен до середины XIX века. М. : Морской транспорт, 1956. С. 267.

② 关于分队的数量俄国学者还存在另外两种说法：一种认为是八个分队，一种认为是九个分队。八个分队的说法是将开展两次"上乌金斯克—鄂霍茨克考察"的 П. Н. 斯科别利岑（Пётр Никифорович Скобельцын）考察队从白令带领的考察分队中单列出来。九个分队的说法是在前述基础上，将对叶尼塞河以东进行考察的 Ф. А. 米宁考察队从鄂毕—叶尼塞分队中单列出来。

顺勒拿河而下。8 月 2 日，到达勒拿河三角洲中的斯托尔普岛（о. Столб）。8 月 7 日，队伍从勒拿河三角洲中的贝科夫斯卡亚支流入海，并在入海口处抛锚等候有利的风向。8 月 13 日，从海上绕过勒拿河三角洲，于 8 月 25 日到达奥列尼奥克河河口。由于船身漏水且寒冬将至，队伍决定暂停航行，将"雅库茨克"号驶入奥列尼奥克河三角洲中的一个支叉准备过冬和修补船只。过冬期间，一切都很顺利，利用当地的木材对船只进行了修补，并对附近聚居的俄罗斯人和通古斯人进行调查。1736 年入夏，由于连日北风，海冰被吹向海岸将奥列尼奥克河河口堵塞，起程时间被大大往后延迟。直到 8 月 3 日，队伍才成功驾船驶出河口开始向西航行。8 月 5 日，到达阿纳巴尔河（р. Анабар）河口，并作短暂停留，对附近地区的矿藏情况进行了调查。8 月 13 日，队伍到达哈坦加湾入口处，并沿海岸向北航行。8 月 17 日，到达彼得群岛（о-ва. Петра）。8 月 18 日，到达法杰伊湾（зал. Фаддея）入口处。再往北航行，漫天浓雾导致队员无法看清海岸，只得用航海仪器确定位置和方向。8 月 19 日，队伍到达萨穆伊尔岛（о. Самуила，隶属于共青团真理报群岛）附近的北纬 77°29′海域。此时，"船舶陷在密布的冰块中难以挣脱，前进路途已经完全被海冰封住，加上强劲北风和漫天大雾的影响，普隆奇谢夫在与助手们商议后决定返航。"① 返航途中，队员担心船被冻在海上，多次登上陆地寻找合适的过冬地点，但始终未有所获。8 月 23 日，抵达哈坦加湾。8 月 25 日，到达奥列尼奥克河河口，但受逆风影响未能立刻进入奥列尼奥克河。8 月 29 日，队长普隆奇谢夫在船上去世。9 月 2 日，队伍成功从海上进入奥列尼奥克河，回到上年的过冬营地。② 后来，海军中尉 Х. П. 拉普捷夫（Харитон Прокофьевич Лаптев）被任命为该分队队长，又多次进行了海上绕行泰梅尔半岛的尝试，但均以失败告终。最终他们认定从海上绕行泰梅尔半岛超出人力所能及的范围，放弃了这一计划，决定从陆地上考察泰梅尔半岛的海岸线。之后，С. И. 切柳斯金（Семён Иванович Челюскин）带领的小分队于 1742 年 5 月 7 日从陆上到达泰梅尔半岛的最北端，并将其命名为"东北海角"（如今被称为"切柳斯金海角"м. Челюскин）。

---

① Б. Г. Островский. Великая Северная Экспедиция. Архангельск: Севгиз, 1937. С. 55-58.

② 参见 М. К. Гаврилова. Полярные исследователи Василий и Мария（Татьяна）Прончищевы // Наука и техника в Якутии, 2002, № 2. С. 63-64。

"北方大考察"是俄国历史上规模最大、历时最长的科学考察活动，为俄国了解与征服西伯利亚打下坚实的基础，在俄国发展史上具有重要的地位。对于北方海航道的开拓而言，具有如下四点意义。第一，普隆奇谢夫带领勒拿—叶尼塞分队完成了北方海航道从奥列尼奥克河到共青团真理报群岛区段有文字记载的首次航行，其他分队也在北方海航道的不同区段进行了多次航行，为北方海航道的后续航行积累了丰富的经验。第二，考察队对包括泰梅尔半岛在内的整个俄国北部海岸线进行了考察，绘制了比较精确的海岸线地图，为北方海航道的后续探索与开发奠定了基础。第三，切柳斯金等人从陆上到达泰梅尔半岛的最北端，并对整个泰梅尔半岛海岸进行了考察，证实了北方海航道存在的理论可能性。第四，科学院分队的 Г. Ф. 米勒（Гергардт Фридрих Миллер）等学者在西伯利亚各地的档案馆和图书馆中发掘了许多拓殖运动时期的航海报告档案和航海地图，为了解北方海航道历史提供了丰富的基础资料，为北方海航道的后续探索与开发提供了文献支持。

四　诺登舍尔德与泰梅尔半岛西—北部区段的开拓

泰梅尔半岛西—北部海域从皮亚西纳河往东北绕过切柳斯金海角到共青团真理报群岛区段，由于纬度较高，是北方海航道中最难航行的区段。1940~1941 年，苏联水文地理学家在泰梅尔半岛东部的锡姆萨湾（зал. Симса）沿岸和法杰伊群岛北部海岸发现了古代人类遗存，出土了铜锅、斧头、剪刀、平底锅、铃铛、铜梳、蓝色珠子、从伊凡三世（1462 年~1505 年在位）到米哈伊尔一世（1613~1645 年在位）时代的银币、铜制十字架、纽扣、铅弹、刻有符号的戒指、日晷和火镰等物品。在海湾内还发现了小木屋、木船、缆索、雪橇、渔网的残骸以及三副人类的骸骨（2个男人和 1 个女人）。[①] 有学者推测，这三个人是从曼加泽亚向东探险的探险队成员，他们在 1620 年前后从维利基茨基海峡（пр. Вилькицкого）绕过泰梅尔半岛到达此地过冬，并在此遇难。[②] 但是关于这三人的航行并未留

---

① М. И. Белов. Подвиг Семена Дежнева. М.：Мысль，1973. С. 92.

② 参见 В. Ю. Визе. Русские полярные мореходы из промышленных, торговых и служилых людей XVII-XIX вв.：Биографический словарь. М.：Издательство Главсевморпути，1948. С. 9。

下任何文字记载，也没有充足的证据可以确定他们的航行路线，因此上述推测并未得到学界的公认。"北方大考察"期间鄂毕—叶尼塞河分队和勒拿—叶尼塞河分队从西、东两个方向绕行泰梅尔半岛的失败使当时的俄国官方和航海界得出此区段航行"非人力所能胜任"[①] 的结论。从皮亚西纳河绕过切柳斯金海角到共青团真理报群岛区段的海上航行探索被长期搁置。

19 世纪中后期，随着世界地图的日渐完善和蒸汽机船的出现，人类航海能力大幅提高，航海探险热情迅速发酵，包括北方海航道探险在内的北极探险掀起了新高潮。英国、奥匈帝国、美国、挪威等国先后派遣探险队进行了多次北极探险，甚至发起了"进军北极"的竞赛。毗邻北极海域的瑞典，素以维京人的后裔自豪，有着悠久的极地探险传统，在极地探险领域不甘人后。与此同时，随着西伯利亚开发的深入，西伯利亚的商品亟须通过便捷的海上航路运往西欧国家和欧俄地区，M. K. 西多罗夫（Михаил Константинович Сидоров）、А. М. 西比里亚科夫（Александр Михайлович Сибиряков）等俄国商人开始资助打通北方海航道商业航行的计划。[②] 在这种背景下，19 世纪中后期的瑞典兴起北极航行探险的热潮，陆续组织开展了多次北极航行探险。其中，N. A. E. 诺登舍尔德（Nils Adolf Erik Nordenskiold）带领的探险队于 1878～1879 年完成了北方海航道从西到东的首次贯通航行，也实现了泰梅尔半岛西—北部海域从皮亚西纳河绕过切柳斯金海角到共青团真理报群岛区段的首次航行。

诺登舍尔德 1832 年出生于芬兰的赫尔辛基，17 岁时进入赫尔辛基大学学习化学、矿物学和地质学。1857 年，诺登舍尔德因在一次集会上发表了质疑俄国统治芬兰的言论（当时芬兰正处于俄国统治之下），被当局责令道歉，遂前往瑞典。初到瑞典不久，对北极探险兴趣浓厚的诺登舍尔德便加入了瑞典的北极探险活动。1858 年，诺登舍尔德参加了 O. M. 托雷尔（Otto Martin Torell）组织的第一次斯匹次卑尔根群岛（Spitzbergen）考察，对斯匹次卑尔根群岛西部进行了动植物学和矿物学考察。1861 年，诺登舍尔德参

①　Б. Г. Островский. Великая Северная Экспедиция. С. 68.

②　参见 М. Г. Агапов. Советский опыт освоения Арктики в зеркале современных проблем // Вестник археологии, антропологии и этнографии, 2020, № 2. С. 181-182。

加了托雷尔领导的第二次斯匹次卑尔根群岛考察，对群岛北部地区进行了科学考察。1864 年，诺登舍尔德带队对斯匹次卑尔根群岛南部进行考察，确定了群岛南部的地理坐标系，绘制了这一区域的地图。1868 年，诺登舍尔德再次带队进入斯匹次卑尔根群岛，研究洋流对群岛北部海域浮冰的影响，并试图向北极点进发，最远到达北纬 81°42′的地点。1870 年，为了积累从冰上前往北极点的经验，诺登舍尔德前往格陵兰岛进行冰上探险。1872～1873 年，诺登舍尔德带领探险队从斯匹次卑尔根群岛出发，驾驶雪橇前往北极点，但以失败告终。之后，诺登舍尔德的兴趣转向北方海航道的开拓上。1875 年和 1876 年诺登舍尔德带领探险队两次完成了从瑞典到叶尼塞河的海上航行，开拓了从叶尼塞河到欧洲地区的海上贸易航道，并对喀拉海、新地岛等地区进行了水文地理和人文考察。

　　两次叶尼塞河航行的成功，鼓舞了诺登舍尔德继续北方海航道探索的信心。[①] 通过这两次航行对喀拉海域海冰及天气的研究，他认为"在冰情条件好的年份完全可以在一个航行期内实现北方海航道的全程贯通航行"。[②] 为实施北方海航道贯通航行计划，诺登舍尔德做了充分的准备工作。一方面，他搜集了许多前人在北方海域航行的资料和地图，对各区段尤其是泰梅尔半岛沿线的海岸走向和冰情、天气状况等进行了深入的分析和总结，拟订了详细的航行路线和航行日程计划。另一方面，他总结以往探险经验，并征求其他航海家和医生的建议拟订了充沛而合理的物资清单（食物、保暖衣物和燃料等），确保长期海上航行的物资充足。准备工作做好后，诺登舍尔德将自己的航行计划提交给瑞典国王，以获取资助。诺登舍尔德的计划最终得到瑞典商人奥斯卡尔·迪克森（Oskar Dickson）、俄国金矿主 A. M. 西比里亚科夫和瑞典国王奥斯卡尔二世（Oscar II）的共同资助。根据最终计划，探险队主要由两艘船构成，其中旗舰是"维加"号蒸汽帆船，辅舰是"勒拿"号蒸汽帆船。"勒拿"号将伴航"维加"号至勒拿河河口，负责装载物资补给和进行浮冰、航道勘察，并承担部分科学考察任务。此外，探险队还将带领两艘商船前往叶尼塞河地区，一艘为"弗拉泽尔"号蒸汽机船，一艘为"特快"号帆船。诺登舍尔德计划在一个航行期内到达白令海峡，但为预防

①　参见 A. E. Гончаров. О Шведской экспедиции на Енисей в 1876 г. // Известия Томского политехнического университета. 2014, № 6. С.85。

②　В. М. Пасецкий. Нильс Адольф Эрик Норденшельд (1832‑1901). М. : Наука, 1979. С. 143.

意外准备了足够两个航行期使用的物资。物资种类包括面粉、黄油、土豆、红莓苔子果酱、云莓果酱、肉罐头、驯鹿皮制成的衣物和煤炭等。按照诺登舍尔德的说法，这些物资"对探险队完成其伟大的目标而言是充足而无任何遗漏的"。[①]

1878 年 6 月 22 日，"维加"号离开瑞典城市卡尔斯克鲁纳。途经哥本哈根和哥德堡时，"维加"号补充了一些食物、科考仪器和保暖衣物。在挪威北部城市特罗姆瑟与"勒拿"号会合后，探险队于 7 月 21 日起航，正式开始贯通北方海航道的航行。7 月 25 日夜，海上升起浓雾，两船在古西纳亚地半岛（п-ов Гусиная Земля）西部海域失散。7 月 30 日，"维加"号抵达船队集合的约定地点——尤戈尔海峡，与等候在此的"弗拉泽尔"号、"特快"号会合。7 月 31 日，先前失散的"勒拿"号也抵达集合地，探险船队集结完毕。8 月 1 日，探险队穿过尤戈尔海峡进入喀拉海。8 月 2 日，部分科考人员搭载"勒拿"号离开船队，前往别雷岛进行科学考察。其间，探险队航行非常顺利，仅在部分海域遇到零星浮冰，并于 8 月 6 日顺利抵达叶尼塞河河口附近的迪克森岛（о. Диксон）。在这里，探险队将完成休整、科学考察和船队分离三项任务。8 月 7 日，"特快"号装载的煤炭被转运到"维加"号上，供探险队后续使用。当天夜晚，完成科考任务的"勒拿"号抵达迪克森岛与船队会合。8 月 9 日早晨，"弗拉泽尔"号和"特快"号脱离船队，向叶尼塞河上游的目的地驶去。8 月 10 日早晨，"维加"号与"勒拿"号再次起航，沿着海岸线向东北方向航行。

8 月 11 日，探险队到达泰梅尔半岛西海岸的斯捷尔利戈夫海角（м. Стерлигова），开始计划中最艰难区段的航行。但让探险队意外的是，当年泰梅尔半岛西部海域海冰并不多，探险队只遇到了几处不难穿越的浮冰群。真正让探险队苦恼的是该海域浓厚且接连不断的大雾。浓厚的大雾使船员视线受限，探险队不得不于 8 月 11 日晚、8 月 13 日晚、8 月 14 日～8 月 17 日连续多次抛锚停泊。8 月 18 日，天气稍好，探险队立刻起航。8 月 19 日晚6 时左右，探险队在风平浪静的雾气裹挟下抵达亚欧大陆最北端的切柳斯金海角。这是人类有史记载的首次从海上到达切柳斯金海角。为了庆祝这一航海壮举，探险队升起船上的彩旗，鸣射礼炮，并在船上摆起酒宴。按照极地航海习俗，诺登舍尔德在海角上用石头堆了一个路标，并在里面留了一封

---

① А. Е. Норденшельд. Плавание на "Beгe". 1. Ленинград: Главсевморпуть, 1936. С. 13.

信。信中写道："瑞典北极探险队驾驶'维加'号和'勒拿'号于昨晚——8月19日晚6点半到达此地，并在几个小时后向东驶去。叶尼塞河与切柳斯金海角之间的海域基本无冰。船上煤炭充足，一切顺利。"①

绕过切柳斯金海角之后，诺德舍尔德指挥船队径直向东航行，试图从东部绕过共青团真理报群岛。但这片海域的浮冰比泰梅尔半岛西部海域多，不久船队就遇到了浮冰群。在距离泰梅尔半岛东岸7~10千米处，船队终于挣脱浮冰束缚进入无冰水域。8月28日，船队抵达勒拿河河口，"勒拿"号脱离探险路线向勒拿河上游驶去，"维加"号则继续向东航行。8月31日，"维加"号通过拉普捷夫海峡，于9月3日抵达熊岛群岛（Медвежьи о-ва）。此时气温转冷，海面上开始形成新冰，航行日益困难。9月6日，"维加"号通过德朗海峡（пр. Лонга），进入楚科奇海。9月10日，海面浮冰增多，探险队员开始使用斧头和冰镐在冰面上开凿水路。9月27日，"维加"号抵达科柳钦湾（Колючинская губа）。第二天，北风突起，海面迅速结冰，"维加"号被冰封住，被迫停下过冬。翌年7月18日，冰封9个多月的"维加"号重新起航，两日后进入白令海峡，完成了贯通北方海航道的航行。之后，"维加"号取道日本、马六甲海峡和苏伊士运河返回瑞典。

这次航行既是诺登舍尔德本人多年探索奋斗的结果，也是数代北极航海家前仆后继、奋勇开拓的结果，在北方海航道开发史上具有极为重要的意义。首先，这次航行是从皮亚西纳河往东北绕过切柳斯金海角到共青团真理报群岛区段的首次海上航行，首次从海上考察了泰梅尔半岛西—北海岸，打破了泰梅尔半岛西—北部沿线海域常年冰冻的旧观念和该区段海上航行"非人力所能胜任"的论断。其次，航行过程中对所经海域和沿岸陆地进行了丰富的科学考察活动，对气象、地磁、水文地理、海冰、植物、野兽、鸟类、昆虫、原住民涅涅茨人和楚科奇人等进行了观测与研究，为北方海航道及沿线地区的后续开发奠定了基础。最后，这次航行是北方海航道的首次贯通航行，完成并超越了北方海航道分段探索的历史阶段，实现了北方海航道从构想到现实的跨越，达成了人类数百年的夙愿。从此，北方海航道分段探索的历史进程结束，全程贯通航行探索的新时期开启。

---

① В. М. Пасецкий. Нильс Адольф Эрик Норденшельд（1832–1901）. С. 174.

结　语

从公元 11 世纪人类开始在北方海航道航行，到 1879 年“维加”号完成北方海航道的首次贯通航行，人类用了 8 个世纪左右的时间完成了北方海航道的开拓。如前所述，北方海航道开拓的历史进程可以大致划分为四个阶段：第一阶段开拓主体是波莫尔人，开拓方式主要是自发性的航行探险，开拓目的在于狩猎野兽和开展毛皮贸易，完成了北方海航道从白海到皮亚西纳河区段的开拓；第二阶段开拓主体是俄国拓殖者，开拓方式主要是政府许可下拓殖者的航行探险，目的在于拓疆殖民，征服新的土地和居民，完成了北方海航道从奥列尼奥克河到白令海峡区段的开拓；第三阶段开拓主体是“北方大考察”的队员，开拓方式是政府支持下的航行探险，目的在于地理考察和航道探索，为向东方拓疆殖民服务，完成了北方海航道从奥列尼奥克河到共青团真理报群岛区段的开拓；第四阶段的开拓主体是瑞典人诺登舍尔德带领的探险队，开拓方式是政府和社会联合支持下的航行探险，开拓目的在于航道探索，完成了北方海航道从皮亚西纳河到共青团真理报群岛区段的开拓和北方海航道全程的首次贯通航行。

在北方海航道开拓的历史进程中，俄国发挥了重要的作用，不管出于何种目的，他们完成了北方海航道绝大部分区段的开拓，积累了丰富的航行经验和资料。[①] 但从整个北方海航道开拓的历史进程中也可以看出，当时的俄国政府和民间对北方海航道本身的兴趣并不大。波莫尔人和拓殖者虽然完成了部分区段的开拓，但其目的均不在于海上航道探索本身，而在于侵占东方陆地疆土。“北方大考察”虽将北方海航道探索列入考察任务，但并未组织开展北方海航道的贯通航行探索，可见北方海航道探索并不是其主要目标。俄国政府和民间之所以对北方海航道兴趣不大，一方面受制于北极海域恶劣的自然环境和当时科学技术的落后，另一方面受制于俄国对开拓疆土的特殊青睐和对北部“国家安全”的顾虑。[②] 这种顾虑对于我们理解当今的俄罗斯北方海航道政策仍具现实意义。

---

① 参见 С. Л. Ташлыков. Деятельность гидрографической службы Российского Императорского флота по освоению Арктики // Вестник МГТУ, 2014, № 3. С. 596。

② 参见 П. А. Филин, М. А. Емелина, М. А. Савинов. Военно-стратегическое значение Северного морского пути: исторический аспект. С. 13。

The Historical Process of Opening up the Northern Sea Route
—From the perspective of sectional navigation

Li Zhiqing

Abstract: The Northern Sea Route is the part of the Arctic Northeast Sea Route adjacent to Russian territory. Historically speaking, the opening up of the Northern Sea Route is a very tortuous and long process. Before the early seventeenth century, the inhabitants of Russia, mainly of the Pomors, completed opening the western section of the Northern Sea Route with their superb shipbuilding and navigation skills. From 1630s to 1640s, some pathfinders completed opening the middle and eastern sections of the Northern Sea Route during Russia's territory expansion into Siberia. In the 1730s, the Russian government launched the ten-year-long Great Northern Expedition. Lena-Yenisei detachment led by Pronchishchev completed opening the eastern sea of the Taymyr Peninsula from the Olenyok River to the Komsomolskaya Pravda Islands. From 1878 to 1879, the expedition led by the Swedish explorer Nordenskiold completed opening the wester and northern seas of the Taymyr Peninsula from the Pyasina River around Cape Chelyuskin to the Komsomolskaya Pravda Islands after full preparation and careful planning, and also completed the entire voyage of the Northern Sea Route from west to east for the first time.

Keywords: The Northern Sea Route; Pomors; The Expansion Movement; The Great Northern Expedition

（执行编辑：申斌）

海洋史研究（第二十辑）

2022 年 12 月 第 244～261 页

西欧近代船医的产生

张兰星[*]

　　船医，简言之即船舰上的医生。英语文献有船医（ship doctors）、外科船医（ship surgeons）和内科船医（ship physicians）三种表示方法，但在近代（或帆船时代），船医多指外科医生。船医涉及的医学领域不局限于外科学，还包括内科学和药学。航海医学或船舶外科学（ship's surgery）就船医概念有几层理解：专业的船医为船员治病；船医接受过专门培训，有正规的资格（证）；船医有丰富的海上诊断经验；船医对热带病颇有了解。

　　有学者将西方海洋医学的发展分成三个时代：桨船时代、帆船时代和蒸汽船时代。世界船医史也划分为古代、近代、现代。另外，船舰上配备船医需要满足两个基本条件，即航行距离相对远（不同时代有不一样标准）和航行时间相对长。也就是说短距离、短时间的航行（船）没太大必要安排船医，后一种情况可以靠岸救治、医治。大航海时代开始后，船医逐渐成为远航船舰上不可或缺的组成人员。

一　关于西欧古代船医的讨论

　　一提到古代航海，人们可能会联想到原始落后、条件恶劣、疾病肆虐等

* 作者张兰星，四川师范大学历史文化与旅游学院副教授，四川师范大学日本研究中心兼职研究人员。
本文为四川师范大学 2022 年度校级重点项目"近代赴日欧洲医生与东西交流"（批准号：22XWII3）、四川师范大学全球治理与区域国别研究院、日韩研究院项目"德川幕府锁国时期的日荷交流交往"（批准号：2021ryh003）的阶段性成果。

情况，或认为古代海员更容易患上坏血病、热病、腹泻等疾病，但从相关记载来看，在海上患病的船员并不多。相比之下，触礁、风暴等造成的伤害、死亡更多。船员频繁患病的记载直到 16 世纪中期才增多，成为亟待应对解决的问题。在古希腊罗马时代之前，准确地说在古罗马强大起来之前，西方罕有船医，古代船员似乎也少患病，只有希波克拉底曾提道："雅典统治层曾经考虑在亚西比德（Alcibiades，前 450～前 404 年）的希腊战舰上安排海军船医。"①

在古罗马之前，西方船舰上有无船医是存在争议的，多数意见认为当时没有船医。这基于几点思考：首先，古代欧洲人不擅长远航，自然就不得（海洋）病。古希腊罗马以前的欧洲船基本靠划桨驱动，用风帆的时候不多。其次，古希腊一些大型船只虽然有几层甲板，但甲板上没有遮挡，很通透。古代桨船并非为远航而设计，船员（奴隶）不必长时间待在舱内，自然就不会患病。最后，能够开展远航的腓尼基人、诺曼人生活在原始社会中，都是公社成员，多是自愿参战，船员、战士数量有限，军营、战船不会太拥挤，登船的又都是身强力壮的战士，身体素质比乞丐、流浪汉好（在近代，英、荷为填补海军人数，征召乞丐等体质差的人参军充数），患病的人也就比较少。也有学者谈到，由于古代战舰上有众多战士、船员、奴隶，安排医生看来有必要。不过，奴隶的地位极低，奴隶主（主人、船长、长官）也大可不必安排医生专门照顾他们，其死后就被随意"处理"掉了。

当古罗马（军队）崛起之后，海疾是否在战船上广泛传播也难说。从公元前 500 年至公元 400 年，帝国战乱不断，很多战俘沦为奴隶，罗马战（桨）船有充足的"能源"保障。在一艘古罗马战船上，有三类人群——军官、士兵、奴隶。奴隶在甲板下划桨，驱动战船。不要说甲板下，就是整艘船的卫生条件都不见得好，疾病极易传播。

18 世纪的船医吉尔伯特·布莱恩（Gilbert Blane）翻遍了色诺芬、凯撒、韦格蒂乌斯（Vegetius）、波利比乌斯（Polybius）的著作，寻觅古罗马船医的"踪迹"，却极少有相关记载，他只是在塔西佗和普林尼的著作中发

---

① W. H. G. Goethe, E. N. Watson, D. T. Jones, *Handbook of Nautical Medicine*, Berlin: Springer-Verlag, 1984, p. 20.

现关于坏血病的描述，而坏血病是经常出现在远航船上的疾病。① 当然，有船员患病，就需要医生医治，军舰上特别需要保障士兵健康，不然军队将失去战力。罗马皇帝哈德良统治时期（117~138），古罗马战船"库皮顿"号（Cupidon，Cupito）上便设有医官，名为马库斯·萨塔利乌斯·隆基努斯（Marcus Satarius Longinus）。② 著名罗马医生盖伦（129~199）还提到罗马战船上有一名眼科医生，名叫阿克希奥斯（Axios）。其实在古罗马，不少船长及船医都来自希腊。③

除了战船，地中海上还有不少古埃及、古希腊、古罗马商船，而且吨位不小。在这些大商船上，可能有医务人员。学者詹姆斯·史密斯认为，圣·卢克（St. Luke）曾经在大商船上担任过船医，据说他还首次描述了船员的腹泻症状。当时还有人提到如何治疗晕船："如果晕船呕吐，不要着急。持续呕吐并不是坏事，这时要少吃东西，少喝水，尽量少看海面，慢慢就能适应了。"④

需要注意的是，就算是西方早在古罗马时期便有船医，其数量必定偏少。据载，一支3000~4000人的罗马（海军）军队中设有一名医官，其地位比普通军官高，酬劳也不少。在意大利锡拉库萨（Siracusa）附近，有考古学者发现了公元200年前后的罗马沉船，舱内有医生使用过的骨槌和导尿管，似乎证实了古罗马船医的存在。但也有学者指出，如果没有更多沉船及相关物品被发现，也不足以证明古罗马船舰上随时安排船医。⑤

相比上古腓尼基人，中古北欧日耳曼人的航行技术更成熟，航船更先进。日耳曼人的航海活动北至冰岛、格陵兰岛，南至地中海（巴尔干半岛

---

① 当时，人们并不知道坏血病这种称呼。参见 William Augustus Guy, *Public Health*: *A Popular Introduction to Sanitary Science*, London: Henry Renshaw, 1870, p. 146; Cornelius Walford, *The Insurance Cyclopeadia*: *Being a Dictionary of the Definitions of Terms Used in Connexion with the Theory and Practice of Insurance in all its Branches*, New York: J. H. & C. M. Goodsell, 1871, p. 186。

② Kevin Brown, *Poxed and Scurvied*: *The Story of Sickness & Health at Sea*, Annapolis: Naval Institute Press, 2011, p. 20.

③ W. H. G. Goethe, E. N. Watson, D. T. Jones, *Handbook of Nautical Medicine*, p. 3.

④ R. S. Allison, *Sea Diseases*: *The Story of A Great Natural Experiment in Preventive Medicine in the Royal Navy*, London: John Bale and Staples Limited, 1943, pp. 3-5.

⑤ Lumumba Umunna Ubani, *Preventive Therapy in Complimentary Medicine*, Vol. I, Bloomington: Xlibris Publishing, 2011, pp. 453-454.

南部）。甚至有人认为在公元 11 世纪，红胡子埃里克（Erik the Red）的儿子里弗·埃里克森（Leif Eriksson）到达过北美。[①] 相关资料只是提到，出发前红胡子一行准备了容易保存的腌肉及加了蜂蜜的酒，不过是否有船医随行并没有提及。

中世纪拜占庭（东罗马）帝国也可能在战船上安排了船医。据记载，7 世纪爱琴娜岛的保罗（Paul）医生就在船上工作。[②] 拜占庭人对古希腊的《罗得（岛）海商法》（Lex Rhodia，因地中海东南部的罗得岛而得名）推崇备至，他们干脆于公元 8 世纪将《罗得（岛）海商法》纳入罗马法，此法内容涉及贷款、船舶碰撞、共同海损、海难救助等海事条例，是研究拜占庭史和世界海商法史极为珍贵的一手资料。[③] 由于此法原版未能保全，遂无法得知其中是否涉及海上医疗或船医条款。

近代海上医疗服务应该是起源于中世纪的《奥莱龙卷轴》（Rolls of Olero，也称《奥莱龙法》）。12 世纪以前，英格兰王室、贵族、富商的船队（只）均未配备专业船医，偶有权贵和宗教机构派医生随船航行。1152 年，阿奎丹的爱琳娜（1122~1204）与法王路易七世（1120~1180）离婚，改嫁英王亨利二世（1133~1189）。改嫁前，爱琳娜曾随路易七世参加十字军东征，了解到耶路撒冷王国有"海洋巡回法庭"（Maritime Assizes）。之后，她在其领地奥莱龙岛（位于比斯开湾波尔多西北部）设类似法庭，助其管理日益扩大的领地，并颁布相关法律《奥莱龙卷轴》，其中不少内容与《罗得（岛）海商法》类似。《奥莱龙卷轴》中有两款提及医疗内容：如果船舰载人超过 50 名，在海上航行超过 12 周，就必须雇用一名医生（内科医生、外科医生、药剂师都可以）；[④] 如果有船员受伤生病（斗殴和性病除外），船主、船长必须提供医疗服务；必要时，船长必须靠岸停船，放下伤病员，寻找医生为其治病，并支付相关开销。[⑤] 基于此，欧洲中世纪的船员

---

① R. S. Allison, *Sea Diseases: The Story of A Great Natural Experiment in Preventive Medicine in the Royal Navy*, p. 2.

② W. H. G. Goethe, E. N. Watson, D. T. Jones, *Handbook of Nautical Medicine*, p. 20.

③ Iris Bruijn, *Ship's Surgeon of the Dutch East India Company: Commerce and the Progress of Medicine in the Eighteenth Century*, Leiden: Leiden University Press, 2009, p. 49.

④ Charles Abbott, Baron Tenterden, *A Treatise of the Law Relative to Merchant Ships and Seamen*, London: William Benning & Law Booksellers, 1847, p. 192.

⑤ W. H. G. Goethe, E. N. Watson, D. T. Jones, *Handbook of Nautical Medicine*, pp. 20-21.

在生病遇难时，便有了保障。① 相关律法也在 12 世纪后出现于英格兰②、西班牙（阿拉冈）、苏格兰、普鲁士、荷兰等地。

中世纪，意大利的威尼斯等商港城市垄断了部分地中海贸易，在他们的商船上，极有可能安排船医。据说在 14 世纪，意大利著名医生古阿蒂埃里（Gualtieri，或 Gualterius）就曾在一艘威尼斯商船上工作，基于某种原因，他急需钱财，登船前就要求船主预支他一年的薪酬。在威尼斯档案馆的资料中，还有不少同时期的船医被记录下来。③

中古西欧船医治病的方法略显简单。他们用蜂蜜、醋、水、酒，配制出药剂，缓解晕船症状。在古代，船上有不少虱子，欧洲人很有可能借鉴阿拉伯医生的治疗方法。中世纪的阿拉伯人擅长用水银（混合药剂）驱逐虱子、止痒、治脓包病、治麻风病等。④ 哈利·阿拔斯（Haly Abbas）已经意识到，船员身上长虱子是因为身体不干净。阿维森纳也建议船员尽量穿贴身的羊毛衣裤，同时将水银与油混合，用来驱逐虱子。⑤ 有学者认为，除了晕船、皮肤病，中古船员很少得其他病。

中世纪很长一段时间，西方虽有海军，但军中的医疗保障并不到位，船医数量依然很少，主要原因是：西欧船舰的航行距离不远，当时从西欧各港航行至地中海东岸的利凡特地区，就算远航了，亦少有补给困难和流行病出现，自然就不需要太多船医；当航船从利凡特返回西欧港口后，有船员在出发地设立医院，治疗远航中生病的船员，亦供疲劳的士兵疗养。最初，如果海员受伤或患病严重，就只能被送上岸，由天主教的慈善机构照顾，但所有医院都不是专门为海员设立的。1318 年，古阿蒂埃里在威尼斯政府的支持下，于圣比亚乔（San Biagio）建立一所海洋医院，专门收治病重及贫穷的海员，其善举赢得海员们的赞誉。⑥ 14 世纪 40 年代，黑死病蔓延欧洲，威尼斯医疗站的经验被介绍到西欧其他港口。如果有人染上黑死病，他们将被

---

① Cheryl A. Fury, *Tides in the Affairs of Men: The Social History of Elizabethan Seamen, 1580-1603*, Westport: Greenwood Press, 2002, p. 169.

② 鉴于此，有人认为亨利二世统治时期，英国便已经有船医。

③ W. H. G. Goethe, E. N. Watson, D. T. Jones, *Handbook of Nautical Medicine*, p. 21.

④ Etienne Lancereaux, *A Treatise on Syphilis: Historical and Practical*, Vol. II, London: The New Sydenham Society, 1869, p. 284.

⑤ Paulus Aegineta, *The Seven Books of Paulus Aegineta*, Vol. I, London: Sydenham Society, 1844, p. 79.

⑥ John van R. Hoff, *The Military Surgeon*, Vol. XL, Washington, D. C.: The Association of Military Surgeons of the United States, 1917, pp. 591-592.

控制在医疗站，40 天内禁止登陆（深入内陆）。地中海其他沿海城市如法国马塞，在 1383 年很快采取类似措施，建立港口医疗站，隔离染上黑死病的船员。在同时期北欧汉萨同盟的主要港口如塔林、里加等，也有船主、商人为海员们建立专门的医院或疗养所。① 这样看来，航行过程即便没有医生，也能在医疗点获得救治。

二　近代船医产生的原因

真正意义上的远航船医产生于近代（风帆船时代），特殊的历史背景及原因有四点。

（一）近代船医的产生与中世纪行会制度的变化，以及与西欧医生职业的发展有很大关系

一般来说，船医多由外科医生担任，少有内科医生当船医，他们的地位都很高。上古时期，西方便已经有内科医生，而外科医生、药剂师则产生于中世纪末或近代早期。

外科医生应该是从中世纪的内科医生中产生。就现在看来，古代内科医生看病的方式很奇特。在中世纪，内科医生都接受过良好教育，身份比较高贵，其中还有不少是教士或修士。1215 年教皇英诺森三世时期，天主教举行第四次拉特兰会议（Lateran，1215），会议强调内科医生不应该触碰病人身体，不然会对病患的精神信仰产生不好影响。② 他们谈道："如果人的精神世界健康了，身体也就健康了。"③ 天主教还号召内科医生要洁身自好，禁止他们参与外科手术，触碰尸体等，从而造成医生们成天只是研究古代医学文献。为病人看病时，他们通常保持一定距离。以英国为例，内科医生基本毕业于伦敦皇家内科医学院，他们只从事医学理论，不参与实践，像绅士一样经常戴着假发，拿着拐杖。④ 于是，当时能接触病人的就只有低级看护

---

① Kevin Brown, *Poxed and Scurvied: The Story of Sickness & Health at Sea*, p. 42.

② Maria Pia Donato, *Sudden Death: Medicine and Religion in Eighteenth-Century Rome*, Surrey: Ashgate Publishing, 2010, p. 167.

③ John R. Peteet, Michael N. D'Ambra, *The Soul of Medicine: Spiritual Perspectives and Clinical Practice*, Baltimore: The Johns Hopkins University Press, 2011, p. 10.

④ Joan Druett, *Rough Medicine: Surgeons at Sea in the Age of Sail*, Routledge: New York, 2000, p. 11.

人员及理发师等，内科医生（神职人员）只在旁边指挥，让理发师为病人放血或做些小手术。久而久之，理发师当中就有些人擅长动手术，成为这一领域的熟手，成为最早一批专职外科医生（11 世纪起）。[①]

13～14 世纪，理发师—外科医生们逐渐成为专门动手术的那群人。今天，我们仍然可以看到理发店门口有三色柱，红色代表动脉、蓝色代表静脉、白色代表绷带。其实，柱子最初只有红白两色。这便是理发师外科医生行会（简称理外行会）的标志。在西欧有些国家，外科医生最初有独立的行会，后来与理发师行会合并。还有些国家一开始就将外科医生与理发师归于同一个行会。

总而言之，中世纪末近代早期，整个西欧的外科医生与内科医生基本上是两拨人，后者的待遇、地位、（理论）水平高于前者。而更令外科医生尴尬的是，中世纪的他们居然与理发师同属一个行会。一般来说，船舰上工作条件恶劣，多数内科医生不愿意登船，一些外科医生却为了维持生计，愿意登船，这便为近代船医的产生，以及海洋医学的发展提供了人员保障。

（二）进入大航海时代后，西欧远航活动增多是近代船医出现的另一个重要原因

近代以来西欧科技取得进步，帆船不但安装了效率更高的四角帆，欧洲航海者还将指南针、星盘、直角十字杆应用于航海，远洋、跨洋航行（征服）成为可能。

西班牙、葡萄牙人是海外扩张的先锋，巴托罗缪·迪亚士、克里斯托弗·哥伦布、瓦斯科·达·伽马、费迪南德·麦哲伦成为这些海洋帝国的奠基者。他们的主要目标是前往亚洲，购买香料，开拓海洋市场。在专业船医出现以前，葡萄牙船船长及船上神父负责处理伤病及死亡。当时，精神安抚远胜医疗。如果有船员生病，他就必须忏悔，病重者还要写下遗书。在 16 世纪中期以前，即便葡萄牙船上有医生及药品，其地位也比神父低，病患更依赖和相信神的使者。

哥伦布首次远航美洲时，西班牙国王为其提供三艘帆船，旗舰有 40 人，另外两艘船各有 25 人。由于首次横渡大西洋仅 30 多天，船员患坏血病的很少。整个航行中，仅有一名船员因病死去，然无法确定船上是否有医生。但

---

① Joan Druett, *Rough Medicine: Surgeons at Sea in the Age of Sail*, p. 12.

在哥伦布第二次远航时，船队就已经安排船医（内科），这些医生还提到有人在加勒比海患上了与坏血病症状相似的疾病。[①]

达·伽马船队在远航途中，遭遇到更严重的疾病困扰。其船员记载道："在前往莫桑比克途中，许多船员病倒了，他们的脚、手开始肿胀，牙龈痛得吃不了东西。当时，瓦斯科·达·伽马的兄弟不断安慰患病船员，并将自己用来治病的药分发给他们。"[②] 从症状来看，这些船员极有可能患了坏血病。达·伽马船队出发时共有 180 人（另有 170 人、150 人、118 人之说），有 55 人在途中死去，多人患坏血病，仅 60 人返回葡萄牙。[③]

1519 年 8 月 10 日，麦哲伦船队从西班牙塞维利亚出发，船队由五艘船组成，共有船员 237 人（另有 265、270 人之说），船队中估计有 76 人死于坏血病[④]，而且船上缺乏食物，船员只能吃用老鼠腐肉做成的面饼及桅杆上的皮革。返欧后，船队仅存活 20 人（另说 17 人，或 18 人）[⑤]，坏血病导致麦哲伦船队损失了 80% 的船员。[⑥] 三次著名的远航活动无疑堪称壮举，但所有人都无力控制疾疫，海上医疗并未得到保障，远航船舰急需配备船医。

西班牙、葡萄牙人驰骋海洋的时候，英国人也在积极地准备远航。亨利八世统治时期，英国航海业有长足进步。亨利与教皇有矛盾，希望建立强大的海上力量，对抗天主教势力，皇家海军得以组建。[⑦] 尽管如此，海洋疾病反而随英国人远航活动的增加而增多。近代英国帆船至少有一层甲板，多则

---

① Lester Packer, Jurgen Fuchs, *Vitamin C in Health and Disease*, New York: Marcel Dekker, 1997, p. 3.

② Augusto Carlos Teixeira de Aragão, *Vasco da Gama e a Vidigueira: Estudo Historico*, Lisboa: Imprensa Nacional, 1887, p. 29; E. G. Ravenstein ed., *A Journal of the First Voyage of Vasco Da Gama*, 1497-1499, Cambridge: Cambridge University Press, 2010, pp. 20-21.

③ E. G. Ravenstein ed., *A Journal of the First Voyage of Vasco Da Gama, 1497-1499*, p. 123.; Michael Krondl, *The Taste of Conquest: The Rise and Fall of the Three Great Cities of Spice*, New York: Ballantine Books, 2008, p. 133.

④ Lester Packer, Jurgen Fuchs, *Vitamin C in Health and Disease*, p. 3.

⑤ Stephen K. Stein, *The Sea in World History: Exploration, Travel, and Trade*, Vol. I, Santa Barbara: ABC-CLIO, 2017, p. 434；木下仙、下谷德之助『蘭印のお話』主婦之友社、1942 年、53 頁。

⑥ David L. Nelson, Michael M. Cox, *Princípios de Bioquímica de Lehninger*, São Paulo Artmed Editora, 2017, p. 128.

⑦ Richard P. McBrien, *The Harper Collins Encyclopedia of Catholicism*, New York: HarperCollins Publishers, 1995, p. 49.

三层，装载压舱物、货物和武器，船员也住在那里。甲板下没有科学的通风设备，是滋生细菌、传播疾病的温床。[①] 另外，远航过程中产生的坏血病、脚气病等营养不良症状，是对船员最大的威胁，即便船上有医生，相关问题也很难解决，就更不要说没有船医时的情况了。

（三）后哥伦布时代不仅是大航海、大贸易时代，还是疾病大流行、大传播时代

地理大发现开始后，欧洲人开始向海外移民、殖民，以经营生意，牟取暴利。西班牙人移民美洲后，也带去了旧大陆疾病，对于当地印第安人来说，它们是致命的。其中，天花与麻疹最具毁灭性。[②] 天花是一种古老的病菌，可以通过空气传播。在地理大发现时代的欧洲，天花已非欧洲最可怕的疾病，但当其传播到非洲、美洲后，没有免疫力的原住民只有绝望和恐怖。还有一些疾病，欧洲本来没有，后来通过奴隶贸易，从非洲传入美洲。例如黄热病由非洲西海岸传播至美洲[③]，后又传播至东南亚。[④] 疟疾有可能是西班牙人传入美洲，也有可能由非洲黑奴传入美洲，或者说由欧洲、非洲人共同传入新大陆。[⑤]

16~18 世纪，最早在亚洲定居的葡萄牙人也遭受过当地流行病蹂躏。1510 年，葡萄牙人阿方索·阿尔布克尔克征服果阿后，在那里建起皇家医院。[⑥] 1529 年，他们又建了一座麻风病医院。据荷兰人范·林奇顿（Jan Huijghen van Linschoten）[⑦] 介绍，果阿最厉害的传染病是霍乱。1604 ~ 1634 年，果阿皇家医院共有 25000 名士兵死于霍乱和疟疾。[⑧] 林奇顿提道："印度霍乱是一种非常可怕的疾病，葡萄牙名医加西亚·达·奥尔塔（Garcia da

---

① R. S. Allison, *Sea Diseases: The Story of A Great Natural Experiment in Preventive Medicine in the Royal Navy*, p. 13.

② Nadia Higgins, *Spanish Missions: Forever Changing the People of the Old West*, North Mankato: Rourke Educational Media, 2014, p. 25.

③ Clifton D. Bryant, *Handbook of Death and Dying*, Vol. I, London: Sage Publications, 2003, p. 186.

④ 石井信太郎『蚊と蝿』室戸書房、1942 年、75-76 頁。

⑤ Bernard A. Marcus, *Malaria*, New York: Infobase Publishing, 2009, p. 41.

⑥ Malyn Newitt, *A History of Portuguese Overseas Expansion* 1400 - 1668, London and New York: Routledge, 2005, p. 102.

⑦ 荷兰旅行家、探险家，1583 年抵达果阿，担任当地主教的秘书。

⑧ M. N. Pearson, *The Portuguese in India*, Cambridge: Cambrige University Press, 1987, p. 93.

Orta）第一次向西方描述了这种流行病。"① 在两个世纪以后的亭可马里（Trincomalee，今斯里兰卡），英国皇家海军船医查尔斯·库尔提斯（Charles Curtis）仍然认为霍乱是次大陆最厉害的疾病之一，他谈道："霍乱来势汹涌，传播速度快，致死率高，医院与航船是最大受灾区。"② 鉴于疾病肆虐，甚至有人称葡属果阿和莫桑比克为墓地。18世纪的荷属巴达维亚也经历了同样情况。恐怕欧洲人已经意识到，东方虽然富饶，令人向往，但其路途遥远，海员的身心必须经历巨大考验，在船上安排船医，以及在殖民地设立医院已经很有必要。

（四）近代船医制度的建立与西欧海外军事扩张、军队建设、军医设置有很大关系

进入15世纪，西欧航船开始配备火炮火枪，热兵器对士兵船员造成巨大威胁，再加上船舰上流行各种疾病，招募船医，势在必行。关于16世纪英西大海战西班牙失利的原因有很多，其中一点要从医学角度来分析。整个无敌舰队虽然配备了85名医生，但数量还是不够（舰队有100多艘战舰，上万名士兵）；除此之外，西班牙船舰上的卫生条件也很差。首先，船上的饮用水不干净，基本上呈变质状态。据说这批水是海战前3个月储入各船舰的，时间过长。其次，腌制的牛、猪、鱼肉已经变味过期，面包也生蛆或布满蟑螂。而且，酒桶也密封得不严，葡萄酒放久了，也不宜饮用。数以百计的船员患上痢疾。③ 最后，即便舰队有船医，但当时的医生对痢疾、斑疹伤寒等疾病基本是束手无策。西班牙医生没能有效地预防疾病，没有合理安排膳食，以至难以维持军人的健康体质，这是应该追究的。另外，西班牙"无敌舰队"中有300名神职人员，一来可以增强士兵信仰，二来可以教化被征服地区的民众，其地位、作用远高于舰队中的医生，以至淡化了后者的作用。④ 这可能也是无敌舰队最终被时代淘汰的原因

---

① Jan Huygen van Linschoten, *The Voyage of John Huyghen Van Linschoten to the East Indies*, Vol. I, New York: Burt Franklin Publisher, 1885, p. 235.

② Iris Bruijn, *Ship's Surgeon of the Dutch East India Company: Commerce and the Progress of Medicine in the Eighteenth Century*, p. 52.

③ R. S. Allison, *Sea Diseases: The Story of A Great Natural Experiment in Preventive Medicine in the Royal Navy*, p. 31.

④ 另有学者提到，西班牙为无敌舰队安排180名神父（牧师），即便如此，每艘船也至少有一名神父，来加强船员的精神信仰。参见：David R. Petriello, *Bacteria and Bayonets: The Impact of Disease in American Military History*, Philadelphia: Casemate, 2015, p. 24；春藤与市郎『古今世界大海戦史』大同館、1936年、216頁。

之一。相反，英国舰队在医疗、卫生、饮食供应等方面都要优于西班牙，这为英国舰队战胜西班牙舰队提供了基础保障。

三 15~16 世纪西欧船医的基本情况

最初，接受过高等教育的内科医生不愿意担任船医，于是出身卑微、生活拮据的外科医生为了生存，登上了远航船舰。[1] 多数船医由"理外行会"培养，上过大学的外科医生较少。

就葡萄牙而言，达·伽马船队中有两名内科医生，相关信息仅被简略记载：两名内科医生都是葡萄牙人，一人叫加西亚·德尔·福尔托（Garcia del Huerto，另载为阿波托），另一人叫克里斯托弗·达·科斯塔（Christopher da Costa）。他们是首次记录南亚情况的欧洲医生。[2] 其实，福尔托（就是葡萄牙著名医生加西亚·达·奥尔塔）。[3] 这两名船医都在非洲及南亚海岸居住过一段时间，对热带疾疫有初步了解。[4] 也有学者谈到，在达·伽马的船队中，没有一名真正的船医，福尔托等人抵达次大陆后，就再也没有在船上服务过，算不得严格意义上的船医。麦哲伦船队仅雇用了一名船医，还有 3 名助手（理发师）。不幸的是，包括麦哲伦自己、船医、2 名理发师都在途中去世。16 世纪，西班牙无敌舰队有多艘医疗船，这些船上共有 85 名船医（内外科都有）。同时期的法国海军也有医疗船，基本上是每 10 艘战舰配备一艘医疗船。

都铎王朝的英国存在四类医生。内科医生地位最高，他们接受过高等教育，也懂外科知识（即内外科兼修），但很少动手术；外科医生负责做手术及理发；然后便是药剂师，其获得资格后，便可以在药店卖药，顺带指导患者用（吃）药、治疗；地位最低的就是草药医生、草药商、江湖郎中、炼

① D. Schoute, *Occidental therapeutics in the Netherlands East Indies during Three Centuries of Netherlands Settlement* (*1600-1900*), Batavia: Netherlands Indian Public Health Service, 1937, p. 4.

② Harry Friedenwald, "The Medical Pioneer in the East Indies," *Bulletin of the History of Medicine*, Jan 1, 1941: 9, p. 487.

③ David G. Frodin, *Guide to Standard Floras of the World*, Cambridge: Cambridge University Press, 2001, p. 726.

④ Johann Hermann Baas, *Outlines of the History of Medicine and the Medical Profession*, New York: J. H. Vail, 1889, p. 368.

金术士。他们通常游走于各地，用偏方治疗患者的小病，也以此养家糊口。① 英国船医主要来自第二类（外科）医生。由于情况特殊（在海上），船医兼顾内外科医生的职责。最初的英国船医指服务于商业公司的海上民间医生，以及效力于皇家海军的军医。

近代英皇家海军（官方）始设船医的日期不详，有学者认为是在都铎王朝的亨利七世时期，但相关证据不足。准确地说，亨利八世统治时期（1509~1547），英国官方（海军）雇用了第一名（外科）船医，当时，皇家海军还为这位医生配备了助手，协助其动手术。② 近代船医特恩布尔（Turnbull）也提到，大英博物馆保存了一些资料，其中谈到 1512 年英海军便雇用了船医，他们有固定薪酬。1513 年，英法展开海战，其间英军为舰队配有四名船医，另外雇用了一些助手，还偶尔派地位颇高的内科医生登舰指导。另有资料提到，1513 年，有 32 名外科医生在英国海军中服役，薪水由王室拨付。也有学者认为，当时英王仅在特殊战役或事件中，才为船舰安排船医。③ 亨利八世时期，海军的行政制度初步确立。一来，英国成立海军委员会，设立军阶制度。④ 战争爆发时，皇家海军又设立"海员伤病专事委员会"（Commissioners for the Sick and Wounded），管理医务（包括船医）。二来，"理外行会"必须为海军、王室服务。⑤ 于是，亨利八世赋予"理外行会"推选船医的权力。⑥ 1545 年，亨利八世的战舰"玛丽·露丝"号（Mary Rose）在首航时便遇难沉没，考古人员在主甲板右舷发现两间狭小的医务室，室内有两个医药箱、一张（医疗用）四角长凳。医药箱由木头制成，箱内有许多小格，格子中放着各种药剂。⑦ 有学者认为，当时的英国船医较少，小船上根本没有医生，只有大舰才配备相关人员。

---

① James Watt, "Surgeons of the Mary Rose, The Practice of Surgery in Tudor England," *The Mariner's Mirror*, Vol. 69, Issue 1, 1983, p. 3.

② Jack Edward McCallum, *Military Medicine: From Ancient Times to the 21st Century*, Santa Barbara: ABC-CLIO, 2008, p. 222.

③ David Mclean, *Surgeons of the Fleet: The Royal Navy and Its Medic from Trafalgar to Jutland*, London: I. B. Tauris, 2010, p. 1.

④ Michael Oppenheim, *A History of the Administration of the Royal Navy and of Merchant Shipping in relation to the Navy*, Vol. I, London and New York: John Lane the Bodley Head, 1896, p. 1.

⑤ R. S. Allison, *Sea Diseases: The Story of A Great Natural Experiment in Preventive Medicine in the Royal Navy*, p. 22.

⑥ Kevin Brown, *Poxed and Scurvied: The Story of Sickness & Health at Sea*, p. 22.

⑦ Jane Penrose, *Encyclopedia of Tudor Medicine*, Oxford: Heinemann, 2002, p. 8.

就英国官方船医发展而言，伊丽莎白时代（1558~1603）是转折点，特别是在击败无敌舰队后，英方更加重视船医，努力提高海员的医疗待遇。导致这一转变的原因有三点。其一，在英西大海战之前，西班牙虽然准备了大量食物（盐渍肉类等），但多数已经腐坏变质，不能食用。相反，英国海军的食物不但准备充分，还很新鲜，且搭配合理。英方规定：

> 在每个星期，军舰上每位士兵每天的食物都不一样：有一天吃1磅面包、1加仑啤酒、一些奶酪、1块干鳕鱼；又有一天吃1磅面包、1加仑啤酒、3磅盐渍牛排；还有一天吃1磅火腿、1品脱豌豆；另有一天专门吃鱼肉。其他时间的食物也不一样。[1]

这样一对比，在英西海战中，拥有健硕身体的英国士兵似乎更具战斗力。

其二，16世纪中期以前，西班牙葡萄牙大帆船仍然占据海上主动权，英国造出的船舰还不够强、大、快，海洋疾病未能在英舰上凸显。最开始，英国人沃尔特尔·那勒夫（Walter Raleigh）在远航圭亚那（1595[2]）、委内瑞拉[3]的航行中还表示，船员们没有遭受疾病困扰：

> 虽然船队抵达之处非常炎热，天气变化很大，时而暴晒，时而暴雨，船员们的食物也已经腐烂变质，即便捕到新鲜鱼类，也没有任何调料，但令人惊奇的是，大家都没有生病。[4]

就此，有学者指出，当时疟疾及黄热病尚未在新大陆流行，因此英国人得以幸免。但是，到了1558年伊丽莎白继任英国王位时，英国船舰已经开始大规模远航远征，船员染上疾病的概率大大增加。

其三，英西开战前，英方船舰的环境及医疗条件也很差。于是，有谋士向伊丽莎白女王进谏，希望改善海上医疗条件。该请求最初被女王拒绝，理

---

① Simon Spalding, *Food at Sea: Shipboard Cuisine from Ancient to Modern Times*, Lanham: Rowman & Littelfield, 2015, p. 35.

② Kirk Smock, *Guyana*, Bucks: Bradt Travel Guides, 2008, p. 3.

③ Tomas Straka et al., *Historical Dictionary of Venezuela*, Lanham: Rowman & Littlefield, 2018, p. 7.

④ R. S. Allison, *Sea Diseases: The Story of A Great Natural Experiment in Preventive Medicine in the Royal Navy*, p. 24.

由是泊于英国军港中尚有不少病患等待救治，海军更无精力照顾（参战的）健康军人。好在伊丽莎白女王经过深思熟虑后，意识到船医可能要在战争中发挥不寻常的作用，遂又尝试改革，其颁令："随着皇家海军中病患增多，女王陛下认为有必要安排经验丰富的医生加入军队，提高医疗福利。"① 果然，英国船医在战争中发挥了重要作用，他们马不停蹄地应付截肢、骨折、脱臼、烧伤等问题。一些不检点的船员在战前染上性病，他们也进行了处理，最终保障了士兵健康，为赢得战争立下功劳。

在中世纪后期，荷兰外科医生已经有自己的行会，也有行头、行东（或称师傅、老师、职业医生）、帮工、学徒的等级划分。当然，学徒水平的高低与其师傅的培养有关。一般来说，学徒学习剪头剃须，清洗医疗用具，做些小手术，为病患包扎伤口。在荷兰，还有培养外科医生的专门课程及书籍。如果能够到医院实习，则能上解剖课。学徒学成之后，师傅便授予其毕业证（teaching letter，相当于文凭），这是成为职业医生的前半程教育。要成为职业医生，帮工阶段也很重要，帮工要跟随另外一名师傅学习、实习及工作，在较大的城市听课、听讲座。另外，"理外行会"的学徒、帮工还要参加职业医生考试（master-surgeon，有些资料称主治医生考试）。如果考试没有通过，还可以参加船医考试（荷兰语称 zeeproef）或外科护理人员考试（荷语称 meesterknecht）。这从侧面证明，在 16 世纪（及之前），荷兰船舰上便有专业医生了。② 一旦帮工获得新师傅授予的毕业证，就有机会成为正式、职业的医生了。以德国的帮工为例，他们从学徒阶段毕业后，便离开老师傅，去荷兰等地寻找新师傅，学习新知识。毕业后，他们可以当军医或民间船医，或成为乡村医生。想成为职业医生，则必须参加并通过相关考试。如果有当船医的经验，还可以折抵成实习期或实习经验（当职业医生要求实习）。

15 世纪，当尼德兰受控于哈布斯堡家族时，荷兰海军便开始雇用船医了。不过在一支荷兰舰队中，仅有高级将领才有权配备私人医生。在西班牙菲利普二世（1527~1598）统治荷兰期间，有些荷兰军舰也安排了医生。当

① Kevin Brown, *Poxed and Scurvied: The Story of Sickness & Health at Sea*, p. 29; R. S. Allison, *Sea Diseases: The Story of A Great Natural Experiment in Preventive Medicine in the Royal Navy*, p. 32.

② Daniel de Moulin, *A History of Surgery: with Emphasis on the Netherlands*, Dordrecht: Martinus Nijhoff Publishers, 1988, p. 114.

时，舰队甚至拥有医疗船，16 世纪中期的荷兰医疗船"圣·约翰"号由耶汉·迪尔西斯（Jehan Dircxz）指挥。[①] 荷兰奥兰治亲王（1533~1584）反抗西班牙统治期间，也在军舰上安排医生。荷兰共和国成立后（1581 年以后），五大海军分部阿姆斯特丹、鹿特丹、米德尔堡、霍恩、恩克霍伊森，各自招募船医到军中服役。[②] 16 世纪后期，荷兰的军医制度进一步完善，每团配备一名外科医生及 2 名助手。17 世纪中期，英国军团参照荷兰模式，为每团配备一名医生。不过，这里没有特别强调（英、荷）是陆军还是海军。[③]

结　语

近代早期，欧洲虽然已经出现船医，并有人数增加的趋势，却存在不少问题。西欧船医的人数还明显不足。以英国为例，从都铎王朝至斯图亚特王朝早期，其船医并不多，海洋医学也发展缓慢。[④] 16 世纪由于英国军方支付的报酬少，船上条件差，遂没有多少合格的医生愿意加入海军服役。更多时候，英官方（枢密院）向"理外行会"施压，强迫其输送外科医生（或学徒、帮工）到海军服役。[⑤]

当时西欧船医的地位普遍较低，还没有独立、统一、完善的编制，身份与水手长、炮手、木匠持平，低于主炮手，算不得船舰上的军官或长官。在英国，直到 1843 年，船医地位才有较为明显提升。[⑥]

16 世纪，西欧船医的工资普遍较低。詹姆斯一世统治时期，英国普通医生的年薪已经达到 200 镑，船医的年薪却只有 100 镑。同时期，西班牙外

① L. H. J Sicking, *Neptune and the Netherlands: State, Economy, and War at Sea in the Renaissance*, Leiden: Brill, 2004, p. 404.

② Iris Bruijn, *Ship's Surgeon of the Dutch East India Company: Commerce and the Progress of Medicine in the Eighteenth Century*, p. 57.

③ Cathal J. Nolan, *Wars of the Age of Louis XIV, 1650-1715: An Encyclopedia of Global Warfare and Civilization*, Westport: Greenwood Press, 2008, p. 296.

④ Cheryl A. Fury, *The Social History of English Seamen, 1485-1649*, Suffolk: The Boydell Press, 2012, p. 108.

⑤ R. S. Allison, *Sea Diseases: The Story of A Great Natural Experiment in Preventive Medicine in the Royal Navy*, p. 115.

⑥ R. S. Allison, *Sea Diseases: The Story of A Great Natural Experiment in Preventive Medicine in the Royal Navy*, p. 23.

科船医的待遇稍好，月薪为 35 先令，超过普通水手（19 先令）和水手长（25 先令）。

近代早期，西欧船医的专业水平普遍不高，多数人没有机会进入大学学习。1588 年，英船"阿鲁德尔的理查德"号（Richard of Arundell）的船员在前往贝宁（西非海岸）途中患上热病，船医的主要治疗办法就是放血，就当时而言，多数船医不了解热带疾病。即便有些船医能力强，也难以应付复杂多变的病情，如果遇到流行病，病患激增的话，他们根本就顾不过来。

早期船医的局限性还体现在对疾病缺乏后期护理上。1554 年，"普利姆罗斯"号终于返回普利茅斯，但病重船员威廉·约阿比（William Yoabe）及约翰·威廉姆斯（John Williams）被送上岸后，仅被当地杂工照顾，没过几天，两人相继去世。另外，1554～1555 年，当英国船"特立尼提"号（Trinity）返回布里斯托后，生病的炮手约翰·休伊斯（John Hewes）雇用了三名女佣来照顾他。不久休伊斯去世，留给每位女护工 10 先令。若是在远航途中生病，病重者有可能被放在抵岸处，由没有医护经验的当地人照料，其后果是可想而知的。

尽管近代船医及相关管理制度还不健全，欧洲人却已经意识到，在大船上安排船医好过遇到问题后到处寻觅医院。近代海上医疗和海洋医学就在这样一种情况下缓缓起步了。

首先，近代早期的船医虽然难以了解坏血病病因，但已经熟悉其症状。也即是说，他们发现了问题，却不知道怎样解决问题（例如营养缺乏症的处理）。16 世纪末，英国人已经注意到预防疾病的重要性。1562 年，"米尼恩"号（Minion）船员托马斯·弗里曼（Thomas Freeman）在（西非航线）航行过程中去世，他将部分遗产（6 先令 8 便士）留给船医，另一部分留给众船员，丰富大家的伙食，补充营养。[①] 从某种意义上来说，这艘船的船医、船员或许注意到了饮食结构的重要性，虽然他们还不知道坏血病是由营养失衡导致的疾病，却无疑起到一定的预防作用。[②] 当然，船医还需要对付各种传染病，如痢疾、斑疹伤寒、伤寒、肺炎，以及性病。

其次，在"理外行会"中，学徒主要学习放血、引流（例如刺破脓

---

① Cheryl A. Fury, *The Social History of English Seamen*, 1485-1649, p. 108.

② J. D. Alsop, "Sea Surgeons, Health and England's Maritime Expansion: The West African Trade 1553-1660," p. 219.

疮）、拔牙、截肢、缝合等技术。当时，外科医生不能开药，那是内科医生的工作。在这方面，只有船医是例外，因为船上只有外科医生，没有内科医生，也即是说（外科）船医在船上要治疗多种类的疾病。如此看来，外科船医虽然辛苦，却能较快积累实践经验（包括内科），这无疑促进了外科学的迅速崛起。

最后，近代船医与古代船医最大的不同在于，随着其数量增加，一套系统科学的船医管理系统将逐渐成熟，海洋医学随之得到发展。1590 年，弗朗西斯·德雷克（Francis Drake）爵士及约翰·霍金斯（John Hawkins）爵士创立“查塔姆·切斯特”（Chatham Chest）慈善基金，帮助残疾及贫困的船员。① 1594 年，查塔姆医院成立，专门照顾受伤生病的海员。这些善举促进了英国海军医疗制度的发展，也为欧洲同行提供了经验。

总之，西欧近代船医的产生或出现，系历史发展的必然。在地理大发现、或大航海运动、再或风帆船鼎盛时代，船医是保证远航成功的重要因素。无论如何，西欧近代产生远洋船医是值得关注的历史问题，其存在及发展具有特殊的历史意义。

The Emergence of Ship Doctors in the Early Modern Time

Zhang Lanxing

Abstract：In Ancient Europe, the ship doctors had existed, but they had not played an important role. When coming to the early modern time, the situation was different. Based on the development of European guilds, the increasing of long-distance voyages, the epidemic of diseases, and advance of military technologies, the ship doctors became essential men on ships gradually. Most of ship doctors are surgeons who came from Barbers and Surgeons guilds in Europe. At beginning, they faced many difficulties, including shortage of people, difficulty of recruitment, low status, lacking of professional skills. No matter how, if there

---

① Kevin Brown, *Poxed and Scurvied*: *The Story of Sickness & Health at Sea*, p. 43.

were no ship doctors in times of the great navigation, it was very difficult for European countries to carry out the exploration and expansion overseas.

Keywords：Oceans；Ship doctors；Europe；Guilds

（执行编辑：吴婉惠）

海洋史研究（第二十辑）

2022 年 12 月　第 262~295 页

16 世纪《马六甲海法》文本及其
历史价值探析（附《马六甲海法》译文）

徐明月[*]

　　15~17 世纪是安东尼·瑞德（Anthony Reid）笔下的"贸易时代"。海上贸易把多个海上族群统合进入海洋活动的网络中，形成一个跨地域的联合体。由于马来地区一直是最重要的货物聚散中心，马来语[①]也因此成为东南亚最重要的贸易语言之一。[②] 穿梭其中的马来海船络绎不绝，沟通着各个贸易港口和城市。为了规范海上行为和贸易活动，马六甲王朝以此前存在的海上习惯法为基础，用古马来语颁布了东南亚海岛国家第一部成文海法——《马六甲海法》。[③] 该海

---

* 作者徐明月，南京大学历史学院博士生，广西民族大学马来西亚语专业讲师。
　本文系江苏省研究生科研创新项目"古代马来世界法典翻译与研究"（项目号：KYCX20_
　0017）的阶段性研究成果。

① 指南岛语系的马来—波利尼西亚语族，在马来西亚被称为马来语，在印度尼西亚被称为印度尼西亚语。在本文中，"马来"这一概念并不仅限于现代意义上马来西亚这一国家，而是文化意义上操马来语、受马来文化影响的东南亚国家（地区）、族群。

② 〔澳〕安东尼·瑞德：《东南亚的贸易时代：1450~1680》第一卷，孙来臣、吴小安译，商务印书馆，2013，第 14 页。

③ 《马六甲海法》（*Undang-undang Laut Melaka*），这部海法并无固定的中文译名，中译本《东南亚的贸易时代：1450~1680》将其翻译为"马六甲海商法"，参见〔澳〕安东尼·瑞德《东南亚的贸易时代：1450~1680》第一卷，第 59 页；《马来古典文学史》将其翻译为"马六甲海洋法"，参见〔新加坡〕廖裕芳《马来古典文学史》下卷，张玉安、唐慧等译，昆仑出版社，2011，第 277 页。本文认为"海洋法"与"海商法"这两个概念各有其侧重。因为"海商法"概念属于私法的商业层面，《马六甲海法》的内容除了商事条文，还涉及身份、伦理秩序、刑事法等，是一部综合的法典，"海商法"不能反映其（转下页注）

法以马来文化为内核，受到涉足亚洲贸易的多种重要宗教和文明的影响，呈现多元丰富的面貌，影响了包括望加锡（Macassar）、布吉斯（Bugis）、柔佛（Johore）、北大年（Patani）、彭亨（Pahang）、亚齐（Ache）在内的东南亚诸王国。《马六甲海法》在东南亚海岛地区①的通行，犹如《罗德海商法》在地中海海域的普及。

《马六甲海法》代表了古代马来世界成熟多元的传统海洋文化。无论从宗教史、法律史抑或海洋史的角度来看，该法典都是研究东南亚前近代（Early Modern）的重要文本和本土史料。惜乎囿于语言障碍与观念原因，这部法典迄今未能受到重视。威格摩尔（John Henry Wigmore）在《世界法系概览》介绍海事法系时一语带过，连具体名字都没有提及："在东印度马来群岛，第一个伊斯兰教君主的海事法典中，规定召开商人商讨会，并明确计算每人的投票规则。"② 英国著名东南亚史家霍尔（D. G. E. Hall）在其著作《东南亚史》中亦语焉不详：有一套众所周知的海事习惯在东南亚的港口通行。③ 最早注意到这部法典重要性者为英国驻新加坡总督莱佛士爵士（Sir Thomas Stamford Raffles），他在马六甲、槟城期间，搜集传统马来法典手稿并撰文介绍④，才使这部海法得以为世人所知。此后，英国殖民官员温斯泰德（R. O. Winstedt）等整理并翻译部分法典条文。⑤ 新加坡学者廖裕芳遍访各个海法抄本，以马来语出版（*Undang-undang Melaka dan Urdang-urdang laut*），入选马来西亚"国家最高经典作品项目"。⑥

（接上页注③）全貌；而"海洋法"概念属于国际公法的公共政策层面，用来定义一部古代法典有时空错位之虞。因此本文采取"马六甲海法"这一译法，"海法"表示与海事活动相关的法律。

① 东南亚地区分为大陆（半岛）和海岛两大部分。本文所指涉之"东南亚海岛地区"为马来群岛和中南半岛上传统马来人生活的地理文化区域，包括印度尼西亚、马来西亚、泰南三府、菲南群岛、新加坡岛、文莱以及周边海域。

② 〔美〕约翰·H. 威格摩尔：《世界法系概览》（下册），何勤华等译，上海人民出版社，2004，第 773 页。

③ 〔英〕D. G. E. 霍尔：《东南亚史》，中山大学东南亚历史研究所译，商务印书馆，1982，第 283 页。

④ Thomas Raffles, "On the Malay Nation, with a Translation of its Maritime Institutions," *Asiatick Researches*, vol. 12, (1818), pp. 102-159.

⑤ R. O. Winstedt, P. E. De Josselin De Jong, "The Maritime Laws of Malacca," *Journal of the Malayan Branch of the Royal Asiatic Society*, vol. 29, (1966), pp. 22-59.

⑥ Projuect karya agung yayasan karyawan. 该项目由马来西亚国家语文局推动出版，收录马来文献的传世经典作品，以书口烫金的精装版形式出版。

　　法典目前尚无中文译本。北京大学张玉安教授在翻译廖裕芳教授的《马来古典文学史》时，对法典予以简要介绍，仅涉及部分法典内容，这是我国学界对该法典的最早关注。① 我国学界关于《马六甲海法》的研究，仅在部分论著中偶被提及，未有专论。②

　　作为一部早期法律文本，《马六甲海法》是海上习惯法与几大宗教法交融的产物；作为一部航海规章指南，它是有文本可依的马来世界海上活动规则的滥觞；作为一部东南亚本土历史文献，它是研究东南亚海岛王国的重要资料。无论从哪个角度考察，法典均不应被忽视。法典研究关涉诸多方面，如版本与流变问题、东南亚海岛地区本土文化与多元宗教影响问题、东南亚船内部组织结构问题、东南亚王权与贸易关系问题等。这些问题均值得深入探究。但鉴于学界对这部东南亚海法文本不甚了解，若详细展开论述，难免有目无全牛的零碎感。因此本文首先展示法典的立法轨迹、进行版本状况梳理，选取法典中最具典型性特征的三个方面作为支点，论述法典的内容和文化特色，最后通过对法典特征的提炼，挖掘其作为东南亚本土法律史料的价值。此文意在抛砖引玉，引起学界对这部东南亚最早的系统成文海法的注意，丰富东南亚宗教文化史和法律史的研究。

一　实践的积累：法典的颁布与版本状况

　　《马六甲海法》的雏形，是《马六甲法典》（*Undang-undang Melaka*）内名为"海法"这一部分。《马六甲法典》作为马来世界最重要的法典[3]，由马六甲王朝第三任苏丹穆哈迈德·沙（Sultan Muhammad Syah，1416-1446）颁布。随着马六甲作为国际港口的地位日益重要，"海法"已经无法满足越来越复杂的商业贸易需求，于是马六甲王朝末代苏丹马赫穆·沙（Sultan Mahmud Syah，1488-1528）在位时，颁布了专门规范海上活动的《马六甲海法》。[4]

---

① 〔新加坡〕廖裕芳：《马来古典文学史》下卷，张玉安、唐慧等译，昆仑出版社，2011，第277页。

② 参见梁志明等主编《东南亚古代史》，北京大学出版社，2013，第520页；张榕：《从〈马六甲法典〉看马六甲王国的治理文化》，《云南大学学报》（法学版）2016年第2期。

③ Liaw Yock Fang, *Sejarah Kesusastraan Melayu Klasik*, Jakarta: Yayasan Pustaka Obor Indonesia, 2011, p. 523.

④ R. O. Winstedt, "The Date of the Malacca Legal Codes, " *The Journal of the Royal Asiatic Society of Great Britain and Ireland*, 1953, pp. 31-33.

实际上，《马六甲海法》的形成是一个渐进的过程。地处东西方贸易孔道的马来王国，历来重视海上活动。中国古称马来群岛居民为"昆仑人"，昆仑人以擅水闻名。[①] 马来船舶活跃开展海上贸易，"每岁有昆仑乘船，以珍货与中国交市"[②]。早期的室利佛逝（三佛齐）王国"扼诸番舟车往来之咽喉"[③]，控制海上活动。尽管王朝更迭，但是这一地区海域的长期历史实践形成了海事习惯，《马六甲海法》便是流传于这一地区的海事习惯的汇编。法典中描述了由习惯法转变为国家制定法的过程：五位船长根据海上航行与贸易的惯例编写成法典后拜见般陀诃罗[④]，般陀诃罗带领他们觐见国王，般陀诃罗呈上本法典，国王将所呈内容颁布，王国在海上和陆上都有了法律。[⑤] 可见，法典早期作为船长守则，在马来群岛海域流通，国王仅仅是对海上习惯法的授权与肯定，而非法律的创制者。

通过编纂海事习惯，并经马六甲国王敕令颁布的《马六甲海法》，以抄本的形式留存至今。可鉴读的抄本有七种：即莱佛士 1806 年抄本、马克斯韦尔（W. E. Maxwell）1882 年抄本、荷兰布雷达皇家军事学院 1655 年藏本、荷兰莱顿大学图书馆的两个藏本[⑥]、梵蒂冈图书馆 1656 年藏本、伦敦大学亚非学院 1877 年藏本、大英图书馆 1842 年藏本。

其中荷兰布雷达皇家军事学院 1655 年藏本（Breda 6619）与梵蒂冈图书馆 1656 年藏本（Vat. Ind. IV）是两个最古老的抄本，最初由荷兰殖民官员瓦伦泰因（Francois Valentjin）抄写，后由荷兰乌得勒支大学雷兰教授（A. Reland）收藏，这两个抄本相似程度很高，很可能系抄自同一底本。Breda 6619 抄本亦是颇受争议的版本。西方学者如温斯泰德（R. O. Winstedt）和约瑟林（P. E. De Josselin De Jong）认为该版本"手写字体混乱，多有缺漏，难以识读"。[⑦] 但新加坡学者廖裕芳（Liaw Yock Fang）认为，这一抄本的混乱和缺漏程度与其他抄本并无不同。实际上这一抄本是马

① 朱彧：《萍州可谈》，上海古籍出版社，1989，第 28 页。
② 《旧唐书》卷八九，中华书局，2013，第 2896 页。
③ 冯承钧：《诸蕃志校注》，中华书局，1956，第 28 页。
④ 般陀诃罗（Bendahara）为马六甲王朝时期官职名，类同于宰相，与天猛公（Temenggung）、财务大臣（Bendahari）、水师大将军（Laksamana）共同构成王朝最重要的四位大臣。
⑤ Liaw Yock Fang, *Undang-undang Melaka dan Undang-undang Laut*, Kuala Lumpur: Yayasan Karyawan, 2016, p. 96.
⑥ 荷兰莱顿大学图书馆收藏的两个抄本内容大致相同，只是抄写时间有别，一个抄写于 1827 年 8 月 16 日，另一个抄写于 1838 年 1 月 20 日，本文将其归为一种。
⑦ R. O. Winstedt, P. E. De Josselin De Jong, "The Maritime Laws of Malacca," pp. 22–59.

六甲海法的一个完整版本，因为抄写者使用了多个抄本校对，并在页边做了
多处完善。①

　　荷兰莱顿大学图书馆两个藏本（Cod. Or. 1705，Cod. Or. 1706）分别
于 1827 年 8 月 16 日和 1838 年 1 月 20 日在巴达维亚（现雅加达）办事处被
抄写。虽然损毁严重，但是包含了其他版本所没有的附加条款。

　　莱佛士抄本（Raffles Malay 33，34）是受关注程度最高的版本。1806 年
3 月 5 日易卜拉欣（Ibrahim）受莱佛士委托抄写而成。因其易于识读，流传
程度广，包括杜劳瑞尔（E. Dulaurier）、坎伯（J. E. Kempe）在内的早期
马来法典研究者均采用了这一抄本。②

　　现藏于英国的两个抄本是《马六甲海法》在亚齐王国流传的一个版本。
其中，大英图书馆 1842 年藏本（No. 12395）文本未署日期，由英国殖民官
员、学者约翰·克劳馥（John Crawfurd）于 1842 年获得。伦敦大学亚非学
院 1877 年藏本（MS. 40505）的版本信息提示，这一抄本系 1807 年在亚齐
苏丹扎玛·阿穆尼尔（Sultan Jamal al-Alam Badr al-Munir）统治期间整理
而成。

　　马克斯韦尔抄本（Maxwell Malay）是未被利用的版本，由新加坡行政
长官马克斯韦尔于 1882 年在槟榔屿搜集整理而成。这一抄本中，《马六甲海
法》与《吉打法》《望加锡法》等合刊，不是独立存在。新加坡学者廖裕芳
是《马六甲海法》研究的集大成者，其研究对象涵盖了除这一抄本外的众
多海法抄本。

　　通过版本状况的梳理，可得出如下三项结论。首先，抄本的年份主要集
中于 18、19 世纪，即荷兰和英国统治马来亚期间。新加坡的开埠者莱佛士
爵士停留马六甲期间，不惜重金从各方搜集马来法典、契约等文书，并在制
定新加坡法律时，参考和学习马来风俗习惯。③ 这表明西方学者已经认识马
来法典的价值，以马来法典为殖民统治立法提供本土经验。其次，抄本间
的差异有时并非抄写者的疏漏，而是早期海法根据各个地区的实际情况，

---

① Liaw Yock Fang, *Undang-undang Melaka dan Undang-undang Laut*, p. 2.

② Pardessus, *Collection de lois maritimes antérieures au XVIIIe siècle*, Paris: Imprimerie royale, 1845,
p. 361; J. E. Kempe and R. O. Winstedt, "A Malay Legal Miscellany," *Journal of the Malayan
Branch of the Royal Asiatic Society*, vol. 25, (1952), pp. 1–19.

③ 〔马来西亚〕阿都拉：《阿都拉传》，〔新加坡〕杨贵谊译，热带出版社，1998，第 45、
135 页。

对条文进行适当调整而致。在一些抄本中，《马六甲海法》与其他王国的法典合刊，表明这部海法法典在东南亚海岛王国立法时已被采用与吸收，成为诸王国法典的一部分。东南亚海岛王国以马来语为媒介通用语，是一个马来文化的共同体，因此法典易于在王国间流传。最后，对于同一版本，东西方学者认知存在差异，这与对古马来语的理解、识读能力差异有关。本文对《马六甲海法》的考察，尽量博采众版本之长，以马来西亚国家语文局马来文版①为主要研究文本，以温斯泰德的研究成果②和莱佛士等学者的研究③为参考，增补所缺失的杂项附加条款，以求最大限度还原这部海法的面貌。

概言之，从时间维度来看，《马六甲海法》是长时段航海历史经验的积累和总结，在实际运用过程中不断被增补而完善。从空间维度来看，法典的适用范围覆盖马来群岛，不同抄本适应各地的海事实践。作为马来世界第一部成文海法，该法典是西方势力到来之前，马来法律文化发展成熟的结晶，作为一种上层建筑，反映了几个世纪以来马来世界的社会和经济状况。

二　"三位一体"：海法文化的多重面相

《马六甲海法》本身由条文构成。没有公法—私法的二元对立，也没有法律门类的划分。法典有数个原始手稿，包括莱佛士、温斯泰德、廖裕芳等学者在内的研究者依据不同的手稿版本，整理的法律条文既有重合，也有不同。莱佛士整理的法典文本分为四章，22 类，112 个条目。温斯泰德整理的法典文本分为四章，25 个条目，8 条附录。廖裕芳整理的法典文本分为 52 段，42 个条目。笔者合并各版本间相同内容，综合不同之处，将法典划分为 59 个条目，尽可能包含各整理本的全部内容。④ 其中，涉及船上人员权利与义务的规定有 17 条，禁忌与刑罚 11 条，物权与海商规则 15 条，航行

---

① Liaw Yock Fang, *Undang-undang Melaka dan Undang-undang Laut*, Kuala Lumpur: Yayasan Karyawan, 2016.

② R. O. Winstedt, P. E. De Josselin De Jong, "The Maritime Laws of Malacca, " pp. 22–59.

③ Thomas Raffles, "The Maritime Code of The Malays, " *Journal of the Straits Branch of the Royal Asiatic Society*, no. 3, (1879), pp. 62–84.

④ 条目的数量并不等同于法典的详细程度。莱佛士版虽然条目多，但多个条目描述同一内容，且内容简略。

安全 12 条，海上救援 3 条及立法过程 1 条。本文选取其中体现身份等级、伦理习惯、海商规则的条文，以三个板块论述法典内容，每个板块呈现各自的面相特征。当然，这三种分类并非泾渭分明，而是浑然一体，互为支点，共同架构起《马六甲海法》的复合样态。

（一）印度教式阶序：船上人员构成与权力结构

风帆时代，东西方海船人员结构相当稳定，管理体制也大同小异。《马六甲海法》条文显示，在船上人员构成方面，马来船只与古代中国和欧洲的海船并无二致，这表明海上活动具有普遍稳定性。但是《马六甲海法》把船上所有人员根据身份纳入等级体系，并以条文形式固定相应的权利和义务，赋予船长至高无上的地位，极具东南亚海岛王国特色。

东西方对船上人员身份虽然称呼不同，但实质分工类似。古代中国海舶人员构成为"舶客"与"舶人"。舶客无职司，舶人则要操控整个航程。[①]通行于中世纪地中海地区的《罗得海商法》则将船上人员分为船长、乘客和船员三大类。[②]《马六甲海法》与之类似，将船上人员分为船长（Nakhoda）、船工（Tukang）与客商（Kiwi）三类。依据分工，船工又可划分为舵手（Jurumudi）、锚手（Jurubatu）、大副（Tukang agong）、二副（Tukang tengah）、右舷工（Tukang kanan）和左舷工（Tukang kiri）、领航员（Malim）、左右测海工（Tukang batu）、帆缆手（Tukang gantung）、学徒船员（Muda-muda）和普通船工（Awak perahu），船上所携带的女人和奴隶则属于附属品。

《马六甲海法》在开篇中，以罕见的长篇幅，规定了船上每一类人员身份所对应的马六甲王国权力分层。船长位于船上权力结构的最顶端。法典开篇开宗明义，赋予船长在航行过程中至高无上的权力：在海上，船长如同国王。[③]一般而言，海上活动的风险性和特殊性使得海法通常会赋予船长公权力与私权力以掌控船舶这块"浮动领土"的风险环境与安全秩序。[④]但《马六甲海法》中"船长如同国王"这一规定，把船长的权力推上了顶峰。法

① 蔡鸿生：《广州海事录》，商务印书馆，2018，第 22 页。
② 王小波：《〈罗德海商法〉研究》，博士学位论文，东北师范大学历史系，2010 年，第 57~58 页。
③ Liaw Yock Fang, *Undang-undang Melaka dan Undang-undang Laut*, p. 89.
④ 司玉琢、李天生：《论海法》，《法学研究》2017 年第 6 期。

典在序言部分对此的解释为：

> 如果任由各人内心的欲望发展，则在船上会造成灾难……国王已经
> 制定了马六甲的国内法，在海上亦是如此。船上人员都应该敬畏和尊重
> 船长的权威，所有人都应该遵从这一规则。[①]

可见马六甲国王授权确认船长在海上拥有与自己比肩的权力和领袖地位。法
典还规定了船长在贸易时间、船舱使用、获得物分配等方面的特权和死刑的
准许权。莱佛士爵士认为，船长掌握生杀大权这一特点，是马来民族的特
色，或者说源于东方岛屿特色。因为在阿拉伯人的航海条例中，船长并无权
执行死刑。[②] 莱佛士所言法典的"马来民族"特色，来自印度文化的王权观
念。印度教在东南亚形成了国王崇拜的特殊表现形式。[③] 这一崇拜延伸到海
上，便是对船长至尊地位的推崇。

除了明确船长如国王的最高权力，法典把各船员根据分工对应不同的官
职。舵手如同般陀诃罗，地位重要。锚手执掌船上是非对错判断，如同天猛
公。大副由二副、左右舷工辅助，如同贵族大臣。领航员如同神父，船上的
人如同信徒。除以上统治阶层，还有左右帆缆手、测海工、卫士和普通船
工。另外，客商以资金或劳力乘船，客商分为以资金入伙的普通租客
（Kiwi）和以劳动力入伙的劳力租客（Senawi）。客商由一名客商首领
（Mulkiwi）统辖，客商首领代表客商与船长协商各项事宜。船上允许携带奴
隶和婢女，但他们不具备独立的法律主体地位。[④]

《马六甲海法》于开篇规定船上人员身份等级后，依据不同身份等级，
划分其权利与义务：规定领航员的职责；划分可使用的货舱隔间；分配客
商、船员的货舱份额；规定学徒海员护卫船长、监督值守者的义务等。[⑤] 除
了以上所列举的几方面，法典大部分规定均与身份有关。

《马六甲海法》把船上人员纳入身份等级体系，在条文中依据身份规定

---

① Liaw Yock Fang, *Undang-undang Melaka dan Undang-undang Laut*, p. 90.

② Thomas Raffles, "On the Malay Nation, with a Translation of its Maritime Institutions," pp. 102-159.

③ Robert Heine Geldern, "Conceptions of State and Kingship in Southeast Asia," *The Far Eastern Quarterly*, vol. 2, (1942), pp. 15-30.

④ Liaw Yock Fang, *Undang-undang Melaka dan Undang-undang Laut*, p. 90.

⑤ Liaw Yock Fang, *Undang-undang Melaka dan Undang-undang Laut*, pp. 92-93.

权利与义务的做法，与马六甲王国的思想传统和国内政治状况有关。马来世界早在公元初的几个世纪便与印度交往发生联系，受古印度婆罗门教和印度教思想的影响。印度法学，尤其是其中著名的《摩奴法典》，构成了印度化国家的地方习惯法框架。①《摩奴法典》第一章便交代了种姓制形成的神圣性以及不同种姓的地位。② 印度教法几乎所有法律条文都是对不同种姓阶层权利与义务的规定。法律史学者认为，公元 1～15 世纪东南亚法体系包含于印度法系。③ 虽然这一划分未免笼统，但《马六甲海法》受到印度教法影响为显见事实。加之法典的颁布者苏丹马赫穆·沙是一位具有印度血统的君王④，因此积极吸收印度教的神王思想和婆罗门教身份法，强化王权和等级秩序，并把这一思想体现于法典中。故而在法典中，船长被赋予极大特权，以船上人员对应国内官职体系便也不足为奇了。

　　法典中印度教法的影响未能超出身份法的范畴，关于船上伦理秩序、场所与行为禁忌等方面的内容则呈现另一种特征。

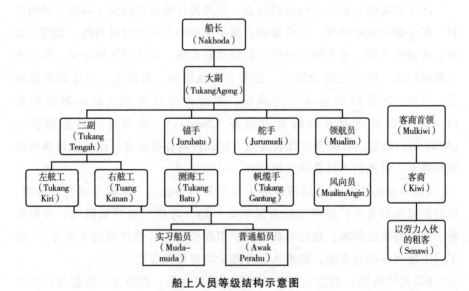

船上人员等级结构示意图

资料来源：由笔者根据法典条文描述整理绘制。

---

①　〔法〕G. 赛代斯：《东南亚的印度化国家》，蔡华、杨保筠译，商务印书馆，2018，第421 页。

②　〔古印度〕《摩奴法典》，〔法〕迭朗善译，马香雪转译，商务印书馆，2012，第 10 页。

③　李力、任海涛、程维荣、王晓峰等：《古代远东法》，商务印书馆，2015，第 22 页。

④　张礼千：《马六甲史》，河南人民出版社，2016，第 89 页。

（二）伊斯兰式伦理与习惯法的并存：船上禁忌与刑罚

《马六甲海法》十分重视船上伦理与秩序，因此法条内容既有对行为的约束，也包含道德的规训。正如法典开篇所言：此法令须世世代代遵守，真主保佑无论在陆地还是海洋上的行为不发生差错。[①] "陆地和海洋行为不发生差错"表明法典首先是一部行为规范守则，然后才是一部海商法。法典所包含的道德、禁忌、刑罚等法律思想不容忽视，体现了伊斯兰式伦理与本土习惯并行的特征。

《马六甲海法》中有数量可观的关于通奸罪的条文。船上的通奸行为量刑时考虑两个因素，即罪犯的社会身份和婚姻状况，对已婚和自由人的惩罚较重。若自由人男女通奸，船长有权处死二人，若男女皆未婚，则鞭打一百下后责令结婚。若双方不愿结婚，则可代之以罚金。若一方不愿结婚，另一方愿意，则过错在不接受结婚一方，处以罚金。若自由人男子与女奴通奸，则须给奴隶的主人赔偿罚金，处罚的严厉程度视女奴是否被其主人长期占有、是否怀孕而酌情决定。但若有人与船员的妻子通奸，船员可处死男子。若奴隶与奴隶通奸，则当众行鞭刑，鞭笞次数由大副裁决。[②]

法典把规训船上伦理关系的条文置于整部法典前部分的重要位置，这在欧洲中世纪的海法中是十分罕见的。欧洲中世纪的海法内容以实务规定为主，殊少包含道德规训的条文。[③] 从立法精神层面而言，法典关于船上伦理道德的条文受到伊斯兰教法的影响，伊斯兰教法重视保护和制约婚姻家庭关系，通奸罪（私通）被列为六种固定刑（Hudud）之首。[④] 但在法律实施层面，显然受到海上习惯的影响，体现了习惯法的特征。比如在举证量刑程序上，伊斯兰教法规定判处通奸罪必须有四名目击证人，罪名成立后，自由人受鞭打一百下，奴隶减半五十下。《马六甲海法》则采取了举证从简的程序，省去四名目击证人的规定。"奴隶通奸所受鞭刑次数由大副酌情决定"的规定表明，通奸罪已由固定刑，变为由船长、大副酌情掌握的酌定刑（Taziz），并且根据当事人是否愿意结婚的意愿，辅以罚金刑替代。诚如以色列著名的伊

---

① Liaw Yock Fang, *Undang-undang Melaka dan Undang-undang Laut*, p. 88.
② Liaw Yock Fang, *Undang-undang Melaka dan Undang-undang Laut*, p. 90.
③ 关于欧洲中世纪海法的内容，参见萁振坤《中世纪欧洲海商法研究（11 至 15 世纪）》，博士学位论文，华东政法大学法律史系，2013 年。
④ 吴云贵：《真主的法度——伊斯兰教法》，中国社会科学出版社，1994，第 66 页。

斯兰海法专家哈桑所言：伊斯兰法虽然在很多国家和地区有影响，但是更多时候，需要尊重和服从于当地的习惯法。① 海上活动的复杂多变需要法律的灵活性和易于操作性，海上实践所形成之习惯更适合实际情况。

《马六甲海法》关于船上习惯的详细规定十分独特，具体表现为对某些空间、场所的禁忌：前舱口是船长和大副专属，普通船员私自占用将被处以鞭刑六下。船尾驾驶台是二副和舵工的工作场所，普通船员进入将被处以鞭刑三下。非工作人员出现在船尾的驾驶台是藐视船长和船上所有人员的行为，等同于不敬国王之罪，应鞭打七下，罚款一两黄金；长厅（Balai lintang）是开会、聚集和协商要事的场所，任何人不得私自逗留在此，否则被罚鞭刑五下；圆厅（Balai bujur）是船上权力阶层的集会场所，如果普通船员私自逗留，将被罚鞭刑五下。②

在温斯泰德的研究中，其中一个抄本的附加条文因颇令人费解而被其忽视，在莱佛士、廖裕芳、杜劳瑞尔等版本中均未提及。此即禁止在船头放置镜子或可反射的物品③。由于船长的活动空间多位于船头，结合法典中关于空间禁忌的规定，此项条文意在保护船长的隐私，在船头放置镜子、可反射物品无疑是对船长地位的挑战，且窥探船长行为有图谋不轨之嫌。除此之外，若在船上争执吵闹，或侮辱船主、客商、大副，则视情节的严重程度量刑，正如对苏丹、大臣官员不敬之罪，须受鞭刑。若客商与船长争执，逼迫船长到船尾，客商也将被处以死刑，但若其伏地跪拜请求原谅，则可以免除死刑，但须赔付4贯爪哇币和一头牛，并在船靠岸进城之后，为穷人提供食物，请求原谅以洗清罪恶。④

《马六甲海法》没有民法、刑法、商法等部门的划分，也没有细致区分侵权与犯罪行为。但在建立船上秩序方面的刑罚措施，体现了一部东南亚海法超乎普通海商法的功能，折射出传统马来社会习惯法的特征。与东方法典酷刑种类繁多的状况不同，法典总体立法取向上广泛适用罚金刑和鞭刑，死刑和极端肉刑的惩罚方式殊少。鞭刑是法典中大量出现的刑罚方式，各种罪行鞭笞的次数在法典中虽有规定，但多数情况下，由执法者视具体情况而

---

① Hassan S. Khalilieh, *Islamic Law of the Sea*, London: Cambridge University Press, 2019, p. 16.

② Liaw Yock Fang, *Undang-undang Melaka dan Undang-undang Laut*, p. 95.

③ R. O. Winstedt, "Old Malay Legal Digests and Malay Customary Law," *The Journal of the Royal Asiatic Society of Great Britain and Ireland*, No. 1, (1945), pp. 17-29.

④ Liaw Yock Fang, *Undang-undang Melaka dan Undang-undang Laut*, p. 97.

定；罚金刑通常作为替代或附加刑在法典中出现，显示了东南亚海岛地区的社会状况——劳动力和依附人是稀有资源。① 因此刑罚不以伤害身体、致残为目的。此外，诸如"用火导致船舱起火者，鞭刑两次，以灰涂面"的耻辱刑在法典中亦有出现。

《马六甲海法》中大量调节船上人与人关系的条文表明，法典显然已经不再仅仅是关涉海事活动的海事法和商业法，亦包含了民法的若干内容与思想。《马六甲海法》关于禁忌、道德与刑罚方式的规定，目的是规训船上人员的行为举止，使得船上行为有序，为航行安全与商业贸易提供基本前提。由于马六甲是东南亚王国中典型的以贸易立国的商业王国，因此法典中关于物权、商事与航行的海商条文才是整部法典的核心所在。

（三）特权与平等的折中：物权、商事与航行规则

自古以来，航海活动与贸易密不可分，而东南亚的贸易与欧亚大陆其他大部分地区之间最明显的差别是：权力与贸易密不可分。② 这在关涉海商的条文中表现得十分明显。在物权与贸易的规定上，《马六甲海法》迥异于罗马法系对私有财产的保护和对物权排他性的强调，③ 赋予船长独特的占有权、分配权和贸易优先权。但商业和贸易的需求是自由与平等。为此，法典也设置了许多条文，意在保护贸易，促进海商的发展。既要保证船长的特权，又要保证相对的公平，因此法典中随处可见特权与平等之间的角力和折中。以下从物权与商事规则、航行安全这几方面进行分析。

1. 物权与商事规则

《马六甲海法》在关于获得物的分配上，船长拥有较大主动权。法典关于离船人员财产分配、拾得物归属和逃奴归属规定的条文十分详细。依据法典所言，船长可获得离船人员和船长债务人的财物；船员在海湾、海岛等地登陆后发现的金银财物须分给船长一半；船员、客商、债务人和奴隶在森林和陆地发现的珍奇物品也要根据各自身份，分别将三分之一、二分之一、三分之二和全部物品交予船长。被发现的逃奴也归船长所有，若逃奴的主人寻来，须支付奴隶价格的一半金额作为赔偿。此处涉及的物权，并不是指无主

---

① 〔澳〕安东尼·瑞德：《东南亚的贸易时代：1450~1680》第二卷，孙来臣、李塔娜、吴小安译，商务印书馆，2017，第 185 页。

② 〔澳〕安东尼·瑞德：《东南亚的贸易时代：1450~1680》第二卷，第 373 页。

③ 〔英〕巴里·尼古拉斯：《罗马法概论》，黄风译，法律出版社，2000，第 114 页。

物的先占问题，而是指拾得物的归属问题。关于海上救援的补偿，法典规定：若海上救援遇难船只，被救者须支付救援金（Layar gantung），自由人每人半两黄金，奴隶四分之一两黄金。如果被救援者携带了财物，则须交纳财物的十分之一。如果撒谎隐匿财物，财物被发现后全部归属船长。[1]

在贸易份额、贸易时间的分配上，《马六甲海法》依据船上人员的身份也有相应规定，船长有贸易的优先权。法典规定：当船只驶入城市，先由船长贸易四天，后由客商和舵手贸易两天，随后才是其他人员交易。船长的贸易份额较大，且具有价格特权。船上的其余人员若贸易份额超过船长，或与船长竞价，则所获钱财全部归船长所有。未经船长知晓，客商若私自携带贵重货物贩卖，所得钱财全部归船长所有。未经船长知晓，携带女奴登船，则该女奴归船长所有，私自携带逃奴同此规定。[2]

《马六甲海法》有维护船长特权的一面，但其作为一部海商法的根本属性，要求法典具有平等与公平的精神，这是促进商业发展的重要条件。法典有一条颇为有趣的规定：若船只停泊时有人在船头钓鱼，船尾有人开玩笑拉了吊钩的线，鱼竿的主人认为鱼上钩而拉扯吊钩，因线拉扯而产生的疼痛传到了主人手里，因此，拉吊钩之人，无论是男或女，甚至船长的妻子，都可以归钓鱼者。[3] 条文确认了海上捕捞物的归属问题，措辞一改法典的严肃、简洁的风格，语言表述方式灵动与活泼，可见法典在强调船长强大的所有权的同时，不乏保证物权平等的东南亚式保护精神。

借贷与税收是海商法的重要内容。《马六甲海法》在借贷与税收方面体现了维护商业平等的努力，即限制利息，禁止高利贷盘剥，维护商业公平。法典规定：借贷跟船者，须向主人承诺抵押黄金三年三个月零三天，否则契约不成立。如果未到还款日期提前还款，须收取资金十分之一作为补偿。如事前有规定，则按照规定的金额收取利息，不可收取过高利息。交付利息后，债务人可带货物离开。否则，船长不允许其离开。[4] 借贷需抵押三年三个月零三天的规定，考虑了海上贸易活动周期长、风险大的特点，因此预留出充足的抵押时间；同时法典认可债权人和债务人在订立契约时双方合意的约定，表明法典即有规则明晰的严肃性，又具有灵活的实用性。法典中还出

---

① Liaw Yock Fang, *Undang-undang Melaka dan Undang-undang Laut*, p. 89.

② Liaw Yock Fang, *Undang-undang Melaka dan Undang-undang Laut*, pp. 91–92.

③ Liaw Yock Fang, *Undang-undang Melaka dan Undang-undang Laut*, pp. 100–104.

④ Liaw Yock Fang, *Undang-undang Melaka dan Undang-undang Laut*, p. 96.

现了违约之债的惩罚性条文：如若客商在未到目的地提前下船，将被收取十分之一两黄金作为补偿；若乘客提前下船，自由人赔偿半两黄金，奴隶赔偿四分之一两黄金。若船只中途返航，乘客无须支付船费和遵守合同。① 这一条文对船方和乘客双方违约的惩罚均有明确规定，保障了整个海运过程中各方的利益。

东南亚的海岛王国以贸易立国。国王们依赖港口的收入，因此港口税收是王国的重要经济来源。《马六甲海法》中对港口税和船税也做出区分。法典规定，船只平安抵达后，船长可抽取十分之二或十分之三的税。有些王国对货舱征收港口税，有些则不征收。每个货舱征收港口税若干货币、布匹和藤条。租客若在船上已付过船税则不需要再支付王国港口税。其中详细列举了几个主要港口的费用：船只到达爪哇，每货舱收取500贯爪哇币和两捆布匹、一捆藤条；到达比马（Bima），每货舱收取600贯爪哇币和两捆布匹、半捆藤条；到达迪穆（Timur），每货舱收取700贯爪哇币，两捆布匹和一捆藤条；到达望加锡（Mengkasar），收取两桶火药、三捆布匹和两捆藤条；到达丹戎布拉（Tanjung pura），收取600贯爪哇币，两捆布匹和一捆藤条。② 法典对港口税和船税的规定，确保了王国的关税收入，更重要的是，有利于遏制国王们无限度榨取财富和挤压客商利益的贪欲，促进海商的持续繁荣。

通过以上内容可知，法典并非只是一部海事相关的船法，亦涵盖与海上贸易相关的港口法、商事法内容，闪耀着经济与理性的平衡思想，显示了法典内容层次的丰富性和多样性。

2. 航行安全

抛开阶序分明的秩序习惯，剥离商品经济的利益考量，"安全航行"是最古老、最基本的要求。在关涉海损、碰撞、船舶出航、安全行驶等方面，人文和公平的理念在《马六甲海法》中得到最充分的体现。

共同海损是海商法中最典型、最具特色的制度，这一制度在《马六甲海法》不同版本中都有相同的表述。共同海损指在航行过程遇到突发意外，为保护船舶和货物，或为了防止发生更大损害而主动采取措施所造成的损害，由船货各方分担。③ 虽然法典中尚未形成"共同海损"这一专业术语，但构

---

① Liaw Yock Fang, *Undang-undang Melaka dan Undang-undang Laut*, p. 99.

② Liaw Yock Fang, *Undang-undang Melaka dan Undang-undang Laut*, pp. 94-98.

③ 司玉琢主编《海商法》，法律出版社，2003，第282页。

成早期共同海损的要件如遭遇危险、货物投弃、合理分担损失等法典均有涉及。如法典关于在海上遇到狂风丢弃物品的原则：如果弃置货物，需要与所有人协商，因为弃置的是属于大家的资产。弃置多少根据待销售货物的数量，货物多则弃多，货物少则弃少。如遇紧急突发弃置情况，则由船长估计弃置。

遇到海盗或骚乱亦是产生共同海损的一种情况。法典规定，若在海上遇拦路收费的海盗船，由于涉及生命众多，所有人员无论男女、贫富、老幼、大小、自由人或奴隶、船长或是普通船工，均按人头缴纳罚金。若船只停靠王国发生骚乱或外敌入侵，所有大小商船需要被征收奉献金以支持军队抵抗外敌。[①] 这表明在维护安全航行方面，船上人员无论身份，勠力合作，体现了海上共同行动中的风险共担的思想。

船舶碰撞是现代海商法的重要内容。在《马六甲海法》中亦初见雏形，法典依据白天与黑夜的实际状况，明确疏忽与过失责任，区分承担不同的责任和赔偿。法典规定，船只在航行中与其他船只相遇，或因为大风巨浪通行困难需要并排行驶，被碰撞损坏后偏航，并因此撞向礁石和海岸。当到达任何一个国家后，被撞方可以向法官申诉，撞船一方负全部责任。撞船者需要赔偿船只损坏和补偿三分之二的损失。以上规定是夜晚或风暴的碰撞的情况，并非出于故意或疏忽。若是白天碰撞，则须赔偿船损者的所有财产损失。[②] 在碰撞问题上，过错原则与赔偿明晰，并可以向法官申诉，表明东南亚王国的海上活动已较为有序、合理，且海上法律与港口法律联动，使执法有保障。

《马六甲海法》还考虑了人为原因造成的事变与延迟，并结合季风状况，对推迟起航时间做出限定。在法典中有如下内容：若船长推迟起航，客商最多等待七天后依然没有起航，则是船长过错。若因延迟等待，错过航行风季，须返还客商所有租金；若客商因为债务或货物的原因推迟登船，而航行季节临近尾声，船长须等候七天，七天后客商仍未前来，则无须再等待，可直接起程。若航行季节仍未结束，船长须再等候客商七天，若仍然未赶到，则船长无须再等待，直接起航。根据季风航行实际情况，兼顾各方利益，增加第二个等待期限，体现了法典的弹性和灵活性。除了客商，船员延迟未能按时起航且离起航季节尚早，船长可等待七天；舵手延迟，可等待十天。若起航季节临近，则等待舵手五天，船员三天。船员生病，需要等待五

---

① Liaw Yock Fang, *Undang-undang Melaka dan Undang-undang Laut*, p. 96.
② Liaw Yock Fang, *Undang-undang Melaka dan Undang-undang Laut*, p. 94.

至七天，若其仍未痊愈，需要寻找另一个人来代替其工作并支付工资。若船长携带无法工作的船员出航，则其余船员平分该船员酬劳，其船上所载资产也被平分。① 这一规定结合了东南亚季风的自然特征，具有人文关怀且合理兼顾其他船员利益的经济性。

综上可知，《马六甲海法》体现了特权与平等折中的平衡特征：船长在船上具有至高无上的权力，但诸多事情需要众人一致决定；有关债与税的规定较为合理，既保证港口王国的税收，又限制国王对财富的攫取；为了航行的安全，在意外事件如海盗、风暴等的应对中坚持一视同仁的原则；能根据季风，因时制宜做出等待迟到者、延迟出航的合理规定，在保障利益的同时，兼具关怀船员的人文精神。

三 "地方性知识"：法典的特征与价值

通过上文分析，《马六甲海法》的版本、时间、脉络变得清晰可考，所呈现的特色亦已明晰。现代观点认为，海法体系的历史局限性在于缺乏国家强制力保障实施，适用和遵守很大程度上靠当事人自觉。② 但是这部古老的海法却很早克服了这一局限性：《马六甲海法》由船长联合提出，以海事习惯为基础，经国王批准颁行。其立法轨迹体现了海法兼具海商习惯的普适性与强制力的保障性。法典版本众多，各个地区的版本之间有因袭、相似，表明法典具有跨王国的区域适用性和共同的文化基础。法典版本间的冲突、差异，表明法典在适用过程中，因具体情况而调整，具有"实践导向"的特征。

考察法典的主体内容部分，可以发现：法典行文风格朴实，法条清晰晓畅，易于操作，使法典得以在以马来语为媒介的东南亚海岛诸王国通行。作为一部传统法典，《马六甲海法》没有精巧的编纂技术，缺乏现代系统的归纳方法；没有精细的法律部门划分，条文之间缺乏系统性和逻辑关联，采用"行为+后果"的表述形式。但是法典内容涉及船上人员与秩序、伦理与习惯、物权与贸易规则、共同海损、船舶碰撞、航行安全等方面，可谓一部包含航行守则、商业规范、港口治理的综合性法典。法典并非只是一部海事法

---

① Thomas Raffles, "On the Malay Nation, with a Translation of its Maritime Institutions," pp. 102-159.

② 司玉琢、李天生：《论海法》，《法学研究》2017 年第 6 期。

或海商法，它丰富多样的层次，已初具现代海商法诸多概念的雏形。

法典内容呈现了三种不同的文化面相，共同展示东南亚古代海岛王国的法文化特征。法典采用印度式等级分明的结构，把船上人员纳入一个系统，以船长为尊，证明受印度文化影响的东南亚王权思想在海船上延伸。外源性的法律如伊斯兰法的移植输入并非法典的全部内容，本土的传统禁忌、伦理观念和习惯亦被广泛应用，体现了当时马来世界对道德规训的重视，极刑与肉刑的殊少采用，显示了东南亚社会重视劳动力的特征。在海商法内容方面，法典中体现的特权与公平之间的角力与折中，体现了东南亚社会以贸易为核心的利益思维方式。本土与外来文化交融，形塑了东南亚的海法文化。

《马六甲海法》的价值维度可谓是多元的。作为一部法律文本，法典定义了东南亚海岛王国的海上习惯，并依靠马六甲王国盛极一时的影响力，为周边的马来诸王国所接受。《马六甲海法》的立法自海事实践中来，又指导海事活动实践，因此生命力强大。即便在马六甲王朝灭亡后，也依然影响了后起的望加锡、布吉斯等非马来王国的海上立法实践。[1] 法典中提到的"港主制度"，得到了葡萄牙旅行家皮列士证实，记入其大名鼎鼎的《东方志：从红海到中国》中。[2] 荷属马六甲时期，港主变为荷兰人。直到英国殖民者根据习惯法传统，制定殖民地法律，大量英印法典被强加于海峡殖民地，后来又被加诸马来亚、文莱、沙巴和沙捞越。[3] 至此，现代的海法制度才逐渐在马来世界确立，可见传统马来海法通行时间之久。在《马六甲海法》影响下的东南亚海岛诸王国海洋法律，构成传统东南亚海法体系[4]，把东南亚海岛诸王国结合成一个联合体。

作为东南亚当地重要的传世历史文本，《马六甲海法》的颁布时间大约发生于16世纪，即公认的世界古代向近代过渡时期。彼时，西方殖民势力尚未影响这片区域。因此，法典可视为东南亚海岛王国传统海法文化发展成

---

① Thomas Raffles, "On the Malay Nation, with a Translation of its Maritime Institutions," pp. 102–159.

② 〔葡〕多默·皮列士：《东方志：从红海到中国》，何高济译，中国人民大学出版社，2012，第245页。

③ Andrew Harding, "Global Doctrine and Local Knowledge: Law in South East Asia," *The International and Comparative Law Quarterly*, vol. 51, (2002), pp. 35–53.

④ 学界一般以地中海、大西洋及北海为中心，划分为三大海法体系（参见邱锦添《海商法》，五南图书出版公司，2001，第14~15页），并无"东南亚海法体系"这一分类概念，但通过对东南亚海岛诸王国海法的文本考察，发现东南亚海法确实体现了如本文所论述的某些独特特征。因此笔者认为存在一套独特的东南亚海法体系。

熟结晶，让我们清楚地了解东南亚本土文化原初的面貌。古代东南亚海岛王国的传世文献本就稀少，诸如《马来纪年》之类的历史文学著作多以奇幻的想象和夸张的描写著称。《马六甲海法》作为一部由王朝颁布的法典，其真实性、可信度对东南亚历史与社会研究的重要性不言而喻。正如梅因在其著名的《古代法》中所认为的那样：知晓先民社会形态的三类证据中，古代法是最客观和可靠的，危险也少得多。[①]

　　作为法律文化现象，《马六甲海法》的形成超越了规则、工具和国家制定的边界，构成深刻的整体文化系统。通过上文论述，可知法典是多重法文化即印度法文化、伊斯兰法文化与东南亚海法文化相互交融与混合的产物。一部海法展示了多种文化面相，这不仅是东南亚海法的特色，在世界海法史范围来看亦是罕见的。如此多元交融的法律文化只有在特殊的环境中得以产生。地理上处于枢纽，文化上处于多种宗教影响下的东南亚海域孕育了《马六甲海法》，法典也成为观照东南亚海域上外来文化如何与海洋文化互动的窗口。法典的影响和适用一直持续到西方现代法律文化进入这一海域，时至今日，法典的文化基因和记忆的形式，融入东南亚的万顷碧波中。

附录：

《马六甲海法》

徐明月 编译

　　说明：《马六甲海法》原始手稿版本众多。本译文根据新加坡著名马来研究学者廖裕芳教授（Liaw Yock Fang）由《马六甲法海》手稿转写整理的马来文版版本[②]、新加坡总督莱佛士爵士（Sir Thomas Stamford Raffles）整理的英文版版本[③]、英国殖民官员温斯泰德（R. O. Winstedt）[④]整理的英文版版本编译而成。由于三个整理本依据的手稿来源不同，导致三个版本的条文

[①] 〔英〕亨利·梅因：《古代法》，郭亮译，法律出版社，2019，第 79 页。

[②] Liaw Yock Fang, *Undang-undang Melaka dan Undang-undang Laut*, Kuala Lumpur: Yayasan Karyawan, 2016.

[③] Thomas Raffles, "On the Malay Nation, with a Translation of its Maritime Institutions," *Asiatick Researches*, vol. 12, (1818), pp. 102–159.

[④] R. O. Winstedt, P. E. De Josselin De Jong, "The Maritime Laws of Malacca," *Journal of the Malayan Branch of the Royal Asiatic Society*, vol. 29, (1966), pp. 22–59.

内容既有重合也有不同。莱佛士整理的法典文本分为四章，22 类，112 个条目。温斯泰德整理的法典文本分为四章，25 个条目，8 条附录。廖裕芳整理的马来文版法典文本分为 52 段，42 个条目。条目的数量并不等同于法典的详细程度。莱佛士版虽然条目多，但多个条目描述同一内容，且内容简略。温斯泰德版与莱佛士版相似度较高，包含一些其他版本罕见的条文。廖裕芳版使用手稿种类最多，内容详细，且以马来文著成，较少受转译影响。本译文主要参考廖裕芳版，结合莱佛士版、温斯泰德版文本，增补廖裕芳版文本正文未包含的关于法典立法和苏丹授权过程、鞭刑实施的习惯、领航员的具体职责、舵手的具体职责、延误出航、客商中途离船、船员替换、救助海上遇险者和渔民、寻回漂走的船只、船长拐带人口、船上各种身份的人员通奸惩罚、船只访客事故认定、船上独特的物权规定等内容条款。本汉译本将三个版本共同之处予以合并，接榫抵牾之处在注释中俱已标出。

　　奉至仁至慈的真主之名，一切赞颂全归真主，真主是众世界之主。虔诚之人福运无边。他的恩典与光辉普照所有子民，他博爱万物庇佑世界以安宁。伊斯兰历 1066 年 5 月 4 日[①]晌午，此法诞生于航海之舟上。法典以此言开篇，所有真主子民得承神之福祉。祈愿航海活动因循惯习，诸事无过，海陆安宁，纷争止息，船民平安。法典统辖之下，皆为血脉相连之兄弟。若无此法，祖辈规矩将被废弛。此法为马六甲王朝时期苏丹马赫穆·沙[②]为国王，达图·般陀诃罗·斯利·玛哈拉惹为般陀诃罗[③]时制定。[④] 法典规训所有船长，船长世代受此规训，后世之船长也应承续此规，奉为圭臬。如有违犯，王国纲纪大乱，海上法度不彰，陆上法度亦将不存。由是，在此条陈所有规矩，任何人不可因私苟行违法之事，任何船长、船主亦无例外。颁行此法，维护船长之权威，众人皆须敬畏。船长在船上犹如国王。[⑤] 舵手犹如般

---

① Seribu enam puluh enam tahun pada tahun Dzal pada empat hari bulan Jamadi'l-awal pada waktu duha. 即公历 1655 年。——译者注，以下所有注释均为译者注。

② Sultan Mahmud Syah（1488-1511），马六甲王朝的末代苏丹。

③ Datuk Bendahara Seri Maharaja，马六甲王朝最高官职名，百官之首，类同于宰相一职。

④ 前文所提，法典制定日期为伊斯兰历 1066 年 5 月 4 日，并非苏丹马赫穆·沙统治时期，此处日期的不一致表明海法最初由马六甲王朝末代苏丹颁行，但流传至今的海法文本多为后世因袭的文本。

⑤ 在温斯泰德和莱佛士等所有文本中，均以船长如同国王。但在廖裕芳文本中，采用"船主如同国王"之说，依据当时马来世界的海运船只状况，在很多规模较小的船只，船主与船长为同一人，因此本文采用"船长如同国王"这一说，后文不再进行区分。

陀诃罗，锚手①犹如天猛公②，判断是非正误，左右舷工各司其职，犹如臣
工辅助大副。③ 舵手、锚手、帆缆手④、客商⑤等船工都受船长掌管。所有船
员⑥由大副掌管，大副将他们分配给二副。⑦ 如果大副吩咐船员，船员违抗
命令，拒不服从，二副则命锚手对其施以鞭刑，鞭打七下。如果船员违抗二
副命令，被鞭打四下，如果船员违抗帆缆手或客商的命令，被鞭打三下。领
航员⑧犹如指路之人。⑨ 按照惯例，鞭刑不可施于举起或裸露的手上，也不
可未经大副知晓，滥用私刑。⑩

　　本条关于学徒船员⑪与海运入伙人⑫在船上犯奸淫之罪。如果双方都是
自由人⑬，则惩罚方式同王国中对奸淫罪的惩罚，即鞭打男子一百下，女子

---

① 锚手（Jurubatu），我国学者在对法典的概要介绍翻译中，将这一词翻译为"测海员"（参
见〔新加坡〕廖裕芳《马来古典文学史》下卷，张玉安、唐慧等译，昆仑出版社，2011，
第 277 页）。但结合法典条文对其职责的描述，即负责锚与船前部分的操作，译者认为译作
"锚手"似乎更恰当。

② 天猛公（Temenggung），马来古代王朝官职名，专司司法、刑狱之职。与般陀诃罗
（Bendahara）、财务大臣（Bendahari）、水师大将军（Laksamana）构成马六甲王朝官职地位
最高的四大臣。

③ 大副（Tukang agung），除船长之外级别最高的船员。

④ 帆缆手在莱佛士版作 Gantang，并直言不明其意。廖裕芳版本作 Gantung，直译为"悬挂"
之意。译者推测指主管升降风帆、负责船桅绳索等工作的船工，类似于我国古代唐船上的
"缭手"一职。

⑤ 在文本中，客商分为客商首领（Mulkiwi）、普通客商（Kiwi）和以劳力入伙、无资金的客
商（Senawi）。此处与船工并列的客商，应为以劳力入伙的客商。

⑥ 船员（Awak perahu），也作 Anak perahu，船员的构成既有普通自由人，也有奴隶、债奴。

⑦ 二副（Tukang tengah），级别比大副低，但也属于高级船员。

⑧ 领航员（Mualim），领航员控制船行路线，决定船行方向。

⑨ 本条在此出现与上下文无衔接，较为突兀，此处应有若干脱文、阙文。缺失的内容可能是
关于违抗领航员的惩罚，但在各个版本中均无此内容。

⑩ 这一规定仅见于莱佛士版。

⑪ 学徒船员（Muda-muda），马来文原意为年轻人，此处指接受训练成为船员的年轻人，根据
他的特权场所、所分得的货舱，其地位似略高于普通船工。

⑫ 海运入伙人（Turun Menogan），克林克认为其意为：未结束航程中途下船之人。（参见：H.
C. Klinkert, *Nieuw Maleisch-Nederlands woordenboek*, Leiden：Brill, 1947, p. 35）；里奥佩与廖
裕芳认为其意为：在船长手下工作但无任何权力的船员。［参见：P. A. Leupe, "Wetboek
voor zeevarenden van het koningrijk Makasaren Boegi op het eiland Celebes," *Tjdschrift voor
NedIndie*, vol. 53, (1849), p. 20; Liaw Yock Fang, *Undang-undang Melaka dan Undang-undang
Laut*, p. 219］译者认为皆误。在词组"Turun Menogan"中，"Turun"意为"参与、一
同"，"Menogan"意为"投掷、标的"，结合法典后文此词组不断出现的语境，译者将其翻
译为"海运入伙人"。

⑬ 自由人（Orang baik），马来语直译为"好人"，引申意为"具有完全行为能力、独立之
人"。在法典中多次出现，指"自由人"，与"奴隶"相对。

五十下。如以罚金代替鞭刑，须缴纳 5 钱①黄金。如果自由人与奴隶通奸，自由人须向奴隶的主人赔偿奴隶的双倍价格，并由大副当众鞭打六十下。这便是船上对奸淫罪的惩罚。

本条关于在船上禁止通奸的规定。任何人与船长的妻子通奸，罪当处死。如果通奸双方都不是奴隶，且女子已婚，船长可下令将其处死。如果双方不是奴隶且未婚。双方均被处以鞭刑一百下并责令结婚。鞭刑可以黄金代替，但依然必须结婚，只有结婚后，女子的罪过才将获得宽恕。

如果自由人与被主人占有的女奴通奸，女奴被主人占有②的时日不久，且通奸并未致女奴怀孕，该自由人须赔偿主人女奴的价格。如果女奴长期被主人占有，且通奸致女奴怀孕，则该自由人被处死。

如果自由人与船员的妻子通奸，丈夫可不经审判把奸夫杀死而无过错。也可把妻子杀死，如果不杀死妻子，妻子被充为船长的奴隶。船长可将该女子处死，或者交由众人讨论裁决。船长将为船员寻找新一任妻子，以使其安心于船上事务。

如果男奴与女奴通奸，他们将受到鞭笞之刑。大副下令所有船员轮流鞭打他们。这便是对奴隶犯奸淫罪的惩罚。③

在船上调戏他人妻女将处以死刑。数次调戏他人妻妾且事实清晰，如果调戏者是自由人，则按身份处以罚金，如果调戏者是奴隶，则酌情处以罚金。

如果在众人面前言语调戏他人女奴满三次，须赔偿女奴的主人。④

本条关于自由人、客商等发现宝物的规定。由于执行工作，在森林或陆地上发现金、银、奇珍等财物，如果发现者为客商，财物分为三份，两份归客商，一份归船主；如果发现者为海运入伙人，财物分为两份，一份归入伙人，一份归船主；如果发现者是船长的债务人⑤，财物分为三份，一份归债务人，两份归船主；如果发现者为船长的奴隶，财物归船长所有。如果获得

---

① 五钱黄金（Lima emas），原文直译为"5 黄金"并无量词，译者借用中国比"两"更小的重量单位描述这一古代马来重量单位。1 钱黄金等于 1/16 两（tahil）黄金，1 两约等于 37.8 克，5 钱黄金约等于 11.8 克。

② "占有"指发生性关系。

③ 关于奴隶通奸、奸淫的规定，仅见于莱佛士版本。

④ 关于言语调戏女奴的规定，见于莱佛士版和温斯泰德版。

⑤ 船长或船主会借贷给有需要的客商一定份额的资金，客商以货物为抵押。此类海运参与方式可视为一种商业风险投资。

他人的逃奴，后遇到逃奴原主，应赔偿奴隶原主一半价格，奴隶携带之物归船长所有。

如果自由人、学徒船员、海运入伙人、客商或船长的家人在港湾等地发现逃跑的奴隶，均归船长所得。如果奴隶携带贵重财物如金、银、奇珍等，亦归船长所得，但应将财物分为六份，一份归发现之人，五份归船长。

本条关于在岛屿或海上发现遇险者的规定。如果遇险者求救：请把我带走卖掉，不要让我死于此处。船长依言将其带走，但船长只在船进入港口前对此人有使用权。如果船长想将此人售卖，应向港主①报告。船长可向此人追索等同其身价一半的救援金。② 遇险者在困境中请求将自己售卖之言并不生效，因为当时他处于困境。③

施救者可向遇险者收取每人半两黄金作为救援金。如果遇险之人物资丢失，需要吃施救者的粮食，救援金增加。

本条关于对渔民的救援。若以鱼钩和鱼线垂钓的渔民船只失事，并被其他渔民救助带走，施救渔民可向被救助渔民收取每人 1 播荷④黄金为救援金。如果遇险渔民仍留在自己的船上，但船的帆和桨已丢失或损坏，此种情况施救渔民可向被救助渔民收取每人 2 钱黄金为救援金，这便是关于对渔民救援的规定。

在海港捕鱼的渔民船只失事遇险时，其规则同海上遇险规则，但归港主管理。⑤

本条关于寻回漂走的船只。如果一艘船被吹离岸，发现该船的人将其带回岸边，此人可向船主索要等同于船价一半的报酬，但有两种情况例外。一种情况为系船的绳索被人故意砍断，船被水流冲走，则船主无需支付报酬；第二种情况为船被人偷走，水流将船带到较远的地方，船主无需向把船带回岸边的人支付报酬。此外，国王、大臣、贵族的船漂走后被寻回可免于支付报酬，但可酌情打赏若干数额。⑥

---

① 港主（Syahbandar），国王委派的管理港口的官员。

② 救援金（Layar gantung），指遇到海难之人向救援之人支付的酬金。

③ 此条仅见于莱佛士版本。

④ 1 播荷黄金等于 1/4 两（tahil）黄金，1 两黄金约为 37.8 克，故 1 播荷黄金约为 9.45 克。

⑤ 关于渔民、渔船救援仅见于莱佛士版本。

⑥ 寻回漂走的船只的规定仅见于莱佛士版本。

本条关于冒犯船长。如果海运入伙者、债务人言语行为对船长无礼，处罚如同在王国内冒犯国王。应酌情处以羞耻刑，如果请求船长宽恕，可被原谅，但仍须执行处罚使其不再犯错。

本条关于航海中可处以死刑的四种情况。第一，对船长行凶作恶。第二，声称或意图杀死船长、大副、领航员、客商者。第三，如果在航行中，其他人未佩短剑，仅有一人佩短剑，此行为与人不同，可被处以死刑。举止行为凶残、在船上作恶多端之人经过船上众人商议，也可被处死而无争议。第四，在船上通奸，可处以死刑。①

本条关于学徒船员在航行中发生争执。如果双方在船长面前拔剑相向，当时被人制止后仍争执不休，船长令人当众鞭打双方，没收武器，处以羞耻刑，使其不再犯错。

本条关于在船舷走道争执打斗。如果双方拔剑，从船尾穿越操纵台或穿过长厅②者，处以死刑。因为船内厅堂如同国王大殿，船长如同国王。

本条关于出资航行前往某一王国。双方约定返航季节后远航，在此期间，如果承运人遇到任何危险，赔偿最多不超过原价格的两倍。

本条关于在航行中防范火灾。任何人生火做饭后必须扑灭火焰，因为火是航行中的危险因素。如果有人做饭后火焰未熄灭，引起伙房着火、船上众人骚动，火被扑灭后，此人需接受刑罚：船上所有人员两人为一组，对其鞭打以示惩戒；其主人严厉警告，令其谨记职责，不可再犯。

本条关于在船上偷窃。如果自由人偷窃金、银、布匹、贵重财物，判罚同在王国行窃之惩罚。如果奴隶行窃，将其带到主人前对质，如果主人知晓奴隶偷窃之事并藏匿财物不告知船主、船长或船员，奴隶被处以砍手之刑，主人被处以偷窃罪，因为藏匿赃物与偷窃同罪。

本条关于债务的规定。债务人未满三年三个月零三天不可随意离船，如果期限届满，可自由前往任何地方。如果时限未到，想提前偿还债务，须交纳双倍黄金并估算其货物价值，征收百分之十税金。如果海运入伙人未到约定日期意图离船，也将被征收百分之十税金，最多不超过此限。

本条关于领航员权利与义务。如果领航员参与海运贸易，依照惯例可分

---

① 廖裕芳版把第三点拆分为两点。通奸判处死刑的规定仅见于莱佛士版。结合法典内容，可知死刑情况的确包括通奸判处死刑，故而增补这一条文。

② 长厅（Balai lintang），与圆厅（Balai Bujur）同为船上重要的议事场所。

得靠舷窗一侧舱室，并可获 2.5 或 3 两黄金作为分红。[①] 风向员[②]依照惯例可分得靠近船尾或舢板的边舱，因为风向员也属于级别较高的船工，只有学徒领航员[③]中为首者才可成为风向员。航行前须做好充分准备，锚绳、桅杆、索具等须准备妥当。启碇扬帆之时，领航员与船工长、左右舷工再三确认，船工长吩咐船上各方人员就位。如果有人未能按时就位，或负责的索具未准备好，将被鞭打四下，以惩罚其擅离职守。

本条关于领航员职责。[④] 领航员的职责是识别适宜的航路。领航员需要熟知大海、陆地、风浪、洋流、深水、浅滩、时令、季节、海湾、海角、海岸、海岛、岩石暗礁、山川走势等状况。知晓何时船行至何处，这些都是领航员职责范围。如果因为领航员疏忽，导致船只触礁或撞岸，船只损毁，领航员将被处死。如果领航员失职或忘记行船路线，但未导致船只损毁，责令其返回港口时以自己的财物施舍穷人，作为其过错的处罚。如果船只损毁并非由于领航员疏忽，则可免除死刑。领航员不可在途中港口离船，这便是关于领航员的规则。领航员在海上如同阿訇[⑤]，其余人如同追随信众。

本条关于客商：第一，客商租用船舱；第二，客商不租用船舱但向船长出资 3 两或 4 两黄金，船长分配船舱及红利；第三，客商首领可拥有七个或八个船舱；第四，客商首领可获得船舷一侧的舱房，因为他是诸客商的首领。王国税只征收八个舱室的份额，除此之外，每个货舱收取八捆帆布。如果以藤条计，每两捆帆布等同一捆藤条。客商在向船长交税之后，无需再交王国税。依据惯例，客商首领作出任何决定前，应先与船长和全体客商商量，这便是关于客商的规则。

---

① 一侧舱室（Sebelah petak），马来文原意为"船舱的一边"，但此处并非指船舱一边全部归领航员所有，而是指舷舱的一个舱室，位置较好。领航员投入一定资金参与海运贸易活动，除分得一个舱室外，还可获得一定数额的分红。

② 风向员（Mualim angin），领航员中主管观察风向者，其职责是依据、利用风向调整船行方向。

③ 学徒领航员（Muda-muda mualim），学徒领航员并非正式领航员，切不可依据此句认为风向员的级别比领航员高。根据分配舱室的位置，显然在马来海船中，风向员地位比领航员低。

④ 本条在廖裕芳版本中较简短，并无领航员的具体职责。在莱佛士版本中叙述较详，故列为补充。

⑤ 此处原文意为"宗教首领"。在马来世界中，对伊斯兰教宗教首领的专门称呼根据层级的不同，有伊曼（Iman）、穆夫提（Mufti）等，因无法确定法典具体所指之层级，且为便于读者理解，此处借用中文对伊斯兰教掌理教务经师的称呼概念。

如果船宽为三至四寻①，船员可分配 1 可央②的装载份额，除奴隶外，其他客商可分配 2 可央的装载份额。如果船宽为 2.5 寻，船员可分配 300 干冬③装载份额，除奴隶外，其他客商可分配 600 干冬装载份额。④

本条关于海上航行的规定。如果遭遇风暴，需要弃货，船长应与船上所有人员商议抛弃何种携带之物，根据所携带货物的多少按比例弃置。如未经商量，船长不加选择地随意弃置货物入海，船长应接受惩罚。

本条关于狂风巨浪导致船舶碰撞（并非出于疏忽大意，而是由于自然条件）或两船并行，相撞，其中一艘损坏，双方船只均有过错，因为海面宽阔可紧急避险。船损赔偿分为两份，一份由被碰撞者承担，另一份由碰撞者承担。

本条关于在航行中与其他船只相遇，并排行驶，通行困难的状况及在海上遇到大风巨浪的情况。如果并排的船只碰撞，被撞船只撞向礁石和海岸，并因此而损坏。当到达任何一个国家后，被撞方可以向法官申述，撞船一方负全部责任。因为海洋宽广，船只可以驶离危险之地避险。碰撞船只须赔偿船主三分之二的财产损失。以上情况是黑夜或因为风暴碰撞，属于疏忽大意，并非出于故意。如果是白天碰撞，则碰撞者需要赔偿船损者的所有财产损失。⑤

本条关于行船中，船员随意在长厅和圆厅停留的惩罚。长厅是重大活动的议事厅，任何人不可在此停留。如果船员擅自在长厅停留，被鞭打五下，因为普通级别船员不可到长厅。圆厅是所有学徒船员重大活动的集会场所，如果有人擅自停留圆厅，被鞭打五下。前舱口除船长、学徒船员和大副外，任何人不可停留，违犯者被鞭打六下。船头驾驶舱及船尾驾驶台是左右舷工的工作场所，任何人不可在此停留，违犯者被鞭打三下。

禁止在船舱前位置放置镜子等可反射物品，防止船长与妻子或情人相处时被偷窥。

本条关于客商首领可在大船后拖曳一条舢板盛放淡水与木柴。

---

① 寻（Depa），古代马来长度单位，指成年人平伸双臂的距离，借用《说文解字·寸部》"度人之两臂为寻"的概念，译作"寻"，并不等同于英美制计量水深单位"英寻"。

② 可央（Koyan），马来语中计量谷物重量的单位。1 可央等于 40 担（pikul），1 担的重量为 62.5 千克，即 1 可央的重量为 2500 千克。

③ 干冬（Gantang），马来语中计量谷物重量的单位。1 干冬的重量为 4.45 千克。

④ 此条仅见于莱佛士版。

⑤ 此条仅见于温斯德版，与前一条对责任的认定有所抵牾，兹胪列以对比。

本条关于行船需要警惕的四件事。第一，留意船上的奴隶与物品，防止奴隶因为看管人疏忽而逃走或作恶。每更鼓轮换一名学徒船员监督值守人，使值守人保持警醒。如果因值守人瞌睡或疏忽使奴隶逃跑，学徒船员须赔偿奴隶的价格，值守人被鞭打六十下。换班轮替时，须有见证人及记录，到二更鼓时与他人交接。第二，交班之后，如果船遇紧急情况漂走、触礁或撞岸损坏，则依据身份等级对学徒船员施以惩罚。若值守人是奴隶，鞭打二十下。如果船只仅是漂走、触礁或撞岸，鞭打八下。第三，值勤期间，如果因为值守人瞌睡、疏忽导致船只进水且未及时叫人补救，值守者被鞭打十五下。第四，值勤期间，当遇其他来船，而值守人和负责监督的学徒船员因瞌睡、疏忽，导致两船接近时未及时招呼示警，须接受惩罚。对学徒船员的惩罚同奴隶逃跑的惩罚，值守人被鞭打七十下。所有学徒船员不可对船上的工作有任何疏忽，方能在航程中诸事平安。为保持清醒，值守者可通过吸食鸦片提神。①

本法制定于马六甲王朝的最鼎盛时期，是所有老船长与所有商人商讨而确定，因为商人也是船上的重要人员，因此得以参与制定此法。名为帕提·哈伦和帕提·伊利亚斯的商人首领、加纳船长、戴威船长、沙赫·米拉和头衔为桑·纳雅·迪拉惹和舍提亚·巴克提大人②是法典的制定者。③ 法典经过商定制成后，提交给马六甲王朝的般陀诃罗，般陀诃罗上呈给苏丹马赫穆·沙。苏丹宣布，以此海法为圭臬，世代遵从，授予船长为海上之国王。④

海上航行诸事，无论大小，皆由大副和二副负责。船只在大副、二副和全体船工的操控下航行。船上的任何刑罚处置由船长定夺。船长把权力分配给大副、二副和领航员，如有任何重大事件，须与船上所有人协商。扬帆启碇之时，领航员对船长、大副和二副宣告：即将起航，值守人注意财物、提醒众人。来往船只防火、防漏水诸事及各司其职诸事，都由值守人提醒。帆

---

① 以吸食鸦片提神这一说仅见于温斯泰德版。

② 此处出现的人名分别为 Patih Harun, Patih Ilyas, Jainal, Dewi, Sahak Mira, Sang Naya Diraja, Setia Bakti。其中，帕提（Patih）是爪哇官职名，在当时的马六甲指爪哇商人。米拉（Mira）是印度古吉拉特人的常见名字。桑·纳雅·迪拉惹（Sang Naya Diraja）和舍提亚·巴克提（Setia Bakti）是马六甲王朝对贵族册封的头衔。从此处的名称可见，法典制定者有爪哇商人、印度商人、马六甲王公、船长。

③ 此处似为法典最初版本的结语，后面内容均为不断增补而成。

④ 此部分只在莱佛士版本中列出，但这一立法过程说明海法由海上习惯发展而成，获得国王授权。因此该部分不宜省略。

缆手须留意绳索工具与等待上船的乘客。如果伙房起火，为做饭奴隶的主人的过错，罚 4 贯[1]爪哇币，如果主人拒不支付罚金，奴隶将被当众鞭打四十下。

起航时，如果桅索、帆索未准备就绪或被偷窃，值守人将被当众鞭打。如果自由人在伙房做饭时因大意引发火灾，罚 4 贯爪哇币。如果船上货物损坏或物品失窃，值守的自由人将被鞭打十下。在船上如果因争执发怒而破坏桅杆、绳索、锚具，须罚 4 贯爪哇币。如果有人在船上争执，并在船长不知晓的情况下拔剑争斗，则武器被没收。如果在船上争执，拔剑从船头穿过中央大厅到船尾放置船桨处，当处以死刑。如以赎金代替，则罚 5 万贯爪哇币。如果客商与船长争执冲突，从船头到达船尾，也处以死刑。如果客商承认错误并请求原谅，则罚款 4 万贯爪哇币、一头牛和一盒蒌叶。

船只抵达任何港口时，如果开展贸易活动，应先由船长贸易四日，随后客商贸易两日，最后才轮到船上其他人员贸易。若船长已在船上协商好价格，但船上若有人不遵守此价格，依惯例船长可将其货物没收并酌情给予一定补偿。未经船长许可，私自夹带贵重物品、商品登船，船长可没收货物并酌情给予一定补偿。[2]

如果未经船长知晓，私自携带女奴上船，船行至海上被发现，船长可将女奴收为己用。私自携带逃奴同此规定。如果船长想中途在港口、岛屿停泊，须与船上众人商量，否则是船长的过错。如果船长想穿越横渡某片海域，也须与众人商量。如果船上众人一致同意，船长吩咐准备好结实的绳索。抵达爪哇，每货舱[3]征收 500 贯爪哇币、两捆布、一捆藤条。抵达比马，每货舱征收 600 贯爪哇币、两捆布、两捆藤条。抵达迪穆，每货舱征收 700 贯爪哇币、三捆布、两捆藤条。抵达望加锡，每货舱征收两桶火药、两

---

① 原文为 "empat paku pitis Jawa"，Pitis 为一种金属货币，中有孔，形类似中国古钱币。Paku 是一个较小的货币单位，实际价值不详且因地而异。在亚齐，1 贯爪哇币约等于 1/6 美元。（参见：Pardessus, *Collection de lois maritimes antérieures au XVIIIe siècle*, Paris：Imprimerie royale, 1845, p. 361）

② 关于停靠海港开展贸易的规则，廖裕芳版较为简略，莱佛士版较详细，故以莱佛士版增补此部分内容。

③ 此处征收的物品以每货舱（Petak）计。温斯泰德认为以船上人头计，杜劳瑞尔认为以货物计，廖裕芳赞同杜劳瑞尔观点。（参见：Pardessus, *Collection de lois maritimes antérieures au XVIIIe siècle*, p. 429）译者认为，petak 在马来语为船舱之意，结合前文出现的"征收八个货舱的税"，可认定为以货舱为计量。

捆藤条。抵达丹戎普拉，每货仓征收 600 贯爪哇币、两捆布、一捆半藤条。①

　　船至爪哇购买奴隶，每八人计为一舱。到比马，每十人计为一舱。至望加锡购买奴隶，每十人计为一舱。无论到达哪个王国，都收取八个舱室的王国税。②

　　本条关于客商中途离船。如果客商在中途自愿离船结束航程，客商不可对船长提出任何要求，船长无需退回其船费。如果客商因为在船上发生争执，为避免冲突升级，不得已而离船，船长应退回其船费价格的一半。如果客商在船上时常争吵和制造纠纷，船长可将其驱逐送返上岸，并酌情退回部分船费。任何乘客在到达目的地之前离船结束航行，即使航程未过半，船费与到目的地者同，不退回任何船费。③

　　如果海运入伙人经船长同意，在途经的王国下船，须收取十分之一的罚金。如果锚手、舵手或高级船工在未经船长知晓的情况下下船，须收取十分之二④的罚金。如果船到达目的国开展商业活动但未交王国税，须告知船长。如果某人想中途离船，说道：鄙人因个人困难，需要离开。船长说：找到替代你的人，如果无人替代，船长再次对其挽留。如果他依然执意离开，则须征收其货物资产十分之二的罚金。如果海运合伙人的货物、淡水、柴火已装船完毕，三天后将起航，但他不能成行，也无人替代，在即将起航前三、四天要求退出航行，须处罚其货物资产十分之二的罚金。

　　如果海运入伙人中途想在海湾或某一王国离船，须征收十分之二罚金⑤，王国税并不包含于此。如果其他王国的奴隶逃跑上船，被主人寻到，原主人须支付 4 贯爪哇币将其赎回。如果在海上才发现逃奴，主人须支付 1 两黄金为赎金。如果奴隶乘船逃走，船长将其找回，则此奴隶不允许再被主人赎回。除船长外，其他人不可携带女奴。如有违反，被船长知晓，将全部收归船长所有，除非船长允许分配予他。如果船长与大副、船员、学徒船员

---

① 本条出现的抵达城市名称原文依次为：Jawa，Bima，Timur，Mengkasar，Tanjung Pura。
② 在廖裕芳文本中，言"以人头计舱室"，指涉对象不明。莱佛士版以奴隶计，结合望加锡与爪哇出口奴隶之史实，以奴隶人头计较合理。
③ 本条由莱佛士版增补。
④ 原文表述即为十分之二，并非五分之一。对船工中途下船征收的罚金更高，是由于船工在航行中承担责任。
⑤ 关于海运入伙人中途离船的规定，莱佛士版征收十分之二的罚金与廖裕芳版征收十分之一罚金认定有所抵牾，兹胪列以对比。

协商，征用他人船只，须为船只主人准备所有补给物品，以宽慰其心。否则人心不安，其余自由人将不会提供自己的船只。

本条关于船行至王国。到达目的国后，在港口停靠，船长被国王或港主召见，船工吩咐所有学徒船员下船陪同船长上岸。如果不服从命令，将会被惩罚。如果开展贸易活动，须与船长、客商和所有船员协商，如果不告知船长，须接受惩罚，以防损害船上众人的商业利益。如果船长需要按惯例携带财物进入城市面见国王，须与客商或全体船员商议，以免日后引发争议。如果船长未与船上所有船员协商而带走某些物品，则为船长的过错。如果某一王国中有国王或港主发布禁令或警告事项，船长须告诫船上所有人员遵守。如果船上任何人违犯，须接受惩罚。如果船员中途无故想要下船，须征收十分之一的罚金，这便是离船的规定。如果船长的债务人中途想在海湾或某一王国离船，债务加倍。

本条关于船只无法出航的规定。如果货物装载完毕，离起航还有两三日，船长离船上岸，此时货物被烧毁或受袭击，则为船长的过错。

本条关于船只被船长停在港口的情况。船长上岸，船上乘客有男有女，船长离船，此时如果船上发生意外，或起火，或被袭击，或有人遇害，则皆是船长的过错。船长因为受国王召见或其他要事需要离船，当众指定一名自由人为众人首领，在船长离船期间，此人也离船上岸。如果船上发生任何意外事故，则是此人的责任，因为船长已吩咐其留守船上。这便是船长委任他人的规定，船长不可随意离船。

本条关于海运入伙人在航程中的规定。入伙人告知船长或其他船员后，下船离开。在此期间，他又登上其他船长的船只。如果他所乘坐的船损坏，不影响先前的入伙协定。如果他之前的船只损毁，他乘坐的船只无事，其货物及入伙协议不再存续。

本条关于海运入伙人前往某一王国。船到达的王国并非目的国，而入伙人想在中途下船，须接受惩罚。无故想中途下船者，惩罚如前款条文所述。如果告知船长后，离开一日，其下船可免受罚金。如果停留时间长达四日或五日，船长对其致歉后可拒绝其再上船。如果入伙人执意中途下船，须征收十分之二的罚金，并须找人替代。如果入伙人想在海湾下船，征收同样金额的罚金。这便是海运入伙人无充分理由下船的惩罚规定。

本条关于海运入伙人与船长出海后返航，如果船未驶入港口，均属于尚未结束航程。

　　本条关于船尚未驶入港口。无论海运入伙人前往何处，都是其过错，因为船未抵达目的地。

　　本条关于海运入伙人随船长出海后平安抵达港口。入伙人向船长请求下船，船长说：妥！自可去寻找食物吧。期间如果船损、搁浅，入伙人无需承担任何责任，因为他已事先向船长请求。这便是海运入伙人的免责条文。

　　本条关于船员上岸买卖的规定。某人看到岸上有货物买卖，讨价还价达成一致价格后，他支付定金离开，约定次日再取货物。他离开期间，其他人前来，看上之前他所预定的货物，于是将货物买走并带上船，双方发生争执，则应交由船长裁夺。船长向第一位购买者支付定金价格后，将货物没收，船长获得此物。

　　本条关于客商与船长出航，前往客商指定的某一王国。到达王国后，船停靠港口。此时如果风从陆地吹来，船因锚绳松动而漂走，客商须赔偿相当于其一半货物价格的赔偿金。

　　本条关于客商与船长出航，前往客商指定的某一王国。到达王国后，停靠港口，客商下船买卖货物四日。此时如果风从陆地吹来，船因锚绳松动而漂走，为避免触碰损坏，不可采取任何措施，任由船只漂流后再重新起航。此时客商无过错，因为他已离船四日。

　　本条关于携带黄金、布匹、短剑等物出海者。期间如果他瞌睡，遭遇敌人受惊逃跑，逃往一块陆地，留下黄金、布匹、短剑等物在船上。他返回船后，须交出部分黄金作为罚金，因为他存在疏忽过失行为。作为罚金的黄金必须是随身携带于腰间的贵重黄金。风上之国的人，一般把黄金存放于盒子中；风下之国的人把黄金与短剑一同系在腰间随身携带，因为都是贵重物品。布匹是大宗低价货物，因此作为罚金的黄金和短剑必须是高质量的贵重物品，不可以廉价低劣的短剑作为罚金，这便是规定。

　　本条关于海运入伙者。如果他想中途在海湾地带下船，须按货物价值征收罚金，这便是规定。如果以大米、谷物抵税，税率与主人货舱的其他物品税率同。必须以质量上乘的大米或谷物充税。如果底部的大米或谷物潮湿，表明货箱潮湿，其罪充奴。① 如果顶部的大米或谷物潮湿，可能由于候船之人坐于其上而潮湿，把潮湿部分折算扣除。大米或谷物的主人须承担前往各个王国的王国税，征税规定同货舱税规定。

――――――――――――

　　①　充奴（Masuk ulur），马来古代法典中一种常见的刑罚，充奴之人不可被赎身。

本条关于船队出海航行，若未能全部抵达，则按航程收取费用。退还货舱款一部分给货物主人，一部分给租用货舱者。进入任何一个王国开展贸易，不再按舱室收取费用。[①] 这便是船队出海贸易未能全部按时抵达的规定。

本条关于承运他人托运之货物及自己资产、货物的规定。影响承运安全的三个因素是：第一，风浪；第二，火灾；第三，国王的军队。承运的货物或资产丢失，罪当充奴。

本条关于舵手的规定。[②] 舵手的职责是在航程中掌舵、照管各类器具，如遇海盗，须与之英勇战斗。临近起航，舵手应检查各类绳索。保证舵索[③]与舵杆状况良好，避免在海上碰撞。

如果船停靠港口时没有仔细检查各个部件，船行至海上时触礁或碰撞；舵索损坏无法替换或锚绳断、锚柱折导致与他人船只相撞，则为舵手的罪责，因为他疏忽未在港口检修。

本条关于舵手在海上航行的规定。起舵时，舵手应查看拖缆绳索是否松动或折叠，如有此状况，吩咐船员系紧。如果绳索断开，舵手无罪，因为他已吩咐他人处理只是他人并未遵从，这便是关于舵手的规定。

本条关于舵手夜间行船。当所有人员入睡，舵手也要前后左右观望，观察台风是否来临。如果没有向所有船员、客商和海运入伙人预告，台风来临时船上众人受惊，舵手须接受惩罚，因为台风来临前舵手须向众人预警。

本条关于锚手停靠岛屿。众人在海上航行，锚手应全程在场。锚索、锚具等不可损坏，锚石重量不可比之前惯例轻。如发现锚索、锚爪等部件损坏应及时更换。如果锚石重量不足，应增加锚石重量。如果因为锚手的疏忽，停靠在岛屿的船只漂走或触礁撞岸，则锚手须因为其疏忽而接受惩罚。

本条关于锚手。船只停靠岛屿或海湾时，锚手不可离船。锚手须清点、整理其他船员带回的淡水、柴火等补给，锚手不可下船。如果是年长的锚手，可下船，但必须有另一位锚手在船上待命。

---

① 此处原文为"putus harga petak"，意义不明。廖裕芳解读有两个意思，其一为：船舱价格灭失（hilang harga petak）。其二为：最接近的价格（harga yang paling dekat）。根据上下文，译者认为由于船队船只未能全部如期抵达，因此开展贸易时免除应承担的王国税，因此译为"不收取舱室费用"。

② 关于舵手规定的条文，以莱佛士版本增补。

③ 舵索（Perampat kemudi），把舵轮固定在舵柱上的绳索。

　　本条关于成为船长的规定。船主召集所有船员，所有船员到齐后宣布：船上诸君，这是鄙人所任命的船长。船主警示所有船员：违抗船长者，如同违抗船主，并在众人面前赠予船长宝剑一把、藤鞭一条、绳索一捆、枷锁一副。如果船员有反叛意图，以宝剑杀之。如果船长下船进入王国拜见国王，陪同不愿跟随，以藤条鞭笞之。如果船员违抗船长命令，以绳索缚之。如果船员无故滞留他国不归，以枷锁锁之。这便是船长的权力规定。

　　本条关于拖曳舢板的规定。如用舢板未装载大米、谷物，装货之人罪当充奴。如果舢板未损坏或进水而被弃置，所有负责之人罪当充奴。如果船只在海上损毁，所有人员登上舢板，只要尚未靠岸进入王国，所有人可食用舢板上的大米、谷物。进入王国后，大米、谷物的主人可索要赔偿。这便是关于拖曳舢板的规定。

　　本条关于延误出航。风季临近结束，船长尚未如约起航，客商等待七日。等待七日后，如果船长仍未能起航，风季结束，船长应全部退回客商租用货舱的资金。如果客商延误，风季临近结束，船长等待七日。等待七日之后，客商仍未能按时出发，船长可起航离开，无需任何赔偿。如果尚未到起航之日，而风季临近结束，船长决定起航，他应通知客商并与之协商在七至十五日内起航，如果客商未做好准备，船长可不携带客商起航离开。①

　　本条关于船员生病。船长应等待五至七日，如果仍未恢复，其余船员催促：没有他，我们无法出航吗？船长应找人替换，并把生病之人工资付给此人。此人不能为船上的船员，因为一个人不可能完成两份工作。如果船长找不到可替代之人，则生病船员的工资归船长所有，其货舱配额由所有船员均分。②

　　本条关于拐带人口的规定。如果国王的奴隶被拐带上船，船长被处死。如果般陀诃罗或大臣的奴隶被拐带上船，船长被罚金10两1播荷。如果普通人的奴隶被拐带上船，船长要归还奴隶并支付等同于奴隶价格的罚金。如果船长拐带港主的奴隶，根据法律规定，他的财产将被没收并处以10两1播荷的处罚，除非港主愿意赦免他。如果船长拐带儿童、青年或不交纳税金，当他返回港口时，他的财物被扣押，并处以罚金，因为他不遵守王国的

---

① 关于延误起航的规定仅见于莱佛士版。
② 关于替换船员的规定仅见于莱佛士版，并且此处是法典唯一一处涉及船员工资的描述，除了这一条文，法典再无涉及船员工资的内容。

规定，但国王有权赦免他的罪行。①

　　本条关于在海上遇拦路收费的巡逻船只。由于涉及人口众多，船上所有人员无论年龄大小，财富多少，身份为自由人或奴隶，都须缴纳罚金，否则充奴。如果在王国内发生骚乱或外敌入侵，所有大小商船人员须参与共同抵抗。②

　　本条关于登船舷梯的规定。如有外人到访登船，因舷梯松动、断裂摔落受伤或摔断肢体，船长须医治和赔偿，因为是船长疏忽未检查船上的工具，而舷梯是人员上下船的重要工具，如果舷梯失火被烧，则是到访人员的责任，罚 2.5 两黄金。如果奴隶引起舷梯失火，则其主人被罚 3 贯爪哇币。如果主人拒不赔付，则鞭打奴隶四下。③

　　如果船只停泊时有人在船头钓鱼，船尾的人开玩笑拉了吊钩的线，鱼竿的主人以为鱼上钩收线。无论线的另一头是任何人，无论男女，甚或船长的情人，都归钓鱼者所有。④

（执行编辑：罗燚英）

Multiple Faces：The Text and Historical Value of the *Undang-undang Melaka*

Xu Mingyue

Abstract：The *Undang-undang Melaka* was first promulgated in the 16th century by the Kingdom of Melaka to regulate maritime conduct and trade activities. Later, it was adopted by many Southeast Asian Archipelago kingdoms and became a common maritime law in the Malay world. The numerous editions of the Code indicate its practicality as a maritime customary law. Its contents include identity hierarchy, ethical order, commercial custom, criminal law and so

---

① 关于拐卖人口的规定仅见于莱佛士版。
② 此条仅见于温斯泰德版本。
③ 此条仅见于温斯泰德版本。
④ 此条仅见于温斯泰德版本。

on, which embody four aspect of Hindu Law, Islamic Law, Customary Law and Maritime Law separately. It shows the integration of Southeast Asian multi-religious customs. The legal origin and structure of the legislative body of the Code are also characteristic. The study of this text is helpful to deepen the understanding of early Southeast Asian legal history, religious and cultural history, and broaden the field of comparative jurisprudence.

Keywords: *Undang-undang Melaka*; Southeast Asia; Legal Culture; Pluralism

学术述评

海洋史研究（第二十辑）

2022 年 12 月　第 299~308 页

卡鲁姆·罗伯茨著《假如海洋空荡荡：
一部自我毁灭的人类文明史》述评

陈林博[*]

　　近年来，有关人类活动与海洋环境关系问题的环境史研究佳作不断问世。美国环境外交史学者库克帕特里克·德西（Kurkpatrick Dorsey）用简洁明快的笔调描述了 19 世纪初捕鲸业如何向世界范围内扩张，各国的捕鲸政策、捕鲸行为如何重塑了全球海洋生态系统的过程。[①] 美国海洋环境史学者格雷戈里·T. 库什曼（Gregory T. Cushman）独觅蹊径，书写了候鸟迁徙、海洋环境变化与太平洋诸岛国经贸活动的关系，强调了岛民对鸟粪的依赖。[②] 加拿大国际史学者丽萨·K. 韦德沃茨（Lissa K. Wadewitz）则跟随北美太平洋鲑鱼的洄游路径，描写鲑鱼洄游如何引起美加两国边界的渔业争端，影响两国鲑鱼产业集群和分布。[③] 从这些研究者的论述主题、引用文献和历史观念来看，他们的创作灵感，很难说不会受到《假如海洋空荡

　　* 作者陈林博，中央民族大学历史文化学院讲师。
　　本文为国家社会科学基金重大项目"环境史及其对史学的创新研究"（批准号：16ZDA122）阶段性成果。

① Kurkpatrick Dorsey, *Whales and Nations*：*Environmental Diplomacy on the High Seas*, Seattle：University of Washington Press, 2013.

② Gregory T. Cushman, Guano and the Opening of the Pacific World：A Global Ecological History, New York：Cambridge University Press, 2013.

③ Lissa K. Wadewitz, *The Nature of Borders*：*Salmon*，*Boundaries*，*and Bandits on the Salish Sea*, Vancouver：University of British Columbia, 2012.

荡：一部自我毁灭的人类文明史》（*The Unnatural History of the Sea：The Past and Future of Humanity and Fishing*）（以下简称《假如海洋空荡荡》）一书的启发。在作者卡鲁姆·罗伯茨（Callum Roberts）所构建的长时段、全球性海洋渔业与环境变迁的历史语境中，后续的研究者才可以在中短时段的视野下，开拓某地或是某物种的精细化研究。正如德国生态学者凯瑟琳·S. 曼内（Kathleen S. Máñez）和丹麦环境史学者波·保尔森（Bo Poulsen）所评价的那样："该书在海洋环境史研究领域的拓展、唤醒公众的环保意识、充分运用跨学科成果等方面都做出了卓越的贡献。"① 可以说，《假如海洋空荡荡》一书不但是近年来海洋环境史研究领域内不可多得的代表作品，也不断激励着未来的研究者在海洋环境史领域内不懈耕耘。

一　该书简介及作者信息

《假如海洋空荡荡》一书的影响力并不仅仅局限于此。回首 2007 年，该书英文版正式出版。② 据微软学术搜索引擎显示，截至 2021 年 3 月 21 日，该书被海洋渔业科学、海洋生态学、海洋生物学、海洋环境化学等领域的研究者引用了 648 次，各学科研究者为该书撰写的学术类书评不少于 20 篇。③ 十余年间，该书英文版再版 5 次，获得《华盛顿邮报》《全球邮报》等十几家全球性媒体的高度赞扬。2008 年，该书斩获美国环境记者协会所颁发的"蕾切尔·卡森环境图书奖"，并获得《华盛顿邮报》所评选的"2007 年十大好书"荣誉称号。

锦上添花的是，这样一本"畅销的学术类书籍"在初版的 7 年后，正式与中国读者见面。2014 年台湾的我们出版社正式出版了吴佳其所译的繁体字译本，将其名意译为"猎杀海洋：一部自我毁灭的人类文明史"。④ 两年后，北京大学出版社发行了该译本的简体字版，译名改为"假如海洋空

---

① Kathleen S. Máñez and Bo Poulsen, *Perspectives on Oceans Past：A Handbook of Marine Environmental History*, Berlin：Springer, 2016, pp. 3-4.

② Callum Roberts, *The Unnatural History of the Sea*, Covelo：Island Press, 2007.

③ https：//academic. microsoft. com/search? q = The% 20Unnatural% 20History% 20of% 20the% 20Sea%2C&f = &orderBy = 0&skip = 0&take = 10, 访问日期：2021 年 3 月 21 日。

④ 〔英〕卡鲁姆·罗伯茨：《猎杀海洋：一部自我毁灭的人类文明史》，吴佳其译，台北：我们出版社，2014。

荡荡：一部自我毁灭的人类文明史"。① 中译本出版后，同样获得了两岸读者的赞赏和喜爱。

《假如海洋空荡荡》一书在学术界和公共知识传播领域大获成功，与罗伯茨的孜孜不倦的求学努力、山容海纳的全球视野和恢恢有余的环保传播密切相关。从 1987 年取得博士学位，罗伯茨一直从事海岸带保护、渔业资源和海洋生物保护方面的研究。罗伯茨笔耕不辍，独撰著作 3 部、合撰著作 16 部、撰写研究报告 50 余篇，发表学术论文 120 余篇。他曾在苏伊士运河大学（Suez Canal University）、维尔京群岛大学（University of the Virgin Islands）、纽卡斯尔大学（University of Newcastle）、哈佛大学和约克大学访学或任教，足迹遍布全球各地，为该书的写作积累了相当丰富的资料。近年来，除担负科研教学和政府咨议工作之外，罗伯茨还致力于海洋环保文化的传播与普及工作。为贴近公众口味，他撰写了 60 余篇科普类文章，创办环保网站，担任纪录片《BBC 蓝色星球 2》（BBC Blue Planet 2）的科学顾问。② 由于罗伯茨在科学研究和知识普及方面做出了极大的贡献，他曾被《BBC 野生生物杂志》（BBC Wildlife Magazine）评选为"英国 50 名最具影响力的环保英雄之一"，被《泰晤士报》评选为"英国 100 名最重要的科学家和工程师之一"。③ 罗伯茨的学术研究和社会实践，为撰写《假如海洋空荡荡》打下了坚实的基础。

二　该书特色

在历史观念、史料运用、研究对象、研究方法和叙述风格等方面，《假如海洋空荡荡》具有太多与众不同的闪光点。《假如海洋空荡荡》一书全文约 30 万字，分为三部分，共计 26 章，分述殖民时代以前的海洋渔业史、工业化密集捕捞时期的渔业史和未来海洋渔业的畅想。与多数环境史著作相类似，该书也呈现了一条典型的衰败论逻辑线索：殖民时代以前，未受人类染指的那片海洋，呈现了一幅龙腾鱼跃、欣欣向荣的美丽景象。而工业革命之

① 〔英〕卡鲁姆·罗伯茨：《假如海洋空荡荡：一部自我毁灭的人类文明史》，吴佳其译，北京大学出版社，2016。

② https：//www. york. ac. uk/res/unnatural - history - of - the - sea/about/index. htm，访问日期：2021 年 3 月 21 日。

③ Callum Roberts, *Biography*, p. 1; Callum Roberts, *Curriculum Vita 2017*, pp. 1-10, 12-18.

后渔业规模的不断扩张，造成了渔业资源的持续衰退，原本和谐稳定的海洋生态系统也不复存在，满目疮痍的海洋为未来渔业管理增加了不小的难度。第一、二部分中几乎每章都沿袭了这样的叙述逻辑。其实，并不是作者故意套用"开发—破坏"模式重复叙述，而是相似的历史问题在不同时空重复上演。衰败论的观念，不仅体现在罗伯茨对人类捕捞行为所带来的一系列连锁生态恶果的细节描写之中，也体现在作者对技术决定论的深入反思中。为何渔业技术越进步，渔业资源衰退越迅速？罗伯茨认为，只有了解海洋渔业史，反思大规模现代化渔业对鱼类和海洋环境的复杂影响，才能提出有效的解决方案，追寻更加美好的未来。[①] 虽然罗伯茨在该书结尾乐观地提出了"构建海洋保留区"等七个保护海洋生物的具体构思，但萦绕在作者和读者心头的那种忧愁阴暗的衰败情绪，却无法被文中所展现的美好未来轻易地冲散。总之，采用衰败论的叙事格调，生动地描绘海洋渔业发展的明晰轨迹，深入地反思现代性，就是该书最为鲜明的研究特点。

在史料的搜集方面，《假如海洋空荡荡》走在了海洋环境史研究的前列。该书的史料来源大致可以分为三大类。第一类是殖民时代、工业化时代保留至今的各类原始资料。这部分史料种类繁多，包括与渔业生产和环境变化有关的航海日志、探险家游记、贸易商人手稿、殖民地宣传册、政府文件以及法庭庭审记录等。第二类是二战后商业捕捞渔民、休闲渔业者和鱼产品加工业者的大量口述史料和采访记录，其中不乏作者亲自采访而获得的一手史料。第三类为渔业科学、海洋生物学等自然科学学者撰写的研究报告和科技论文。这部分史料更是传统海洋史研究者极力回避且尚未充分利用的。以种类丰富、数量众多和内容独特的史料为基础，罗伯茨可以更加轻松地挥舞如椽巨笔，描述全球海洋渔业变迁的宏大主题。

《假如海洋空荡荡》一书的贡献还在于，罗伯茨对传统海洋渔业史、海洋环境史研究对象的重新认识和挖掘。该书的研究对象种类繁多，既涵盖鱼类、哺乳动物等海洋生物，又包括河口、海岸带等具体的生态系统，还研究拖网、流网等作业方式。海豹、鲸鱼、鳕鱼等海洋生物，都是传统海洋渔业史的主要研究对象，研究成果十分丰富。罗伯茨则从海洋环境史的新视角予以重新解读。以鳕鱼渔业史为例，罗伯茨的研究不似美国公众史学家马克·科尔兰斯基（Mark Kurlansky）关注鳕鱼渔业的扩张与捕捞技术的传播，也

[①] 〔英〕卡鲁姆·罗伯茨：《假如海洋空荡荡：一部自我毁灭的人类文明史》，第253页。

不同于加拿大政治经济学家哈罗德·亚当斯·因尼斯（Harold Adams Innis）探索世界贸易之中鳕鱼制品地位的波动变化，更不像加拿大作家艾利克斯·萝丝（Alex Rose）在回顾渔民的悲伤经历之中感受历史脉动的世事无常。① 发挥本专业优势，罗伯茨更加关注的是渔业活动、渔业管理、鳕鱼种群变化和海洋环境间复杂的生态关系，明确得出了"过度捕捞才是鳕鱼渔业崩溃的罪魁祸首"的结论，丰富了现有的海洋渔业史研究。② 而对于海牛（Trichechu）、橘棘鲷（Priacanthidae）、红鳍笛鲷（Lutjanus erythopterus）、珊瑚等海洋生物以及公海、深海水域的渔业活动，罗伯茨也给予了见微知著的渔业史梳理。目前，学术界对上述物种及水域的自然科学研究极其薄弱，而关于它们的历史学研究则更加罕见了。因此，不敢说该书摘得了"拓展了海洋史研究对象"的首创之冠，但它"填补了海洋渔业史、海洋环境史领域的大片空白"并不为过。

凭借深厚的海洋生物学知识储备，罗伯茨经常介绍并运用各种渔业科学研究成果和方法，用以解释各水域渔业资源衰退的历史现象。利用近代以来有限的渔业资源数据，倒推几十年甚至上百年前的鱼类资源量的波动变化，在历史学者看来或许还是某种新鲜大胆的尝试，而在渔业资源学领域早已成为耳熟能详的基础方法了。在各章中，罗伯茨非常注意对这方面研究成果的搜集和运用，以此廓清渔业资源由盛而衰的历史趋势。在引用、介绍渔业科研成果的同时，罗伯茨也对这些研究方法的局限性保持着高度的警惕。他反对科学家忽视对整个生态系统的综合评估，只依据简单的数学模型计算结果去保护单一鱼种。最令罗伯茨痛心疾首的是，最大持续产量理论（Maximum Sustainable Yield）在实际渔业管理中的大幅范围滥用。③ 北大西洋鳎鲽鱼、加利福尼亚湾石首鱼的衰退就是证明：对于此类资源丰量低、生长周期长、环境依附性强的底栖鱼类来说，忽视对该鱼种及其环境的关系考察，机械套用"保证50%的种群数量未受开发，即可实现最大持续渔业生产"的管理策略，无异于让它们蒙受灭顶之灾。④ 罗伯茨运用丰富的科研成果和缜密的

① 〔美〕马克·科尔兰斯基：《鳕鱼》，韩卉译，机械工业出版社，2005；Harold Adams Innis，*The Cod Fisheries：The History of an International Economy*，Toronto：University of Toronto Press，1954；Alex Rose，*Who Killed the Grand Banks：The Untold Story Behind the Decimation of One of the World's Greatest Natural Resources*，Toronto：John Wiley & Sons，2010。
② 〔英〕卡鲁姆·罗伯茨：《假如海洋空荡荡：一部自我毁灭的人类文明史》，第210页。
③ 〔英〕卡鲁姆·罗伯茨：《假如海洋空荡荡：一部自我毁灭的人类文明史》，第331、333页。
④ 〔英〕卡鲁姆·罗伯茨：《假如海洋空荡荡：一部自我毁灭的人类文明史》，第315、333页。

论证，为诸多海洋生物资源的衰退史做出了更加周密而合理的解释。

　　与该书丰富的研究对象保持高度一致的是，该书写意洒脱、不拘一格的叙述风格。罗伯茨思绪飞扬、信马由缰，时而站在加勒比海的渔船上眺望远方，时而纵身跃入大浅滩的潜水海域触摸斑斓海底，时而驻足英国小渔村聆听风的低吟。罗伯茨抛弃了历史学者惯用的"他者"视角，而直接切换为"主体"视角。他经常以故事亲历者的身份直接进入历史情境中，而读者的神思也会随之被代入。这种强烈的主体叙事风格，使该书的故事十分引人入胜。作者编织了一个又一个相互关联却不相同的故事，让读者瞬间感受到急迫的阅读体验。故事与故事之间的缝隙，那些光怪陆离的无人世界，那些触目惊心的杀戮场景，留给读者太多想象的空间。一时之间，罗伯茨仿佛化身为维吉尔，驾着渔船，搭载着化身为但丁的读者穿越古今时空，游历天堂般的奇妙历史到地狱般的惨烈现实。罗伯茨能将如此散乱、残破的史料组织起来，编织无数曲折动听的故事，使得众多历史学者啧啧称奇。① 强烈的感情色彩，生动的语言表达，更加烘托了衰败论叙事下的论述主题：不可持续的海洋渔业，正不断蚕食着神圣而伟大的海洋，使之走向毁灭。

三　该书的不足

　　当然，《假如海洋空荡荡》一书并非完美无缺，它所展现的衰败论调，正面临着多种挑战。罗伯茨有意无意地在回避一个核心问题：海洋生物究竟需要恢复到何种状态，才可谓达到了它们繁衍生息的理想状态？当然，把这个世界性难题抛给作者去做出完满的回答，是强人所难的。尽管罗伯茨也没有一个明确的回应，但他在该书的第三部分简单地表露了这样一种倾向：前工业化时代美好的海洋生态环境，被工业化渔业撕成了碎片，变成今日满目疮痍的破败景象。因此，未来的渔业规模和环境影响力至少应该回到前工业化时代，让昨日的历史场景在明日再现，这样才能"恢复丰富的海洋"。② 我们暂且不论这个设想如何在未来的渔业管理中实现，毫无疑问的是，这种观点很难完全摆脱历史循环论的嫌疑。当然，此种著作出自非职业史家之

---

① Jonathan Yardley, "Book Review: The Unnatural History of the Sea," *Washington Post*, July 29, 2007; Martin W. Lewis, "Despoiled Seas: The Unnatural History of the Sea," *National Academy of Sciences*, Fall 2007, p. 92.

② 〔英〕卡鲁姆·罗伯茨：《假如海洋空荡荡：一部自我毁灭的人类文明史》，第 327~340 页。

手，也是可以理解的。一些研究者也提出，前工业化时期的海洋确实要比今天的海洋更加繁盛。[①] 但是，罗伯茨所认识的前工业化时代的海洋，一定是完美无瑕的世外桃源吗？

由于罗伯茨对史料的批判并不到位，造成他对前工业化时期某些历史事实的误读。未经去粗取精，罗伯茨不证自明地把很多奇谈怪论、野史杂记看作"历史事实"，大谈前殖民时代未被人类玷污的"纯净海洋"。例如，"踏着鱼背过河"的故事，本身就是流行于印第安部落中的传说，被探险者罗伯特·贝弗利（Robert Beverley）以吸引眼球的目的辑录出版，却被罗伯茨直接引用，作为前殖民时代北美洲鱼类丰富的重要"证据"。[②] 如此夸张的海洋，是否曾经真实存在？作者不严谨的考证很难令读者心悦诚服。相反，现有研究已经表明，前工业时代的海洋开发并非浪漫童话，人类过度开发渔业资源的情况时有发生。[③] 由于史料分布并不均匀，部分篇章缺少足够的史料支撑，"孤篇为证"的情况在第16~21章中大量出现，其对史料的把控和论证严密性明显不及前文。虽然我们不能苛求所有的历史著作都能够还原历史事实，但是，无限地接近历史事实，却是史家的职责所在。显然，罗伯茨笔下的很多前殖民时代的"历史事实"，却与这一标准相去甚远。依照如此"历史事实"，再去呼吁"恢复"历史上"丰富的海洋"，只是作者在一厢情愿地勾画海市蜃楼般的美妙幻影罢了。

罗伯茨对海洋渔业史梳理得极为细致，但他过于强调过度捕捞所造成的恶果，并没有更多论述其他因素、其他环境保护的历史事实对海洋生物的影响。相关研究显示，近300年以来的沿岸海域，过度捕捞、海底矿物开采、水体污染及富营养化、物种入侵等人类活动造成了90%以上的物种衰退，65%以上的海洋生物栖息地破坏。[④] 这促使我们进一步思考：在近百年来全

① Christina Giovas, Arianna Lambrides, Scott Fitzpatrick, et al., "Reconstructing Prehistoric Fishing Zones in Palau, Micronesia Using Fish Remains: A Blind Test of Inter-analyst Correspondence", *Archaeology in Oceania*, Vol. 52, No. 1, 2017, p. 45.

② Robert Beverley, *The History of Virginia*, 1706, p. 39, http://docsouth.unc.edu/southlit/beverley/beverley.html，访问日期：2021年3月21日；〔英〕卡鲁姆·罗伯茨：《假如海洋空荡荡：一部自我毁灭的人类文明史》，第46页。

③ J. F. Caddy & K. L. Cochrane, "A Review of Fisheries Management Past and Present and Some Future Perspectives for the Third Millennium," *Ocean & Coastal Management*, Vol. 44, No. 9, 2001, p. 656.

④ Heike K. Lotze, Hunter S. Lenihan et al., "Depletion, Degradation, and Recovery Potential of Estuaries and Coastal Seas," *Science*, Vol. 312, Jun. 23, 2006, p. 1806.

球变暖的大背景下，受到影响的海洋生物有多少？非过度捕捞的其他人类活动，之于海洋生物生存状况的影响程度又有多少？对于如此复杂的问题，罗伯茨也没有给出明确的答案。但是，忽视其他海洋环境变化因素，过分强调过度捕捞对海洋生物生存造成的威胁，是有失公允的。最为明显的缺陷是，罗伯茨对海洋生物资源保护史只字未提。从世界上第一份海洋生物资源保护公约——1911 年《保存及保护北太平洋海狗公约》（Convention Respecting Measures for the Preservation and Protection of the Fur Seals in the North Pacific Ocean），[①] 到具有里程碑意义的 1982 年《联合国海洋法公约》，前赴后继的资源保护者们，在海洋生物资源保护之路上协力同心，取得了相当大的成绩。保护海洋生物资源的历史，与人类大规模开发利用海洋生物资源的历史相伴而行。然而，《假如海洋空荡荡》剔除了与海洋生物资源衰退背道而驰的那些历史事实，着意渲染人类对海洋生物的残酷屠杀，进而得出衰败性的结论，显然是以偏概全的。

确切来说，《假如海洋空荡荡》只展现了海洋捕捞渔业的发展过程，称不上完整的渔业史著作。除了简单介绍过淡水养殖渔业发轫期的历史之外，罗伯茨对海洋养殖渔业史却未着一墨。联合国粮农组织的一份研究报告预测，2050 年地球人口将超过 90 亿，人类将面临史无前例的生存空间压力和食物短缺压力。[②] 有学者断言，要满足未来人类日益增长的食品需求，除了养殖渔业，别无他途。[③] 虽然养殖渔业也无法完全解决过度捕捞、海洋生态破坏和濒危物种消亡等问题，其同样会给野生物种栖息繁衍和海洋环境污染带来新的隐患，但事实已经证明，在严格的渔业管理和不断的技术改进之下，养殖渔业可以走上生态友好型的可持续发展道路。[④] 在生态修复和资源增殖方面，养殖渔业要比传统捕捞业展现更为良好的发展前景。总之，养殖渔业的中兴，可以为海洋环境保护和濒危物种繁殖提供新的可能性。如果充分考虑到养殖渔业在减缓粮食危机和减少环境损害方面所做出的历史贡献，

---

① *Convention Respecting Measures for the Preservation and Protection of the Fur Seals in the North Pacific Ocean*，http：//www. austlii. edu. au/au/other/dfat/treaties/1913/6. html，访问日期：2021 年 3 月 21 日。

② FAO：*How to Feed the World in* 2050, 2009, p. 2.

③ Daniel Cressey，"Aquaculture：Future Fish，" *Nature*, Vol. 458, March 26, 2009, p. 398.

④ 陈力群、张朝晖、王宗灵：《海洋渔业资源可持续利用的一种模式——海洋牧场》，《海岸工程》2006 年第 4 期；刘长发、綦志仁、何洁，张俊新：《环境友好的水产养殖业——零污水排放循环水产养殖系统》，《大连水产学院学报》2002 年第 3 期。

罗伯茨衰败论的论调或许会有所动摇。

罗伯茨为未来的国际渔业管理所提出的建议，也多有不切实际之处。如作者所言，划分世界海洋面积的 30% 为禁止渔业活动的海洋保留区，这将会在短时间内造成大量渔民失业，甚至会造成世界范围内的政治动荡和饥馑大蔓延。海洋保留区的建议，更应该是一种未来发展愿景，而非立即执行的命令。在这一点上，笔者比较认同罗伯茨所批判的某些渔业管理者的建议，先将世界海洋面积 5%～10% 水域的划分为保留区。[1] 务实的资源保护事业，不仅需要浪漫的理想和坚定的信念，更需要广泛的支持和高效的执行。如果这样的建议能够真正写入《联合国海洋法公约》并为世界各国所接受，将会大大推进海洋生物资源保护进程。但是，受到世界人口膨胀、各国渔业转型以及大国间政治博弈等方面的掣肘因素，各国充分接纳并推行海洋保留区政策还有相当长的路要走。这需要符合实际的、循序渐进的国际渔业管理制度的点滴改进，而非激进的、口号式的"制度革命"。如此，才可以有效抵制衰败论论调，回击渔业利益者对海洋生物资源保护所提出的诸多质疑。

《假如海洋空荡荡》一书在翻译方面也存在一定的错漏。译者为翻译此书必定耗费大量心血，但是译文多处佶屈聱牙，与罗伯茨清新隽秀的文风存在较大差距。译文中还存在一些较为明显的语法错误。对于一些专有名词和术语，译文仿佛也不十分妥帖。"国王鳕"的原文是"king cod"，但生物分类学上并无此物种。由于罗伯茨好用比喻，结合上下文，应译为"鱼类之冠冕：鳕鱼"更为恰当。[2] 译文"《在处女海域抓鱼的故事》（Tales of Fishing Virgin Seas）"，也应译为"《在未开垦海域捕鱼的故事》"。[3] 以上细节，需引起读者注意。

一部历史著作的价值并不在于它能够穷尽多少历史事实、解决多少问题，而在于它能够依据有限的历史事实，提出了多少发人深省的现实问题。《假如海洋空荡荡》就做到了这一点：它以讲述历史的方式，告诉读者海洋生物资源保护所面临的赤裸裸的真实现状。如何实现海洋生物资源保护，改善渔业管理方式，更新人们对海洋的固有观念，成为罗伯茨留给全人类共同思考的问题。正如美国海洋生物学者詹姆斯·艾斯提（James Este）所评价

---

① 〔英〕卡鲁姆·罗伯茨：《假如海洋空荡荡：一部自我毁灭的人类文明史》，第 362 页。
② 〔英〕卡鲁姆·罗伯茨：《假如海洋空荡荡：一部自我毁灭的人类文明史》，第 196 页。
③ 〔英〕卡鲁姆·罗伯茨：《假如海洋空荡荡：一部自我毁灭的人类文明史》，第 239 页。

的那样："这本书会不断激发你对海洋世界的迫切关注，促使你充满希望，鼓舞你保护海洋的斗志，点拨你寻求解决方法，激励你立即采取行动。"①

因此，我们没有充分的理由、充裕的时间和充盈的眼泪沉浸在衰败论叙事中。我们既无法让灭绝的物种复生，也无法让濒危的海洋生物恢复到成万上亿的初始状态。我们能够做到的只是以史为鉴，树立对所有海洋生命的敬畏之心，打破"捕捞—破坏"式的恶性循环，构建更为合理的国际海洋生物资源管理制度。

（执行编辑：杨芹）

---

① James Este, "Review: Oceans of Peril and Hope," *BioScience*, Vol. 58, No. 3, 2008, p. 269.

海洋史研究（第二十辑）

2022 年 12 月　第 309~316 页

李镇汉著《高丽时代宋商往来研究》评介

李廷青[*]

　　宋代中国的对外交流逐渐全面走向海洋，对外贸易的重心也转移到海上，这种新格局引起了众多海内外学者的长期关注。[①] 学术发展的内在动力在于学术争鸣。韩国学者李镇汉所著《高丽时代宋商往来研究》（韩国景仁文化社，2011，以下简称《宋商往来》），正是一部具备学术批判精神的宋代海外贸易史的著作。

　　李镇汉致力于高丽制度史研究，代表作有《高丽前期官职与俸禄关系研究》（1999）。近年来，李镇汉兼治韩国海洋史以及中韩关系史等，参与编写《张保皋与韩国海洋网络的历史》（2006），此后又陆续发表了数篇涉及高丽贸易史、宋商往来的文章，在此基础上出版了《宋商往来》。这是李

---

　*　作者李廷青，中山大学历史学系（珠海）助理教授，韩国高丽大学亚细亚问题研究院研究员。

　①　代表性专著如桑原骘藏《蒲壽庚の事蹟》，東京：岩波書店，1935；藤田豐八：《東西交涉史の研究（南海篇）》，東京：荻原星文館，1943；森克己：《日宋貿易の研究》，東京：國立書院，1948；陈高华、吴泰：《宋元时期的海外贸易》，天津人民出版社，1981；陈信雄：《宋元海外发展史研究》，台湾：甲乙出版社，1992；关履权：《宋代广州的海外贸易》，广东人民出版社，1994；苏基朗（Billy K. L. So），*Prosperity, Region, and Institutions in Maritime China: The South Fukien Pattern, 946-1368*. Harvard University Asia Center, 2000；黄纯艳：《宋代海外贸易》，社会科学文献出版社，2003；芦敏：《宋丽海上贸易研究》，博士学位论文，厦门大学，2008 年；杨文新：《宋代市舶司研究》，厦门大学出版社，2013；赵莹波：《宋日贸易——以在日宋商为中心》，花木兰出版社，2016。其他相关研究可参考王庆松《20 世纪宋代海外贸易研究综述》，《海交史研究》2004 年第 2 期。

镇汉第一部关于中韩关系史、海洋史的专著，可视为其学术转向的标志。[①]
2020 年 7 月，该书中文版作为 "海外中国研究丛书" 系列第 199 种，由江苏人民出版社出版。

《宋商往来》一书对朝鲜半岛高丽时代（918～1392）宋商进行了系统深入的研究。有关高丽时代宋商贸易研究，以往多侧重于宋商的某些方面，或着重于人数统计，或关注宋商参与丽宋两国外交活动，或针对宋商推动两国文化交流等，缺少对宋商对高丽贸易的系统性研究。该书在充分吸收借鉴学界以往研究成果基础上，就宋商对高丽贸易在不同时段的盛衰变化及发展脉络进行全方位、多视角的新观察，勾勒了一幅丰满生动的宋商活动图景。

通过该书，可以了解宋商对高丽贸易的基本形态：不同商团定期、轮番驻守在高丽官方指定的贸易场所——"客馆"，与高丽官方及民间展开不同方式的交易，先收订金接受高丽方的订货，然后返回宋朝备置货物，再回高丽交货并收取余款；可以窥探到宋商在当地的其他社会活动：以相当于"使节"的身份参加高丽最大的庆典——八关会，在丽廷入仕为官，与高丽女子通婚，勾结当地政治势力参与谋反；可以看到宋商在宋丽关系中所发挥的作用：传达消息、传递文书、遣返难民、搭载人员、传送信物，等等。

该书的核心论点是"两宋时期宋商几乎每年都会前往高丽"。全书共八章，第一章为"导言"。在作者看来，辽金政权先后占据辽东地区，在陆路不畅的情况下，宋与高丽两国人员的互通只能通过乘槎渡海。当时宋商主导着两国之间的海上贸易，两国人员要渡海互往，只能仰赖宋商的帮助；除个别自备船只外，借用宋商船舶更加经济、便利且安全，可以说宋商船舶是当时连接宋丽的唯一交通手段。基于这个前提，论证了两国的各种人员往来与宋商往来的关系，揭示了两宋时期宋商往来高丽贸易的实像。

第二章"高丽前期的对外贸易及政策"，一方面厘清以往被夸大的以阿拉伯为代表的外国商人往来高丽的情况；另一方面考察高丽商人从事海外贸易的情形以及高丽初期对外贸易政策的变化，得出"高丽的对外贸易活动仅局限于礼成港与都城开京一带，贸易对象基本就是宋商"这一论断，为全书论述奠定基础。

---

① 《高丽时代宋商往来研究》在韩国出版后，不仅在其国内获得好评，在日本和中国学界也引起了不少关注。随后李镇汉又陆续撰写或参与编著《韩国海洋史（高丽时代篇）》（2013）、《高丽时代贸易与海洋》（2014）、《韩国对外关系与外交史（高丽篇）》（2018），并于 2018 年与中国、日本、印尼等国学者联手共同创办了 *Journal of Ocean & Culture* 杂志。

第三章"关于宋商贸易的再考察",突破以往研究宋商往来单纯依靠《高丽史》《高丽史节要》等史籍的局限,全面爬梳史料,充分利用高丽时代文集、金石文和中国文献,对宋商相关问题重新考察,得出宋商贸易比以往认知更加活跃的观点。

第四章"宋丽外交与宋商往来",论证宋商参与两国使节往来、文书传达、难民遣返等事务,高丽时代宋商往来的频率比目前所知程度更高。

第五章"宋人的来投与宋商往来",将宋商往来与两国民间交流关联起来,论述宋商船舶被用于帮助宋人"投化高丽",宋商自宋初便开始频繁地往来于高丽。

第六章"武臣政权时期的宋商往来",深入挖掘新文献,还原以往不为人熟知的宋丽两国间以宋商为媒介进行的文化交流的史实,在宋丽断交、武臣当权、外敌入侵和国都迁移的时局下,宋商往来依旧持续且频繁。

第七章"宋商往来的类型和《宋商往来表》",将两宋时期宋丽两国的各种人员往来,按照官方、民间等进行分类,制成《宋商往来表》,展示宋商一直持续、频繁地往来于高丽。

第八章"宋商的常时性来往",考察与宋商往返频度相关的记载,揭示了宋商往来具有"常时性"特点:宋商几乎每年都会前往高丽,留居高丽。因为"常时性"往来,宋丽两国人员往来以及"实时"的文化交流得以实现。

《宋商往来》全书架构完整,主线清晰,内容详赡,注重细节,比较全面地反映了高丽时代宋商往来的基本面貌和主要特点,具有以下几方面特色。

(一) 重新审视旧史料,挖掘新文献,进行深入解读运用

史料匮乏一直是高丽史研究的难题。尽管高丽与同时期的宋、元朝有着频繁往来,但宋元文献关于往来高丽进行贸易的宋商资料不多,且零星分散。作为韩国学者,作者在中国史料的占有上并无优势。尽管如此,作者还是搜集征引了《宋史》《宋大诏令集》《宣和奉使高丽图经》《中堂事记》《宋会要辑稿》《文献通考》《玉海》《续资治通鉴长编》《建炎以来系年要录》《嘉定赤城志》《宝庆四明志》《开庆四明续志》《苏轼文集》《曾巩集》《许国公奏议》《五灯会元》《佛祖统纪》《玉岑山慧因高丽华严教寺志》等诸多文献,涉及正史、政书、类书、方志、文集、笔记、金石文等,

可谓广博。日本《参天台五台山记》《小右记》《正法眼藏》和《日本洞上联灯录》等史料也在征引之列。

将史料搜集扩大到高丽以外，并不意味着高丽史料已经没有再拓展的空间。以往研究者主要关注《高丽史》中宋商向高丽国王"进献"的记载，往往忽视散落在《高丽史》志传的其他内容。作者穷尽《高丽史》《高丽史节要》《三国遗事》等常见典籍中的史料，还从《大觉国师文集》《大觉国师外集》《东国李相国集》《东国李相国后集》《湖山录》《补闲集》《破闲集》等高丽文人诗文集，以及《刘志诚墓志铭》《断俗寺大鉴国师塔碑》等高丽金石文材料中搜罗信息，使该书史料比以往的相关研究更加丰富、翔实。

作者旁征博引，却不是简单的史料堆砌，对于史料的娴熟驾驭和独到运用是本书的最大特色。作者将中韩不同类型文献的记载综合排比、彼此参证；并注重对所征引史料进行鉴别辨正，对记载相左的情况加以辨析，从而得出相对公允的结论。例如，《建炎以来系年要录》与《高丽史》《高丽史节要》在某一次高丽遣使入宋的时间记载相异，作者经过分析认为中国方面的记录更加靠前，意味着宋朝方面已提前知晓高丽将遣使，证明高丽在正式遣使前向宋朝禀告。高丽不同史籍之间也有记载不同之处，如正史《高丽史》与文集《破闲集》关于宋商向高丽国王献画的细节，差异较大，作者比对推敲，给出了较为合理的判断。中韩文献还常常互补，如《高丽史》只简单记载宋商徐戬进献华严经版，而苏轼的奏状中则详细记录徐戬先受高丽财物，后在杭州雕造经版，再赴高丽交付的经过。

作者使用"新史料"，提出了不少新见解。对于广为熟知的旧史料，通过沉潜细读，也提出不少新论断。例如，《宋史》记载庆元年间南宋朝廷下诏禁止商人携带铜钱赴高丽开展贸易，有论者认为这意味着宋朝欲与高丽断绝关系，但作者指出这非但不是两国贸易中断的证据，反而表明12世纪末宋商依旧进出高丽。又如，针对高丽武臣政权时期宋商向高丽国王进献的记载骤减的情况，学界一般认为宋商的高丽贸易规模出现萎缩。作者通过《高丽史》所载武臣执政者崔怡令宋商在宋朝购买水牛角，以及宋商陈文广等人向武臣执政者金仁俊控诉大府寺等强取了其六千余匹的绫罗丝绢却不付钱等史实，论证高丽武臣政变以后宋商寻求的保护伞由高丽国王转向武臣执政者，因此不再时常谒见国王。作者以历史洞察力判断该时期正史对宋商进献记载减少的原因，并不能证明宋商往来频率的降低，展现了作者在史料辨析方面的深厚功力。

最后不得不提及书中所附多达 48 页的《宋商往来表》。此表挖掘大批宋商及宋丽交流的内容，加以整理、归类，基本囊括了现存中韩日有关高丽时代宋商史志群籍的相关史料，全面系统地反映了宋商往来高丽贸易，以及宋丽两国各种人员往来的史实，是微缩了的宋商往来史纲目。其内容丰富充实，今后可增补者估计不多。这样的工作殊为不易，嘉惠学林。

（二）充分吸收、借鉴学界研究成果，对一些"定论"提出己见，纠正"误识"

宋商往来高丽研究积淀深厚，作者广泛参酌前贤和时人的研究成果，包括 20 世纪 30 年代以来韩国学者金庠基[①]、白云南[②]、金渭显[③]、朴玉杰[④]等学人的研究，还有朝鲜的洪喜裕[⑤]，日本的森克己[⑥]、日野开三郎[⑦]，中国的杨渭生[⑧]、陈高华[⑨]、倪士毅[⑩]、林士民[⑪]、朴真奭[⑫]、宋晞[⑬]、黄宽重[⑭]等研究者的成果。受到观念、语言、交流等方面的限制，中国学界的研究成果未

① 金庠基：《丽宋贸易小考》，《震檀学报》第 7 期，1937；《东方文化交流史论考》，首尔：乙酉文化社，1948；《高丽前期的海上活动与文物的交流——以礼成港为例》，《国史上的诸问题》4，首尔：国史编纂委员会，1959。

② 白南云：《朝鲜封建社会经济史》，东京：改造社，1937

③ 金渭显：《丽宋关系及其航路考》，《关东大学论文集》第 6 期，1978。

④ 朴玉杰：《来航高丽的宋代商人及丽宋的贸易政策》，《大东文化研究》总第 32 期，1997。

⑤ 洪喜裕：《朝鲜商业史（古代、中世）》，平壤：科学百科词典出版社，1989。

⑥ 森克己：《日本、高麗來航の宋商人》，《朝鮮學報》9，1956；《續日宋貿易の研究》，东京：国书刊行会，1975。

⑦ 日野開三郎：《羅末三国の鼎立と対大陸海上交通貿易（一）》，《朝鮮学報》1965 年第 16 号；《日野開三郎東洋史学論集—北東アジア国際交流史の研究（上）一》，东京：三一书房，1984。

⑧ 杨渭生：《宋丽关系史研究》，杭州大学出版社，1997。

⑨ 陈高华、吴泰：《宋元时期的海外贸易》，天津人民出版社，1981；陈高华：《元朝与高丽的海上交通》，《震檀学报》71、72 合辑，1991。

⑩ 倪士毅、方如金：《宋代明州与高丽的贸易关系及其友好往来》，《杭州大学学报》（哲学社会科学版）1982 年第 2 期。

⑪ 林士民：《论宋元时期明州与高丽的友好交往》，《海交史研究》1995 年第 2 期。

⑫ 朴真奭：《中朝关系史研究论文集》，吉林文史出版社，1996。

⑬ 宋晞：《宋商在宋丽贸易中的贡献》，《宋史研究论丛》2，（中国文化研究所）华冈出版部，1979。

⑭ 黄宽重：《南宋与高丽关系》，《中韩关系史国际研讨会论文集》，1983；《宋、丽贸易与文物交流》，《震檀学报》71、72 合辑，1991。

受到韩国学界（尤其是国史领域）的足够重视。

据初步统计，该书参考征引的韩（朝）文、日文、中文、西文研究成果多达 220 余种，可谓博采众长。不管是早期名家名作，还是新近成果，都在作者的涉猎之列；其中除历史之外，如考古、艺术、宗教、哲学、文学等其他领域中的成果，也成为作者拓宽分析、论证新识的资料。同时，作者尊重前人成果，融入自己的分析与思考，努力将已有优秀成果与本人研究进行有机结合。

对文献记载及时人论述尤其是一些已经被认可甚至几乎成为共识的问题，作者提出自己独到的见解。今略举以下诸端。例如，过去一般认为宋商于 1012 年才首次前往高丽，作者经过严密细致的研究，对此提出了质疑，论证早在宋朝建立之初就有宋商往来于高丽。又如，12 世纪后半期往来高丽的宋商数量骤减亦是过去学界通行观点，作者利用诗文集、方志以及金石文等正史以外的史料，揭示时局的动荡尽管在客观上给宋商贸易带来不利影响，但他们往来依旧持续，并未受太大冲击。将宋商往来高丽的时间向前追溯，又往后延伸，纠正了学界两个由来已久的"误识"。

再如，以往也有学者关注到高丽时代宋人投化的问题，却很少有将其与宋商往来联系起来。作者通过对"宋商来献"与"宋人来投"在时间上的比较分析，确认了高丽初期以及末期许多未载于史书的宋商往来之史实。在宋丽使节往来中，作者积极寻找其中宋商的身影，揭示了宋商在两国使节正式出使前发挥的重要沟通作用。此外，作者还超越以往研究者仅以次数统计为中心的研究方法，揭示了宋商常驻高丽、其往来具有"常时性"的特点。这是对高丽时代宋商贸易的一种规律性总结。基于这点，对 10～13 世纪宋丽的经济、文化乃至政治关系史都可以进行不同程度的重新审视。

（三）突破民族主义桎梏，恪守学术规范，保证研究的客观性

近代以来，朝鲜半岛遭受到外来侵略，最后沦为殖民地。韩国的历史学者在回顾这段沉痛历史时，曾将朝鲜王朝的"保守""内向"视为其亡国的主要原因之一，而高丽王朝的"开放""外向"则被视作韩国历史上的高光时刻而受到高度评价，因此作为其重要"证据"的高丽海外贸易活动尤其是"连远在阿拉伯地区的大食国人也都前来高丽经商"这一观点更被赋予特殊的历史意义。即高丽的贸易对象不仅仅局限于东亚，它是一个积极发展海外贸易、开放接纳西方文明的外向型王朝，这对于改变因日本殖民史观的

曲解而导致的"韩国史之停滞"的认识显得尤为重要。这一带有民族主义色彩的倾向在当今朝鲜半岛似乎已经深入人心，不仅体现在学术著作里，也出现在历史教科书中。

然而，作者谨慎地对相关史料进行重新审视分析，试图客观把握高丽时代海外贸易的真实情形。针对以往研究中关于到访高丽的外国商船（尤其是阿拉伯商船）以及高丽商人积极前往海外开展贸易等问题存在的夸大、拔高的现象，《宋商往来》揭示高丽的对外贸易活动其实仅局限于礼成港与都城开京一带，贸易对象基本只是宋商，进而评价高丽实际上的开放是相对有限的，所谓"外向"亦是对文献的误读。这样的新思考或许在某种程度上消减韩国国民的"民族自豪感"，甚至还可能会面临攻击，但作者并没有因此回避，而是尊重历史。

作者追求实事求是，严格遵守学术规范。凡是他人已经解决的问题或是他人先前提出的观点，作者都特加详说；凡是汲取或借鉴他人成果，也一一注明，不掠人之美。全书注释共864条，一部分是对正文的具体补充。通过这些注释，读者可以大致了解到韩朝中日等国学界的研究状况及学术史。由于中国大部分读者对韩朝学界的情况未必熟悉，因此这一点意义重大。可以说，通过本书可以相对完整地了解到宋商往来高丽乃至宋丽关系史的研究谱系。

本书特点突出，然而也存在某些可斟酌之处。例如内容交叉重叠。该书出版之前，各章节内容已先后独立发表。结集出版时，尽管努力做到各章节之间的有机衔接，但从整体而言，关于一些背景的叙述，对正文的补充注释乃至主题的分布，都存在不同程度的交叉重叠。这方面如果处理得当，全书的连贯性和整体性会更强，可读性亦会更高。

该书重视史料运用与分析，但也存在对史料过度解读的地方，有牵强之感。如作者根据《乾道四明图经》《嘉定赤城志》记载有前往高丽的出发地点（p. 159），指出其"暗示"或"说明"了这两种方志编撰时就有宋商前往高丽，不免有些牵强。另外，书中在论述一些具体史实中使用"以诗证史"方法，正如其他研究者所指出的，"以诗证史"常常是求普遍史实较易较确，而求特殊史实较难易错，一旦过于求深坐实，反而会失真失实。①

该书也存在某些错误。如第38页脚注中称"明州、福州、泉州作为宋

---

① 张耕华：《"以诗证史"与史事坐实的复杂性——以陈寅恪〈元白诗笺证稿〉为例》，《华东师范大学学报》（哲学社会科学版）2006年第5期。

商的始发港"，但实际上当时宋廷规定的前往高丽的合法始发港只有明州一个。又如第 151 页的南宋"英宗"当为"宁宗"，这可能是韩文转换汉文时所发生的错误。

总的来看，全书以独到视角建构自己的论证逻辑，对于高丽时代的宋商贸易给予新的阐释，突破了既有认识，是一部创新性突出、具有较高学术价值的著作。当然，该书的意义还不止于此。长久以来，由于各种原因，中韩两国历史（尤其是前近代史）学界的学术交流有待加强。中韩自古以来就往来密切，双方的历史典籍中都留下了不少相关记载，提供了彼此"从周边看自我"的契机。在这种意义上，《宋商往来》是横向利用他国史料深化研究的一个有益尝试；同时，作者重视中国学界，积极推动两国学术交流，亦难能可贵。另外，宋商贸易在某种程度上也是早期的跨国贸易史。目前所知，宋商曾在东北亚、东南亚、印度、波斯湾和红海周围乃至东非等地留下足迹，因此关于宋商的海外贸易史研究任重道远，需要多国学者共同努力，进一步深化下去。

（执行编辑：杨芹）

后　记

　　2020 年、2021 年，广东省社会科学院海洋史研究中心、《海洋史研究》编辑部主办的第三、四届"海洋史研究青年学者论坛"，先后在广东著名的上川岛、南澳岛举行。参加两届论坛青年学者共有 35 位，陈春声、刘迎胜、金国平、钱江、刘志伟、常建华、于向东、曹家齐、吴小安、王日根、修斌等著名学者应邀莅会，为青年学人点评论文，发挥导航引领作用。会后编辑部根据内容选取了部分论文，同时从其他稿件中选取部分文章，共 16 篇专题论文和述评文章，以青年学者专辑刊发，其余论文安排在往后各辑发表。

　　本辑专题论文分两大板块：一是越南海洋史，有 10 篇论文，分别探讨俄厄文化遗址考古发现与研究、占婆碑铭中 lov（中国）一词考释、交趾地区红河水道与长州政治、安南国入清使臣所着明制常服、后黎朝巡司职能、基督教在越南传播、鄚氏河仙政权的文学成就、河内汉文碑铭与广东华侨、越南阮朝港税、明乡文献等问题；二是其他区域与国别海洋历史，共 4 篇论文，涉及古希腊忒拜称霸与东地中海国际体系、俄罗斯对北方海航道的开拓、近代西欧船医的产生、16 世纪《马六甲海法》及其历史价值等。这些论文发掘利用了大量外国文献、考古资料及田野考察资料，深入探索越南、马来西亚、俄罗斯等国家、地区的海洋发展历史。此外，本辑还刊载述评文章 2 篇，评介国外最新海洋史学成果。

　　本辑青年作者，皆具有扎实的专业基础与相当强的外语文献资料解读运用能力，充分了解并掌握国际学术动态与相关研究成果，在全球史、整体史等视野下采取多学科结合、跨学科研究等方法，开展区域与国别海洋专题史研究，取得相当可观的收获，不少属于学界鲜见涉猎或前人未及的新问题、新领域，具有前沿性、创新性，展示了我国海洋史学"后浪"朝气蓬勃、锐意进取的新局面。

李庆新

2022 年 7 月 22 日

征稿启事

《海洋史研究》（*Studies of Maritime History*）是广东省社会科学院海洋史研究中心主办的学术辑刊，每年出版两辑，由社会科学文献出版社（北京）公开出版，为中国历史研究院资助学术集刊、中国社会科学研究评价中心（南京大学）"中文社会科学引文索引（CSSCI）"来源集刊、社会科学文献出版社 CNI 名录集刊，入选中国人文社会科学集刊评价名单（A 集刊）。

广东省社会科学院海洋史研究中心成立于 2009 年 6 月，以广东省社会科学院历史与孙中山研究所为依托，聘请海内外著名学者担任学术顾问和客座研究员，开展与国内外科研机构、高等院校的学术交流与合作，致力于建构一个国际性海洋史研究基地与学术交流平台，推动中国海洋史研究。本中心注重海洋史理论探索与学科建设，以华南区域与南中国海海域为重心，注重海洋社会经济史、海上丝绸之路史、东西方文化交流史，海洋信仰与宗教传播，海洋考古与海洋文化遗产等重大问题研究，建构具有区域特色的海洋史研究体系。同时，立足历史，关注现实，为政府决策提供理论参考与资讯服务。为此，本刊努力发表国内外海洋史研究的最近成果，反映前沿动态和学术趋向，诚挚欢迎国内外同行赐稿。

凡向本刊投寄的稿件必须为首次发表的论文，请勿一稿两投。请直接通过电子邮件方式投寄，并务必提供作者姓名、机构、职称和详细通讯地址。编辑部将在接获来稿三个月内向作者发出稿件处理通知，其间欢迎作者向编辑部查询。

来稿统一由本刊学术委员会审定，不拘语种，正文注释统一采用页下脚注，优秀稿件不限字数。

本刊刊载论文已经进入"知网"、发行进入全国邮局发行系统、征稿加入中国社会科学院全国采编平台，相关文章版权、征订、投稿事宜按通行规则执行。

来稿一经采用刊用，即付稿酬，并赠送该辑 2 册。

本刊编辑部联络方式：

中国广州市天河北路 618 号广东社会科学中心 B 座 13 楼　邮政编码：510635

广东省社会科学院 海洋史研究中心

电子信箱：hysyj2009@ 163. com

联系电话：86-20-38803162

Manuscripts

Since 2010 the *Studies of Maritime History* has been issued per year under the auspices of the Centre for Maritime History Studies, Guangdong Academy of Social Sciences. It is indexed in CSSCI (Chinese Social Science Citation Index).

The Centre for Maritime History was established in June 2009, which relies on the Institute of History to carry out academic activities. We encourage social and economic history of South China and South China Sea, maritime trade, overseas Chinese history, maritime archeology, maritime heritage and other related fields of maritime research. The Studies of *Maritime History* is designed to provide domestic and foreign researchers of academic exchange platform, and published papers relating to the above.

The *Studies of Maritime History* welcomes the submission of manuscripts, which must be first published. Guidelines for footnotes and references are available upon request. Please specify the following on the manuscript: author's English and Chinese names, affiliated institution, position, address and an English or Chinese summary of the paper.

Please send manuscripts by e-mail to our editorial board. Upon publication, authors will receive 2 copies of publications, free of charge. Rejected manuscripts are not be returned to the author.

The articles in the *Studies of Maritime History* have been collected in CNKI. The journal has been issued by post office. And the contributions have been incorporated into the National Collecting and Editing Platform of the Chinese

Academy of Social Sciences. All the copyright of the articles, issue and contributions of the journal obey the popular rule.

Manuscripts should be addressed as follows:

Editorial Board *Studies of Maritime History*

Centre for Maritime History Studies

Guangdong Academy of Social Sciences

510630, No. 618 Tianhebei Road, Guangzhou, P. R. C.

E-mail: hysyj@ aliyun. com; hysyj2009@ 163. com

Tel: 86-20-38803162

图书在版编目（CIP）数据

　　海洋史研究. 第二十辑 / 李庆新主编. --北京：
社会科学文献出版社，2022.12
　　ISBN 978-7-5228-1139-0

　　Ⅰ.①海⋯　Ⅱ.①李⋯　Ⅲ.①海洋-文化史-世界-
丛刊　Ⅳ.①P7-091

　　中国版本图书馆 CIP 数据核字（2022）第 217861 号

海洋史研究（第二十辑）（青年学者专辑）

主　　编／李庆新

出 版 人／王利民
组稿编辑／宋月华
责任编辑／刘　丹　袁卫华
责任印制／王京美

出　　版／社会科学文献出版社·人文分社（010）59367215
　　　　　　地址：北京市北三环中路甲 29 号院华龙大厦　邮编：100029
　　　　　　网址：www.ssap.com.cn
发　　行／社会科学文献出版社（010）59367028
印　　装／三河市东方印刷有限公司

规　　格／开　本：787mm×1092mm　1/16
　　　　　　印　张：20.5　字　数：355 千字
版　　次／2022 年 12 月第 1 版　2022 年 12 月第 1 次印刷
书　　号／ISBN 978-7-5228-1139-0
定　　价／268.00 元

读者服务电话：4008918866